Anja Solf-Hofbauer

Kreative Ideenentwicklung in Online-Gemeinschaften

Menschen – Märkte – Medien – Management : Schriftenreihe

Herausgegeben von Prof. Dr. Andreas Will,
Institut für Medien- und Kommunikationswissenschaft
an der Technischen Universität Ilmenau,
Fachgebiet Medien- und Kommunikationsmanagement

Band 10

Kreative Ideenentwicklung in Online-Gemeinschaften

Eine explorative Analyse des sozialen Kontextes internetbasierter Ideenfindung

Anja Solf-Hofbauer

Universitätsverlag Ilmenau
2020

Impressum

Bibliografische Information der Deutschen Nationalbibliothek
Die Deutsche Nationalbibliothek verzeichnet diese Publikation in der Deutschen Nationalbibliografie; detaillierte bibliografische Angaben sind im Internet über http://dnb.d-nb.de abrufbar.

Diese Arbeit hat der Fakultät für Fakultät für Wirtschaftswissenschaften und Medien der Technischen Universität Ilmenau als Dissertation vorgelegen.

Tag der Einreichung:	3. Juni 2019
1. Gutachter:	Univ.-Prof. Dr. Andreas Will (Technische Universität Ilmenau)
2. Gutachterin:	Univ.-Prof. Dr. Nicola Döring (Technische Universität Ilmenau)
3. Gutachter:	Prof. Dr. Klaus-Dieter Altmeppen (Katholische Universität Eichstätt-Ingolstadt)
Tag der Verteidigung:	15. Januar 2020

Technische Universität Ilmenau/Universitätsbibliothek
Universitätsverlag Ilmenau
Postfach 10 05 65
98684 Ilmenau
http://www.tu-ilmenau.de/universitaetsverlag

ISSN 1864-3787
ISBN 978-3-86360-227-7 (Druckausgabe)
DOI 10.22032/dbt.45673
URN urn:nbn:de:gbv:ilm1-2020000308

Danksagung

Ich danke meinem Doktorvater Prof. Dr. Andreas Will für die konstruktive und stets motivierende Betreuung. Ich danke ihm ferner für die Freiheit bei der Anfertigung meiner Arbeit und die Bereitstellung von Ressourcen, darunter auch der Möglichkeit, die Datenerhebung im Rahmen eines Seminars durchzuführen.

Danken möchte ich in diesem Zusammenhang den Studierenden, welche die der Studie zugrundeliegenden Interviews (teamweise) unter meiner Anleitung durchgeführt und transkribiert haben. Im Einzelnen danke ich Nicole Brühl, Anika Zitzmann, Lisa Jünemann, Franziska Kröger, Julian Haag, Matthias Maifeld, Olga Ermakova, Sandra Rieg, Matthias Engler, Johanna Radechovsky, Kristin Ammon, Maria Mădălina Marin, Rebeca-Cristina Munteanu, Iona Lefter, Alexandra Gherciu, Vanessa Mursinsky, Christin Jänsch, Ina Iftime, Caroline Maldaner Jacobi, Kirsten Höpker, Marie Florence Jewel Aquino, Susanne Hardöfer, Arfa Mirza, Susane Brandão Silva und Claudia Wagner.

Des Weiteren gilt ein herzlicher Dank den Kreativen, die bereit waren, ausführlich über ihre Aktivitäten auf den jeweiligen Online-Plattformen zu berichten. Dank ihrer Offenheit und Auskunftsbereitschaft habe ich wichtige Informationen für meine Arbeit sammeln können.

Ich danke außerdem meinen ehemaligen Kolleg*innen, die mich jederzeit bei meinem Vorhaben unterstützt haben. Vor allem danke ich Julian Windscheid, Dr. Daniel Schultheiß, Ilka Langenhan, Britta Gossel und Dennis Brüntje für ihre konstruktive Kritik. Danken möchte ich ebenfalls meinen ehemaligen Kolleg*innen vom Fachgebiet Medienpsychologie und Medienkonzeption unter Leitung von Prof. Dr. Nicola Döring, welche mir vor allem nützliche Hinweise für die Datenanalyse mit auf den Weg gegeben haben.

Dank gilt schließlich auch meiner Familie und meinen Freund*innen, die mich unterstützt und motiviert haben. Bedanken möchte ich mich vor allem bei meinem Bruder André Solf für seine wichtigen Ratschläge und Korrekturen.

Inhaltsverzeichnis

Tabellenverzeichnis

Abbildungsverzeichnis

1 Einleitung

"Get enough people together – be it in a bar or a chat room – and a mysterious dynamic kicks in. People either accentuate their differences and polarize into opposing camps, or they downplay their differences altogether in order to reach a consensus."
(Howe 2008: 141)

1.1 Gegenstand und Relevanz

Es gibt sie – Konsumenten, Expertinnen oder Hobbytüftler – welche Unternehmen voraus sind, deren Probleme bereits identifiziert, gelöst oder sogar schon in Prototypen übersetzt haben. Einige Hersteller und Dienstleister haben dies erkannt und mittlerweile ihre Unternehmensgrenzen geöffnet, um vom Know-how einer breiten Öffentlichkeit zu profitieren:

Procter & Gamble (P&G) öffnete als einer der ersten Hersteller seine Unternehmensgrenzen für externe Ideen und änderte dafür seine Innovationsstrategie von ‚Research & Develop' in ‚Connect & Develop' (vgl. Huston u. Sakkab 2006: 60). Auf Internetplattformen wie ‚YourEncore' oder ‚InnoCentive' bezieht P&G mittlerweile vor allem Wissenschaftler*innen weltweit in Projekte ein. Der Spielzeughersteller LEGO sucht auf ‚LEGO Ideas' nach kreativen Konzepten und Produkten, welche es nach eingehender Überprüfung der Marktfähigkeit und des Brand-Fits schaffen, in die Produktpalette aufgenommen zu werden.[1] Neben diesen und weiteren Unternehmen haben Intermediäre auf dem Konzept der Auslagerung von Ideenprozessen aufgebaut (vgl. auch Gassmann 2010: 14ff.); On-

[1] https://ideas.lego.com/

line-Plattformen wie Threadless, 99designs oder Jovoto vernetzen Ideensuchende mit Kreativen und agieren damit als virtuelle Marktplätze für Humankapital. [2]

Unter dem Begriff „Crowdsourcing“ (Howe 2006) hat sich das Konzept der onlinebasierten Auslagerung ehemals unternehmensinterner Aufgaben mittlerweile in der Praxis sowie in der Forschung etabliert. Die Auslagerung der Ideenfindung ist als spezifische Form des Crowdsourcing zu verstehen und von anderen Formen ausgelagerter Arbeitsprozesse abzugrenzen (vgl. Kapitel 2.1.). Ideensuchende adressieren eine mehr oder minder spezifische Aufgabe an eine Vielzahl von Menschen (Crowd) in Form eines offenen Aufrufs in aller Regel auf einer dafür vorgesehenen Online-Plattform (vgl. ebd.). Die beste Idee wird ausgesucht und oftmals belohnt (vgl. ebd.). Mitunter bestimmt die Crowd selbst, welche Idee die beste ist bzw. in die finale Bewertungsphase einzieht und sorgt damit nach dem Demokratieprinzip für mutmaßlich faire Verhältnisse (vgl. Gassmann 2010: 62: 50, siehe auch Kapitel 2.1.).

Mögen unter der Crowd kluge Köpfe sein, die Probleme kreativ lösen – die Einschätzung dieser Ideen wird von Faktoren wie Sympathie, Antipathie oder auch Konkurrenzdenken innerhalb der Plattformgemeinschaft beeinflusst (vgl. Gassmann 2010: 50f.). Unklar ist nach wie vor, wie kreatives Verhalten durch solche und andere soziale Prozesse beeinflusst wird.

Selbst wenn die Online-Community nicht über Interaktionsmechanismen verfügt, so formt sie dennoch eine Gemeinschaft. Allein die angenommene soziale Präsenz anderer kann das Verhalten des Individuums in dieser Gemeinschaft maßgeblich beeinflussen (vgl. Kapitel 3.2.2. u. 3.2.3.) In Gemeinschaft zu agieren,

[2] http://www.threadless.com/; https://www.jovoto.com/

impliziert soziale Einflüsse: In Anwesenheit zu handeln kann Bewertungserwartung auslösen, in Co-Aktion anderer zu handeln provoziert sozialen Vergleich (vgl. Kapitel 3.2.2.). Anpassungsprozesse sind eine denkbare Folge. Auch kollaboratives Verhalten kann Konformität bedingen, und das Verhalten des Einzelnen sowie Abstimmungsprozesse damit erheblich beeinflussen (vgl. ebd.).

Gerade für kreative Prozesse gilt konformes Verhalten als Gefahr – mindestens dann, wenn sie über nützlichen Konsens hinausgeht (vgl. Kapitel 3.2.2.4.). Dabei kann bereits die Tatsache, dass in einer Gemeinschaft Menschen mit ähnlichen Merkmalen zusammenkommen, Konformität begünstigen (vgl. Howe 2008: 143). Eben solche Gemeinschaften formieren sich auf Online-Plattformen für Ideenfindung, deren Nutzer*innen gemein haben, dass sie auf diesen Plattformen partizipieren, um Ideen bereitzustellen. Oftmals verfügen sie über vergleichbare Fähigkeiten (vgl. Kapitel. 2.3.2. u. 2.3.3.). Online-Plattformen für Ideenfindung schaffen demnach virtuelle Räume für Gemeinschaft. Sie stellen ferner Funktionen für Informations- sowie Beziehungsmanagement bereit und bieten Interaktionsmechanismen an, die von der Community mehr oder weniger genutzt werden (vgl. Kapitel 2.3.4.).

Bislang ist nicht geklärt, inwieweit Gemeinschaft auf Online-Plattformen kreatives Handeln bedingt, was Gemeinschaft in diesem Zusammenhang ausmacht bzw. inwieweit sozialer Kontext auf Online-Gemeinschaften präsent ist, um überhaupt sozialen Einflüssen eine Basis zu bieten.

1.2 Fragestellung und Ziel der Arbeit

Um zu erörtern, welche sozialen Einflüsse auf die Kreativität von Nutzer*innen auf Plattformen für Online-Ideenfindung wirken, muss zuerst erkundet werden, welche Merkmale der soziale Kontext auf derlei Plattformen aufweist, wie er sich formiert. Erst dann kann auf mögliche Wirkmechanismen geschlossen werden. Es stellt sich im Allgemeinen die Forschungsfrage:

> **Welche Rolle spielt der soziale Kontext in der ausgelagerten, internetbasierten Ideenentwicklung?**

Folgende Unterfragen werden abgeleitet:

- Wie formiert sich sozialer Kontext?
- Welche relevanten Größen bestimmen sozialen Kontext?
- Wie stehen diese Größen in Beziehung zueinander und welche Mechanismen können die Wirkung des sozialen Kontextes auf kreatives Verhalten beschreiben?

Auf theoretischer Ebene soll die Arbeit einen sozialwissenschaftlichen Zugang zum Gegenstand kreative Ideenentwicklung in Online-Gemeinschaften herstellen. Um zu verstehen, welche Rolle überhaupt der soziale Kontext in eben diesem Feld spielt, sollen relevante Größen schlüssig in Relation gesetzt und mögliche Wirkmechanismen auf kreatives Verhalten dargelegt werden.

Ein konzeptioneller Bezugsrahmen[3] wird auf Basis theoretischer Überlegungen vorgeschlagen und mittels empirischer Analyse erweitert und konkretisiert. Am Ende soll ein theoretisches Modell Auskunft geben über relevante Faktoren, Beziehungen und Mechanismen, welche den sozialen Kontext in Online-Gemeinschaften für Ideenentwicklung prägen und das Fundament für soziale Einflüsse bilden.[4]

Zur genauen Erkundung und Beschreibung des Sachverhalts mit dem Ziel der Theoriebildung eignet sich ein exploratives Vorgehen (vgl. auch Bortz u. Döring

---

[3] Zur Definition von Bezugsrahmen siehe v. a. Kubicek 1976; Tomczak 1992.

[4] Zu Definition von Theorie und Modell vgl. hier v. a. Diekmann 2012: 140f.

2016: 192). Es ist zu fragen, welche Faktoren sozialen Kontext in der internetbasierten Ideenentwicklung formieren, wie und aufgrund welcher Beziehungen er von Ideengebenden wahrgenommen und für das eigene kreative Verhalten interpretiert wird.

Der Arbeit liegt dabei die Auffassung zugrunde, dass eine umfangreiche Basis an theoretischem Vorwissen, einschließlich Vermutungen über Beziehungen zwischen relevanten Faktoren nicht gegen das Prinzip der Offenheit explorativer Forschung verstößt, sofern sie dem „Prinzip der reflektierten theoretischen Offenheit“ entspricht (vgl. Döring u. Bortz 2016: 67; Kuckartz 2016: 16f.).[5]

Vor allem Erkenntnisse und Annahmen aus der Kreativitätsforschung werden herangezogen, um dem explorativen Vorgehen eine Richtung zu geben. Damit wird der Aspekt der Kreativität noch stärker in den Fokus gerückt, als in bisherigen Arbeiten zur Ideenentwicklung in Online-Gemeinschaften.

Auch auf praktischer Ebene[6] soll die Rolle von Kreativität und ihre determinierenden Faktoren im sozialen Umfeld einer Online-Gemeinschaft hervorgehoben werden. Gerade für die konzeptionelle Gestaltung solcher Plattformen ist es wichtig, zu verstehen, welche Faktoren im sozialen Kontext in welcher Form auf kreatives Verhalten wirken können.

---

[5] Offenheit soll insbesondere gewährleistet werden in Bezug auf andere Perspektiven und Interpretationen, gerade mit Blick auf das eingebrachte Vorwissen (vgl. Kuckartz, 2016: 16ff.).

[6] Theoretische und praktische Ziele ergänzen sich per se in angewandten Wissenschaftsfeldern (vgl. van der Velde et al. 2004: 3f. u. 14f.; Fischer u. Wiswede 2002: 49). Die Forschung zu Communities in der Ideenentwicklung ist eher praxisorientiert, was nicht zuletzt verdeutlicht wird durch die Tendenz zur Ableitung von Handlungsempfehlungen wie z. B. Gestaltungshinweisen in der Kundenintegrationsforschung und im Crowdsourcing (siehe z. B. Gassmann 2010: 33ff.; Pelzer, Wenzlaff u. Eisfeld-Reschke 2012: 45ff. Bartl 2006; Büttgen 2006; Walcher 2007). Auch die Kreativitätsforschung wird sowohl von theoretischen als auch praktischen Zielen angetrieben: Neben der Frage danach, wie die Erschaffung kreativer Leistung wissenschaftlich erklärt werden kann, suchen Wissenschaftler nach Empfehlungen für Individuen, Gruppen und Organisationen, ihr kreatives Potenzial auszuschöpfen (vgl. Sawyer 2010: 366).

1.3 Aufbau der Arbeit

An die bisherigen Erläuterungen zu der Relevanz des Forschungsgegenstands und den Zielen der Arbeit schließt sich in **Kapitel 2** die Beschreibung des Forschungsgegenstands an. Es werden grundlegende Begriffe erläutert und relevante Forschungsergebnisse vorgestellt. Dabei wird die Bedeutung des Aspekts Kreativität erläutert und es werden in einem ersten Schritt wichtige Komponenten der kreativen Ideenfindung innerhalb dieses Forschungsfeldes näher beschrieben.

Eine tiefgehende Betrachtung dieser Komponenten und Zusammenhänge erfolgt im Anschluss in **Kapitel 3**. Zunächst werden Grundlagen der Kreativitätsforschung, darunter Prozess-, Personen- als auch Umfeld-Komponenten erläutert und in Beziehung zueinander gesetzt. Neben theoretischen Ausführungen werden Erkenntnisse aus dem jeweiligen Forschungsstand einbezogen. Darauf aufbauend wird der Fokus auf den sozialen Kontext kreativer Ideenentwicklung gelenkt, wobei als zentrale Faktoren Bewertung und sozialer Vergleich für sozialen Einfluss herausgearbeitet werden. Hierbei werden zudem theoretische Annahmen und empirische Erkenntnisse aus verwandten sozialpsychologischen Arbeiten (z. B. zu Themen wie sozialer Einfluss in Gruppen) einbezogen. Relevante Aussagen zu computerbasierter Kommunikation runden das Kapitel ab.

In **Kapitel 4** werden Ergebnisse einer Vorstudie vorgestellt, welche in Vorbereitung für die empirische Analyse vorgenommen wurde. Die Ergebnisse zeigen, wie sich Crowdsourcing – am Beispiel von Problemlösungsprozessen auf wissensintensiven Plattformen – modellhaft in Phasen unterteilen lässt und wie Ressourcen und Regeln in diesen Phasen relevant werden.

Es schließt sich in **Kapitel 5** ein Zwischenfazit an. Dieses bietet einen konzeptionellen Bezugsrahmen an, welcher relevante Größen und Beziehungen beinhaltet, die den Prozess der kreativen Online-Ideengenerierung charakterisieren sollen. Die darin aufgeworfenen Subfragen bilden zugleich die Basis für die empirische Untersuchung.

Zur Klärung dieser Subfragen folgt in **Kapitel 6** die Beschreibung der empirischen Untersuchung. Es wird zunächst erläutert, inwiefern ein qualitativer Forschungsweg mittels Interviewanalyse geeignet ist, die aufgeworfenen Fragen zu klären. Anschließend erfolgt eine Beschreibung des methodischen Vorgehens.

Ergebnisse aus der Auswertung von 27 Interviews mit kreativen Online-Nutzer*innen verschiedener Plattformen werden in **Kapitel 7** vorgestellt. Diese ergänzen und erweitern den konzeptionellen Rahmen, sodass ein theoretisches Modell entsteht, dessen relevantesten Zusammenhänge in Form einer Typenanalyse zusammengefasst werden.

Die Ergebnisse werden im Anschluss in **Kapitel 8** diskutiert. Zudem werden Limitationen der empirischen Untersuchung dargelegt. Die Arbeit schließt mit einem Fazit in **Kapitel 9**.

2 Forschungsgegenstand: Ideenentwicklung in Online-Gemeinschaften

"The new pool of cheap labor: everyday people using their spare cycles to create content, solve problems, even do corporate R & D."
(Howe 2006: o. A.)

2.1 Ausgelagerte Ideenentwicklung – Von Kundenintegration zu Crowdcreation

Die Einbindung von Konsument*innen wurde ursprünglich vor allem im Firmenkundengeschäft prominent, entwickelte sich dann über verwandte Konzepte wie Mass Customization zur **Kunden- bzw. Konsumentenintegration** und hat sich mittlerweile unter dem Begriff Crowdsourcing als Einbindung einer breiten Öffentlichkeit in Unternehmensprozesse mittels Online-Kommunikation durchgesetzt (vgl. auch Reichwald u. Piller 2006: 45ff.). Entsprechend der Leitideen von Open Innovation (vgl. Chesbrough 2003: XXIVff.; Drossou, Krempl u. Poltermann 2006: 8ff.; Reichwald u. Piller 2006: 27) oder auch Collective Invention (Allen 1983: 3ff.) hat sich damit eine Wissensökonomie entwickelt, welche „elektronischen Räumen angemessen ist“ (Kuhlen 2006: 12).

In Praxis und Forschung ist lange bekannt, dass die Ausrichtung neuer Produkte an den Anforderungen von Kund*innen wesentlich zu ihrem Markterfolg beiträgt (vgl. Drucker 1974/2011: 56f.; siehe auch Cooper 1979a: 100; Cooper 1979b: 134f)[7]. Demnach haben solche Unternehmen größere Chancen, Innovationserfolge zu erzielen, welche die Bedürfnisse ihrer Kund*innen kennen und diese besser als die Konkurrenz befriedigen (vgl. ebd.; Herrmann u. Huber 2000:

[7] Eine Übersicht an Erfolgsfaktorenstudien liefert u. a. Ernst 2002.

7).[8] Während klassische Marktforschungsmethoden lediglich Bedürfnisinformationen ermitteln[9] und damit die Gefahr von fehlerhaften Übersetzung unkonkreter Kundenwünsche bergen (vgl. Thomke u. von Hippel 2002: 74), soll es dank ausgelagerter Trial-und-Error-Prozesse möglich sein, Flop-Risiken sowie langwierige Entwicklungszeiten, verursacht durch ständige Nachbesserungen, zu vermeiden (vgl. Thomke u. von Hippel 2002: 76; Reichwald u. Piller 2009: 145f. u. 172ff.; siehe auch Gassmann, Kausch u. Enkel 2005: 2; Lüthje 2007: 41).[10] Aus Konsument*innen werden Produzent*innen bzw. Prosument*innen[11], welche neben Bedürfnisinformationen auch Lösungsinformationen besitzen (vgl. Piller 2006: 87). Die Einbindung von Kund*innen kann in allen Phasen des Innovationsprozesses erfolgen (vgl. Nambisan 2002: 395). Sie nehmen verschiedene Rollen ein, wobei ihr Aktivitätsgrad variiert (vgl. ebd.; Reichart 2002: 41f.).[12]

Mittlerweile geht es nicht mehr um die Integration von Konsument*innen, sondern einer breiten Öffentlichkeit. Besonders dank umfangreicher Interaktions-

[8] Zum Thema Kundenorientierung siehe z. B. (Kleinschmidt, Geschka u. Cooper 1996: 107). Bisher wird vor allem der Mangel an Kundenorientierung für die hohen Flopraten im Innovationsgeschäft verantwortlich gemacht (vgl. Cooper 1979a: 100ff). Gerade im Hightech-Bereich besteht dank zunehmender Komplexität der Technologie die Gefahr einer zu großen Distanz zwischen Kunde und Produkt (vgl. Burmeister, Neef u. Linnebach 2006: 27).

[9] Siehe auch von Hippel (1977):„Manufacturer Active Paradigm" (MAP) (vgl. ebd.: 2)[9] sowie Kaulio (1998).

[10] Zur Nutzen- und Kosteneinschätzung siehe insbesondere Reichwald. u. Piller 2009: 175ff.; Gruner 1997: 68ff.; Kirchmann 1994: 20ff.; Steinhoff 2006: 258; Riggs u. von Hippel 1994: 465; vgl. in dem Zsh. auch Shah 2000: 14f.; Franke u. Shah 2003: 160ff.; von Hippel 2005: 20; Huston u. Sakkab 2006: 61f.; Antons u. Piller 2015: 194ff.; Enkel, Kausch u. Gassmann 2005: 205ff.; Sandmeier 2007: 185f.)

[11] Ein Prosumer ist Konsument*in und Produzent*in zugleich, jedoch im ursprünglichen Verständnis auf die beschriebene arbeitsteilige, operative Weise (vgl. Toffler 1980: 282ff.).

[12] Es gilt, je eher die Einbindung von externem Wissen im Innovationsprozess stattfindet, umso besser kann es verwertet werden (vgl. Kim u. Wilemon 1994: 276). Konsument*innen und Kund*innen, werden dafür nicht nur als Trendscouts, sondern in erster Linie als Quelle für Ideen in Form von Lösungsinformationen herangezogen (vgl. Nambisan 2002: 394).

und Vernetzungsmöglichkeiten ist es möglich geworden, Phasen der Wertschöpfung an die Öffentlichkeit mit vergleichsweise geringem Aufwand auszulagern (vgl. Howe 2006: o. A.; Büttgen 2009: 55ff., Walcher 2007: 259).

Als **„Crowdsourcing"** bezeichnete erstmals Howe (2006: o. A.) den Prozess der Auslagerung von vormals unternehmensinternen Aufgaben an eine unbestimmte Öffentlichkeit (Crowd; vgl. ebd.).[13] Seitdem hat sich der Begriff in Praxis und Wissenschaft weitgehend durchgesetzt. Der *Prozess* der bewussten Auslagerung an eine *Crowd* ist Kern des Crowdsourcing-Begriffs (vgl. Estellés-Arolas u. González-Ladrón-de-Guevara 2012: 191). Auf Basis der dargelegten Ausführungen von Howe (2006 u. 2008), Brabham (2013) sowie Estellés-Arolas u. González-Ladrón-de-Guevara (2012) ergibt sich folgende allgemein gehaltene Arbeitsdefinition:

> Crowdsourcing ist die Auslagerung von Aufgaben (Outsourcing) durch i. d. R. eine Organisation an eine unbestimmte Vielzahl an organisationsexternen Akteuren (Crowd) mittels eines öffentlichen Aufrufs im Internet mit dem Ziel, wertvolle Ressourcen in die Organisation hineinzutragen. Zu diesen zählen vor allem Humankapital wie Wissen, Fähigkeiten und Fertigkeiten (vgl. ibid.).

Mittlerweile hat sich Crowdsourcing als ‚Schirmbegriff' entwickelt, unter welchem verschiedene Ansätze zusammengefasst werden (vgl. z. B. Howe 2008: 280ff.; Brabham 2013: 42ff). Abzugrenzen ist Crowdsourcing prinzipiell von gängigen Marktforschungskampagnen oder Kundenbindungsmaßnahmen (vgl. Brabham 2013.: 8)[14], wenngleich dies mit Blick auf Praxisbeispiele nicht leicht

[13] Surowiecki (2005) prägte den Begriff der ‚Crowd' maßgeblich, argumentierte anhand diverser Beispiele, dass in kollektiven Entscheidungs- oder Problemfindungsprozessen die durchschnittliche Antwort oftmals mindestens so gut ist wie die des schlauesten Mitglieds in der Community (vgl. ebd.: 11). Howe (2008) greift den Begriff auf, legt ihm jedoch ein differenziertes Verständnis zu Grunde (vgl. ebd.: 143ff.).

[14] Brabham (2003) erklärt dies anhand des Bsp. ‚Pepsi's DEWmocracy' (vgl. ebd.: 8).

fällt, denn die wahren Ziele von Crowdsourcing-Kampagnen bleiben oftmals im Verborgenen.

Bei der **Kategorisierung von Crowdsourcing** kommt es im Wesentlichen auf die ausgelagerte Aufgabe und die einzubindende Ressource an (vgl. dazu auch Pelzer, Wenzlaff u. Eisfeld-Reschke 2012: 13). Howe (2008) unterscheidet u. a. Problemlöseaufgaben mit erhöhter Komplexität („collective intelligence"/„crowd wisdom") von Kreativaufgaben („crowd creation"), wie z. B. das Filmen von Fernsehspots oder (Re-)Komponieren (vgl. ebd.: 280ff.). Begrenzt man kreative Arbeit nicht allein auf den Kreativsektor, sondern fasst darunter sämtliche Schaffensprozesse mit vorrangig heuristischem Charakter (siehe dazu Beginn des Kapitels 3.1.), so kann der Begriff Crowdcreation[15] durchaus weiter gefasst werden. In der vorliegenden Arbeit bietet sich folgende Unterscheidung an:

- Auslagerung von Abstimmungsprozessen (Crowdvoting)
- Auslagerung von kreativen Denkprozessen (Crowdcreation)
  - Wissensintensive Aufgaben
  - Alltagskreative Aufgaben
- Auslagerung von eher algorithmischen Arbeitsprozessen (*Microworking*)
- Auslagerung von Finanzierungsprozessen (*Crowdfunding*)[16]

Werden lediglich Abstimmungsprozesse an die Öffentlichkeit abgegeben, wird dies als *Crowdvoting* benannt (vgl. Howe, Abs. 281). Sind Aufgaben eher algorithmisch, handelt es sich um eine Auslagerung von Arbeitsprozessen, u. a. auch als

---

[15] Schreibweise wurde angepasst an die nachfolgende Klassifizierung.

[16] Die Einbindung von Finanzmitteln unter dem Namen Crowdfunding wird zwar als eine Form des Crowdsourcing gehandelt, entspricht aber nicht im engen Sinne der Definition (vgl. auch Brabham 2013: 38). Wenn die Crowd lediglich Finanzhilfe beisteuert, aber keinen weiteren Gestaltungseinfluss hat, kann danach streng genommen nicht von Crowdsourcing die Rede sein (vgl. ebd.). Crowdfunding kann demnach je nach Auslegung auch ‚neben' dem Begriff Crowdsourcing stehen.

Microworking benannt (vgl. auch Bertschek, Ohnemus u. Viete 2015: 2).[17] Geht es um die Einbindung von der Crowd in Entwicklungs- und Gestaltungsaufgaben kann von kreativem Crowdsourcing bzw. *Crowdcreation*, gesprochen werden (vgl. Leimeister u. Zogaj 2013: 27).

Unter **Crowdcreation** werden in dieser Arbeit entsprechend der Begriffszusammensetzung sämtliche Aufgaben kreativer Natur verstanden, d. h. Prozesse der Entwicklung von Ideen, welche in eben dieser Form Eingang in den organisationsinternen Prozess des Crowdsourcers finden (siehe auch Kapitel 3.1.1.)

Die Grenzen zwischen den einzelnen Arten können verschwimmen, wenn beispielsweise kreative Ideenfindung durch die Crowd mit crowdbasierten Abstimmungsprozessen kombiniert wird. Ferner ist eine eindeutige Unterscheidung der Angebote in kreative Ideenplattformen einerseits und oder Marktplätze für kreative Ideen andererseits bislang schwierig aufgrund des facettenreichen Angebots (vgl. Gassmann 2010: 15). So wie ein Designentwurf auf *99designs* nichts anderes als die Visualisierung einer Idee ist, so kann eine Plattform wie *Atizo*, welche mit einer breiten Vielfalt an Ideen handelt und dabei zwischen unternehmerischen Ideensuchenden und Crowd vermittelt ebenfalls als Marktplatz angesehen werden. Daneben können Beiträge auf Plattformen zur Auslagerung von Aufgaben im Forschungs- und Entwicklungsbereich auch als kreative Ideen bezeichnet werden (siehe dazu auch Kapitel 3.2.).

[17] Pelzer benennt das Bearbeiten von Micro Tasks als "Crowd Performing“ (http://www.crowdsourcingblog.de/blog/2011/05/05/crowdsourcing-kategorisierung/ [22.09.2014). Eine andere Bezeichnung ist ‚Crowdworking‘ (vgl. Bertschek, Ohnemus u. Viete 2015: 2), wobei der Begriff auch als Sammelbezeichnung für ausgelagerte Arbeitsprozesse sämtlicher Art (einschl. Ideengenerierung) dienen kann (vgl. Durward, Blohm u. Leimeister 2016: 213).

Bezüglich der Auslagerung von Ideenentwicklung bietet sich eine Unterscheidung in **wissenskonzentrierte Problemlösung** (z. B. neue Produktionsprozesse für L-Menthol)[18] einerseits und **alltagskreative Aufgaben** (z. B. Haribo Fan-edition)[19] andererseits an. Dies ermöglicht, stark innovationsorientierte und wissenschaftlich ausgerichtete Plattformen von Plattformen für eher breitgefächerte Ideensuche zu unterscheiden.

Letztere Form bezeichnet Brabham (2013) als „peer-vetted creative production" (ebd.: 45 u. 49f.), eine Crowdsourcing-Klasse, bei welcher die gesuchten Lösungen stark subjektiv bewertet werden, d. h. eher Geschmackssache sind und deshalb auch ihre Bewertung an die Crowd ausgelagert wird (vgl. ebd.). Eine deutliche Trennung beider Formen erscheint schwierig; letztlich liegt es im Ermessen des Betrachters, inwiefern Aufgaben wirklich wissensintensiv sind und ggf. einer längeren Auseinandersetzung mit dem Thema bedürfen. Ferner wird klar, dass die Grenzen zwischen den Formen verschwimmen können, so z. B. bei Prozessen in denen die Entwicklung von Ideen sowie ihre Bewertung an die Crowd abgegeben werden.

2.2 Idee | Ideen-Community | Ideenwettbewerb

Problemlösungen in Form von Ideen sind der Kern kreativer Arbeit im Crowdsourcing (vgl. u. a. Gassmann 2010: 14; Brabham 2008: 76; Sundic u. Leitner 2012: 336f.; Morghen 2012: 28ff.). Denn Ideen sind die Grundlage für Neuschöpfungen jeglicher Art, so auch von Innovationen (vgl. Picot, Reichwald u. Wiegand 2001: 26) Die Neuartigkeit ist ein zentrales Merkmal von Ideen, die Frage nach dem **„Wie neu?"** gestaltet es jedoch schwierig, Ideen eindeutig zu

[18] https://www.innocentive.com/ar/challenge/9933953 [20.01.2017]
[19] https://innosabi.com/wp-content/uploads/2015/11/140801_Crowdsourcing-Casestudies_HARIBO.pdf [20.01.2017]

identifizieren und vor allem zu klassifizieren (vgl. Hauschildt u. Salomo 2011: S. 4 u. 18f.; Brockhoff 1999: 1). Prinzipiell kann der Neuheitsgrad von Innovationen (insbesondere von Produktinnovationen) anhand der Dimensionen Markt und Technologie beurteilt werden (vgl. Reichwald u. Piller 2009: 122); grundlegend ist die Unterscheidung zwischen inkrementalen (Schritt-für-Schritt-) Innovationen und radikalen (Durchbruchs-) Innovationen (vgl. ebd.).[20] Die Beurteilung von Neuartigkeit bleibt dabei äußerst subjektiv und domänenspezifisch.

Die Suche nach Ideen, ihre Bewertung und Selektion reiht sich in den frühen Phasen (siehe Abbildung 1), dem **„fuzzy front end“**[21] des Wertschöpfungsprozesses ein (vgl. Verworn u. Herstatt 2007: 9; Khurana u. Rosenthal 1996: 118; Schweitzer, Buchinger u. Gassmann et al. 2012: 34).[22]

> Eine Idee ist in erster Linie ein Gedanke, der zur Lösung eines bestehenden Problems beitragen soll, wobei ihre Tauglichkeit weder realisiert noch überprüft worden ist (vgl. Gurteen 1998: 6)

---

[20] Hat vor einem Jahrhundert Schumpeter (1911/1993) den diskontinuierlichen ‚Fortsprung' als Voraussetzung für Innovationen genannt (vgl. ebd: 100) so gelten in Forschung und Praxis heute auch Schritt-für-Schritt-Neuerungen als innovativ (vgl. u. a. Vahs u. Burmester 2002: 45; siehe auch Herstatt 2007: 203 u. 304; Chesbrough 2003: XXIII).

[21] Das englische Wort ‚fuzzy' bedeutet übersetzt unscharf bzw. verschwommen und beschreibt in diesem Zusammenhang die Unsicherheit über den (Ziel-)Markt sowie die technische Realisierbarkeit (vgl. Khurana u. Rosenthal 1996: 118).

[22] Konzepte oder Prototypen, die von Privatpersonen erstellt wurden und auf einer Ideenplattform eingereicht werden, gelten ebenso als Idee und gehen, weil sie weder in der Organisation technisch noch auf dem Markt getestet worden sind, als solche in die frühen Phasen der Wertschöpfungskette ein.

Während in den frühen Phasen die Unsicherheit über den Erfolg der Neuerung am schwersten wiegt, ist der Lösungsraum entsprechend groß, um Außenstehende in den Prozess zu integrieren und vielfältige Ideen zuzulassen (vgl. auch Reichwald u. Piller 2009: 123).[23]

Da Ideen in den Phasen der Generierung und Selektion weder auf dem Markt oder in der Gesellschaft implementiert werden und überdies auch ihre technische Realisierbarkeit, ihre Umsetzung und Akzeptanz in Markt und Gesellschaft unklar sind (vgl. Schumpeter 1911/1993: 100; Tuomi 2002: 11), können sie in diesem Abschnitt der Wertschöpfung eher als kreativ denn innovativ bezeichnet werden (vgl. auch Amabile 1996: 1; Levitt 1963/2002). Bei der Beurteilung ihrer Güte kommen ferner weitere Aspekte zum Tragen, so z. B. ihr Marktpotenzial, ihre technische Umsetzbarkeit, Wirtschaftlichkeit (vgl. Soll 2006: 73) sowie der Bezug zur Marke und der Strategie-Fit (vgl. z. B. Lego Ideas Guidelines[24]). Auch die Technologiestrategie, rechtliche Bedingungen oder der Vergleich mit Wettbewerbern sind relevant (vgl. Reichwald u. Piller 2009: 124).

Das **Internet ist die wichtigste Infrastruktur** für die ausgelagerte Ideengenerierung. Komplexe und weitläufige Interaktions- und Vernetzungsmöglichkeiten machen es einfach, zu geringen Kosten die Wertschöpfung an die Öffentlichkeit auszulagern (vgl. Voß et al. 2009; Howe 2006: o. A.). Im Wesentlichen gilt, dass ein offener Aufruf zur Teilnahme auffordert und Problemlöser durch Selbstselektion entscheiden, ob und wie sie sich einbringen (vgl. Reichwald u. Piller: 51);

[23] Im Laufe des Innovationsprozesses, wenn die (technische) Realisierung in den Vordergrund rückt, verengt sich der Lösungsraum (vgl. Reichwald u. Piller 2009: 123). Unsystematische „Ideenjagden" ohne konkretes Suchfeld sind selten erfolgreich, da mitunter die Umsetzbarkeit der generierten Ideen oftmals nicht berücksichtigt wird, weshalb eine systematische, auf einen konkreten Sachverhalt gerichtete Ideensuche erfolgsversprechender ist (vgl. Pleschak u. Sabisch 1996: 25; Brockhoff 1999: 127f).

[24] https://ideas.lego.com/guidelines [07.03.2019]

eine Fokussierung auf potenzielle Ideengeber kann hilfreich sein, um zielgerichteter zu kommunizieren (vgl. auch Howe 2008: 282). Instrumente zur Ideenentwicklung sind beispielsweise Toolkits, welche dank Visualisierung die Kombination von Komponenten zu Prototypen ermöglichen (siehe dazu v. a. von Hippel u. Katz 2002, Franke u. Schreier 2002, Schreier 2004), Online-Plattformen im Allgemeinen sowie Communities.

Es besteht die Annahme, dass technologiebasierte Umgebungen wie **Online-Gemeinschaften** (engl.: online communities) kreative und kollaborative Prozesse erheblich unterstützen können: Sie erleichtern den Zugang zu relevantem Wissen, können divergente Denkprozesse anstoßen, bieten Raum für Eigeninitiative, um kreatives Potenzial einzubringen und ermöglichen es Menschen, gemeinsam an Problemlösungen zu arbeiten (vgl. Lubart 2005: 367ff.; Shneiderman, Fisher & Myers et al. 2006: 70ff.)

Unternehmen nutzen i. d. R. eigene Plattformen oder den Dienst von Intermediären (vgl. Gassmann 2010: 14ff.), um Außenstehende, wie z. B. Kund*innen oder Interessierte in die Ideenentwicklung einzubeziehen. Bretschneider (2012) hat auf Basis einer qualitativen Untersuchung von acht Plattformen diverse Merkmale von Ideen-Communities zusammengestellt. Unter Berücksichtigung, dass Ideen-Communities nicht zwangsläufig unternehmensgebunden sind, ergibt sich auf Basis zwei dieser Merkmale folgende Arbeitsdefinition:

> Eine Ideen-Gemeinschaft (Ideen-Community) ist in diesem Kontext eine Form von Online-Gemeinschaft mit dem spezifischen thematischen Bezugspunkt Ideenentwicklung, wobei der Austausch unter den Mitgliedern primär durch Kollaboration in Form von Kommentieren und Bewerten erfolgen kann (vgl. auch Bretschneider 2012: 43).

Darüber hinaus haben **Marktplätze für kreative Leistungen** (vgl. ebd.) auf dem Prinzip der Konsumentenintegration gegründet. Der Anspruch dieser intermediären Plattformen besteht darin, die User in einen aktiven und kontinuierlichen Dialog zu bringen (Prahalad u. Ramaswamy 2000: 81), denn der Grundpfeiler für die Integration von Usern ist die Interaktion mit ihnen sowie auch zwischen ihnen (vgl. u. a. Reichwald u. Piller 2009: 104f.; Bartl 2006, S. 16; Büttgen 2006, S. 15f.). Diese muss von Unternehmen initiiert werden, d.h. sie müssen Usern bzw. Konsument*innen dazu bringen, mit ihnen in Kontakt zu treten (vgl. von Hippel 1978: 47). Die Förderung der Interaktion setzt wiederum den Aufbau von Interaktionskompetenz und damit „interaktionsförderlichen Kommunikationsstrukturen" voraus (Reichwald u. Piller 2009: 95ff.).

Es stellt sich die Frage, wie Interaktion gestaltet werden kann, so dass der Nutzer bzw. die Nutzerin „[…] bereit ist, sich nach den Vorstellungen des Anbieters in die Leistungserbringung und andere Maßnahmen zu integrieren" (Bruhn u. Stauss 2009: 117). Zudem ist interessant, was den „Transfer"[25] von Informationen begünstigt (vgl. Foss, Laursen u. Pedersen 2006: 20; Bartl 2006: 8) oder kurz gesagt: was Ideensuchenden innovative Ideen beschert. Hinsichtlich der Plattformgestaltung rücken beispielsweise Aspekte wie Gamification, die insbesondere die Motivation der Nutzer*innen im Blick haben, in den Mittelpunkt der Crowdsourcing-Forschung (vgl. Kavaliova, Virjee, Maehle, Kleppe & Nisar 2016; Eickhoff, Harris, de Vries et al. 2012: 871f.; Scheiner 2015: 341ff.).

Afuah und Tucci (2012) unterscheiden **wettbewerbsbasiertes Crowdsourcing** von **kollaborativem Crowdsourcing** (vgl. ebd.: 355): Während beim wettbewerbsbasierten Crowdsourcing eine beste Lösung final ausgewählt wird, arbeiten

[25] Die Bezeichnung Informationstransfer ist aus kommunikationswissenschaftlicher Sicht zu kritisieren, da Interaktion immer ein wechselseitiges Bezugnehmen ist, bei welchem Symbole empfangen und interpretiert werden (symbolischer Interaktionismus).

beim kollaborativen Crowdsourcing Teilnehmer*innen zusammen und stellen eine gemeinsame Lösung zur Verfügung (vgl. ebd.).

In der Praxis etabliert haben sich vor allem Ideenwettbewerbe und Ideen-Communities: In Ideenwettbewerben können sich Teilnehmende in eher unstrukturierter Form zu einem bestimmten Thema äußern; nach Beendigung werden i.d.R. die besten Ideen prämiert (vgl. Soll 2006.: 36; Walcher 2007: 5; Leimeister u. Zogaj 2013: 63; vgl. auch Bullinger, Neyer u. Rass et al. 2010: 294f.; Reichwald u. Piller 2009: 197ff.).[26] Ideen-Communities sind nicht zwingend als Ideenwettbewerb gekennzeichnet, wenngleich Wettbewerb damit einhergehen kann.[27] Kennzeichnendes Merkmal für Ideen-Communities ist vielmehr der kollaborative Austausch unter den Nutzer*innen. Co-Creation bzw. Crowd Creation zeichnet sich in diesem Kontext dadurch aus, dass Ideen in Zusammenarbeit entstehen (Pelzer, Wenzlaff u. Eisfeld-Reschke 2012: 13).[28]

Als Beweis für den vermeintlich positiven Einfluss von Kollaboration auf Kreativität und Innovation sehen Bullinger, Neyer u. Rass et al. (2010) die steigende Anzahl community-basierter Innovationswettbewerbe (vgl. ebd.: 295). Auch Online-Plattformen wie beispielsweise Jovoto oder auch IdeaConnection werben

---

[26] Zur Definition Ideenwettbewerb siehe z. B. Walcher 2007: 38ff. sowie Reichwald u. Piller 2006: 173.

[27] Boudreau und Lakhani (2013) meinen, dass sich Wettbewerbe vor allem für Probleme eignen, die komplex bzw. neuartig sind und für die es keine Best-Practice-Fälle gibt (vgl. ebd.: 64). Technologisch anspruchsvolle, analytische und wissenschaftliche Probleme fallen hierunter genauso wie Design- oder andere Kreativaufgaben (vgl. ebd.).

[28] Zwass (2010) definiert Co-Creation vergleichsweise als "[...] the creation of value by consumers "(ebd.: 11). Autonome Co-Creation (z. B. OSS od. Wikipedia) ist zu unterscheiden von 'gesponserter' Co-Creation (z. B. P&G, LEGO Ideas od. Threadless) (vgl. ebd.). Die enge Beziehung von Konsumentenintegration und Crowdsourcing wird hier nochmals deutlich.

mit dem Kollaborationsgedanken. In Zukunft soll die Zusammenarbeit im Crowdsourcing offenbar noch wichtiger werden (vgl. Kittur 2010: 26; Gassmann 2010: 183ff.)

Auch Reichwald u. Piller (2009) stellen fest, dass Ideenwettbewerbe die Interaktion zwischen Veranstaltern und Nutzer*innen aber auch unter den Teilnehmenden unterstützen (vgl. ebd.: 201). Während manche Plattformen eher wie „schwarze Bretter" funktionieren, erlauben andere mehr Interaktion durch z. B. Möglichkeiten zur Weiterentwicklung von Ideen, Bewertung und Kommentieren von Ideen (vgl. ebd.: 201f.; Bretschneider 2011; Bretschneider, Zogaj u. Leimeister 2012: o. A.).[29] Communitymitglieder sind dadurch einerseits dazu angehalten, Ideen durch gedankliche Trial-and-Error-Prozesse in Zusammenarbeit weiterzuentwickeln; andererseits treten sie im Ranking um Belohnung und Anerkennung gegeneinander an (vgl. auch Hutter, Hautz, Füller, Mueller u. Matzler 2011: 5f.).[30]

Begrifflich kann diese Form der Zusammenarbeit eingeordnet werden als **‚Coopetition'** – ein Portmanteauwort, welches die sich einerseits ergänzenden aber auch gegensätzlichen Formen der Interaktion, nämlich Wettbewerb und Kooperation, vereint (vgl. Bengtsson u. Kock 2014: 180). Während der Begriff ursprünglich die Interaktion zwischen Unternehmen beschrieb, so wird er mittlerweile auch auf andere Bereiche übertragen (vgl. Walley 2007: 12), so auch zur

[29] Die dadurch erzeugte Vielfalt ist im kollaborativen Crowdsourcing prinzipiell als Stärke anzusehen, wie auch Boudreau u. Lakhani (2013) resümieren (vgl. ebd.: 66). Trotzdem, so meinen sie, fehle es Communities an Zusammenhalt (vgl. ebd.). Der Zusammenhalt eines Unternehmens ist über Strukturen und Systeme hergestellt und mit der Vielfalt und Dynamik einer Crowd nicht vergleichbar (vgl. ebd.).

[30] Hutter et al. (2011) identifizierten am Bsp. des OSRAM LED Design Contests Nutzertypen anhand ihres dominanten Verhaltens: Konkurrieren, Kooperieren, Konkurrieren und Kooperieren sowie, Beobachten (vgl. ebd.: 9).

Beschreibung der Interaktion zwischen Teilnehmenden im Crowdsourcing (vgl. z. B. Zhao, Renard, Elmoukhliss et al. 2016: 7; Hutter et al. 2011: 4).[31]

Boudreau und Lakhani (2013) resümieren aus ihrer Forschung, dass viele Unternehmen noch nicht verstehen, welche Probleme die Crowd lösen kann und wie sie den Prozess managen können (vgl. ebd.: 62f.) Crowdsourcing ist, wie auch Gassmann (2010: 59ff.) feststellt, kein Selbstläufer, dennoch ist bislang zu wenig bekannt darüber, worauf es beim Betrieb von Crowdsourcing-Plattformen ankommt, um viele qualifizierte User zu akquirieren und zu halten (vgl. ebd.). Die Forschung aus den Bereichen Kundenintegration und Crowdsourcing hat einige relevante Faktoren und Mechanismen offenlegen können.

2.3 Forschungsstand zu Ideen-Communities

Forschungsarbeiten zur ausgelagerten Ideenentwicklung lassen sich aktuell u. a. unter dem allgemeinen Begriff **Crowdsourcing** finden. Der Begriff findet sich Disziplinen übergreifend in der Forschung wieder, u. a. in den Gebieten Innovationsmanagement, Management von Informationssystemen, Organisationstheorie, Marketing und Strategie (vgl. Ghezzi, Gabelloni, Martini u. Natalicchio 2018: 348). Nach einer Literaturstudie von Ghezzi et al. 2018 (n=121) bilden empirische Untersuchungen (u. a. Fallstudien, Umfragen) den Großteil der wissenschaftlichen Journal- u. Konferenzbeiträge, daneben sind vor allem konzeptionelle Beiträge (v. a. Definitionsarbeit) zu finden.

Ergebnisse einer umfassenderen Literaturstudie (n=392)32 von Leimeister und Zogaj (2013) zeigen auf, dass sich nur wenige der darin identifizierten Beiträge

[31] Hutter et al. (2011) führen für die Bezeichnung coopetitiver Aktivitäten in Online-Communities den Begriff ‚communitition' ein (vgl. ebd.: 16).

[32] Die Literaturrecherche von Leimeister und Zogaj (2013) umfasst Zeitschriften- und Magazinartikel, Arbeitspapiere, Zeitungsartikel, sowie Bücher bzw. Bücherabschnitte (vgl. ebd.: 14).

mit den theoretischen Grundlagen beschäftigen (vgl. ebd.: 31). Demnach bedürfe es weiterer theoretischer Überlegungen und Untersuchungen, um Crowdsourcing erklären zu können (vgl. ebd.: 34).

Leimeister u. Zogaj (2013) schlussfolgern aus ihren theoretischen Überlegungen, dass wichtige Einflussfaktoren auf den Erfolg von Crowdsourcing u. a. in der Aufgabe aber auch in personenspezfischen Faktoren wie Wissen oder Motivation zu finden sind (vgl. ebd.: 33). Daran anknüpfend sind Fragen nach der Gestaltung sowie Steuerung von Crowdsourcing-Prozessen zentral in der Literatur (vgl. ebd.: 43ff.).

Eine eigene Recherche hat gezeigt, dass nach wie vor die Gestaltung und Steuerung wichtige Themen in der Crowdsourcing-Forschung sind.[33] Zu finden sind u. a. Arbeiten zu Nutzen und möglichen Anwendungsfällen von Crowdsourcing (vgl. z. B. Pacauskas, Rajala, Westerlund u. Mäntymäki 2018; Goodman u. Paolacci 2017; Chen, Shenle, Zhu et al. 2017; Kohler 2015; Blohm, Zogaj, Bretschneider u. Leimeister 2018) oder Arbeiten zur Gestaltung und Steuerung von Crowdsourcing-Prozessen (vgl. z. B. Vrgović u. Jošanov-Vrgović 2017; Kavaliova, Virjee, Maehle, Kleppe u. Nisar 2016;). Bezüglich der Gestaltung und Steuerung spielen u. a. Aspekte wie z. B. Motivation (vgl. Acar 2018; Goncalves, J., Hosio, S., Rogstadius, J, Karapanos 2015; Boons, Stam u. Barkema 2015) sowie Interaktion in Form von v. a. Kollaboration und Wettbewerb (vgl. Fuger, Schimpf, Füller u. Hutter 2017; Dissanayake, Zhang u. Gu 2015; Faullant u. Dolfus 2017) eine Rolle. Zudem lassen sich Arbeiten finden, die sich mit Faktoren

[33] Basis der Recherche waren wissenschaftliche Zeitschriftenbeiträge, zu finden in den Datenbanken Business Source Premier und Communication & Mass Media Complete (via EBSCOhost) zwischen 2014 und 2018, welche im Titel den Begriff „Crowdsourcing“ enthielten.

wie Wissen oder Fähigkeiten befassen (vgl. z. B. Zhu, Li u. Andrews 2017; Kosonen, Vanhala & Blomqvist 2014).

Welche Elemente konkret bei der Gestaltung von Ideenwettbewerben und -communities erfolgversprechend sind, ist auch ein Schwerpunkt der bereits länger etablierten **Kunden- bzw. Konsumentenintegrationsforschung**. Bislang konzentriert sich die stark betriebswirtschaftlich orientierte Forschung auch hier vor allem auf die Analyse von Funktionsweisen, um Handlungsempfehlungen für eine erfolgreiche Implementierung und Steuerung zu geben.

2.3.1 Gestaltung ausgelagerter Ideenentwicklung

Um Organisationen eine Entscheidungsgrundlage zur Gestaltung von Crowdsourcingprozessen zu liefern, haben Geiger, Seedorf, Schulze, Nickerson u. Schader (2011) 46 Crowdsourcing-Beispiele aus der Literatur analysiert und auf dieser Basis **Phasen des Prozesses** definiert und charakterisiert (vgl. ebd.: 6). Anzumerken ist, dass die Bandbreite der untersuchten Beispiele groß ist und neben Ideenwettbewerben auch Microtasks sowie eher ‚autonome Co-Creation'[34] (z. B. Wikipedia) umfasst.

Die Ergebnisse sind demnach vor dem Hintergrund der dieser Arbeit zu Grunde liegenden Definition auszulegen. Die nachfolgende Abbildung zur Charakterisierung von Crowdsourcing-Prozessen ist dennoch so allgemein, dass sie grundlegend auch für ausgelagerte Ideenprozesse anwendbar ist. Einige der genannten Ausprägungen sind insbesondere für die ausgelagerte Ideenentwicklung mittels Crowdcreation relevant. Organisationen können bestimmte Gruppen innerhalb der Crowd im Blick haben, so zum einen auf Basis des Kontextes, wie z. B.

[34] Zum Begriff siehe Kapitel 2.2. bzw. vgl. Zwass (2010).

Kund*innen od. Konsument*innen oder auf Basis einer bestimmten Qualifikation (vgl. ebd.). Prinzipiell ist es aber möglich, die Crowd als Ganzes einzubinden, d.h. keine Einschränkung vorzunehmen (vgl. ebd.).

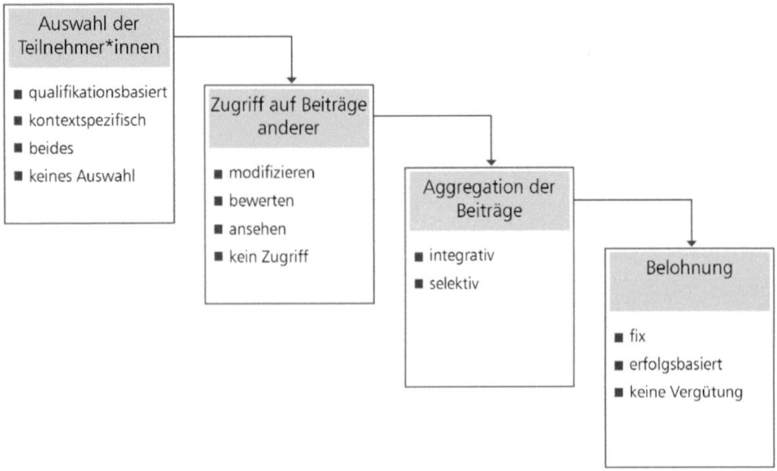

Abbildung 1: Charakterisierung von Crowdsourcing-Prozessen (mod. übernommen aus Geiger et al. 2011: 6)

So gilt auch hier, wie von Reichwald u. Piller (2009) in Bezug auf die interaktive Wertschöpfung im Allgemeinen beschrieben, dass die Verteilung von Aufgaben weitestgehend durch Selbstselektion der Akteure ersetzt wird (vgl. ebd.: 4). Der Zugriff auf Beiträge anderer wird unterschiedlich gestaltet und reicht von ‚kein Zugriff', über ‚ansehen' bis hin zu ‚bewerten' und ‚bearbeiten' (vgl. Geiger et al. 2011: 7).

Die Bewertung von Beiträgen ist besonders in Ideenwettbewerben üblich, die Modifikation hingegen bei stark kollaborativen, eher autonomen Plattformen, z.

B. Wikis (vgl. ebd.). Je nach Konzeption werden entweder alle Beiträge unabhängig von ihrer Qualität verwertet (integrativ), oder es wird selektiv vorgegangen (vgl. ebd.).[35] Insbesondere Plattformen für kreative Ideenfindung können als Beispiele für einen selektiven Umgang mit Beiträgen genannt werden (vgl. Geiger et al. 2011: 7). Zuletzt können Beiträge prämiert werden; während fixe Entlohnung bei integrativen Modellen vorherrscht, ist erfolgsbasierte Belohnung vor allem bei selektiven Formen des Crowdsourcing gebräuchlich (vgl. ebd.).

Um den Gegenstand Ideen-Communities genauer zu charakterisieren, lassen sich zusätzlich **Untersuchungen zum Thema Ideenwettbewerbe** heranziehen, wenngleich sie den Fokus auf Wettbewerbsbedingungen legen. Bullinger und Moeslein (2010) haben den Stand von Innovationswettbewerben in Forschung und Praxis anhand einer Analyse von 33 wissenschaftlichen Artikeln mit empirischen Daten zu dem Thema sowie 57 Wettbewerben, davon 46 online, untersucht (vgl. ebd.: 2). Sie haben Designelemente und ihre Attribute identifiziert, welche für Innovationswettbewerbe im Wesentlichen kennzeichnend sind (siehe Tabelle 1). Auf Basis einiger Elemente lassen sich Bezüge zur zuvor dargestellten Literaturanalyse von Geiger et al. (2011) feststellen.

Beispielsweise fanden Bullinger u. Moeslein (2010) Möglichkeiten der Kommunikation zwischen den Teilnehmenden in 31 der untersuchten Fälle, wobei *Kommentarfunktionen und Foren* die häufigsten Formen waren und in Innovationswettbewerben mit Nutzerbewertung vorkamen (vgl. ebd.). Bullinger u. Moeslein

[35] Die Unterscheidung in integrativ und selektiv basiert hier auf Überlegungen von Schenk und Guittard (2011): Während integrativ bedeutet, eine Fülle an Daten und Informationen zu sammeln, wird selektiv vorgegangen, wenn Outsourcer einen bestimmten Bedarf haben und z. B. zur Lösung eines Problems aufrufen (vgl. ebd.: 98).

(2010) leiten daraus den Vorschlag ab, den Einfluss von Community-Anwendungen auf das Verhalten der Wettbewerbsteilnehmenden zu untersuchen (vgl. ebd.). Abbildung 2 zeigt ein Beispiel für Kommentare auf LEGO Ideas.

Tabelle 1: Designelemente von Ideenwettbewerben (vgl. Bullinger u. Moeslein 2010: 10)

Designelement	**Merkmale**					
Medium	Online	Mix	Offline			
Organisator	Unterneh-men	öffentlich	Non-Profit	Individuell		
Aufgabe/Anforderungen	Niedrig	Definiert	Hoch			
Ausarbeitungsgrad	Idee	Skizze	Konzept	Prototyp	Lösung	Fortlauf.
Zielgruppe	Spezifisch	unspezifisch				
Teilnahmeform	Einzeln	Team	Beides			
Zeitraum	Sehr kurz	Kurz	Lang	Sehr lang		
Belohnung/Motivation	Monetär	Nicht-monetär	Mix			
Community-Funktion	Gegeben	Nicht gegeben				
Bewertung	Jurybew.	Teilnehmerbew.	Selbstbew.	Mix		

Ein zentrales Element in Ideenwettbewerben ist die *Bewertung von Ideen geknüpft an* ein Ranking, wobei die Einschätzung der Ideen nicht nur durch eine Jury erfolgt, sondern auch die Teilnehmer sich selbst bzw. gegenseitig einschätzen können (vgl. Bullinger u. Moeslein 2010: 4f.): In der Mehrheit der untersuchten Fälle (n=35) entschied allerdings eine Jury, welche Idee letztendlich prämiert werden sollte. Bullinger u. Moeslein (2010) beurteilen den Trend hin zur Jurybewertung als überraschend, da sich die Forschung zur Eignung von Jurymeinungen eher uneinig sei bzw. die Bewertung durch größere (externe) Gruppen im Vorteil sähe (vgl. ebd: 5). Unbeachtet bleibt bei dieser Einschätzung, dass Abstimmungsprozesse durch eine Crowd schwer zu kontrollieren sind. Phänomene wie ‚Crowdslapping' sind vor dem Hintergrund der Entscheidung bzgl. der bewertenden Personen als mögliche Gefahr zu berücksichtigen.[36]

Einher mit der Bewertung geht i. d. R. die *Belohnung der Teilnehmenden* (vgl. ebd.). Dass Belohnung in der Praxis von Ideen-Communities prinzipiell eine Rolle spielt ist nur logisch, wenn bedacht wird, dass Wettbewerbselemente vorherrschen. Monetäre oder nicht-monetäre Belohnungen stellen den zentralen Anreiz in Ideenwettbewerben dar (vgl. Bullinger u. Moeslein 2010: 5). Monetäre Belohnung umfasst in der Analyse von Bullinger u. Moeslein (2010) neben Preisgeldern auch Gewinne wie z. B. Notebooks; zu nicht-monetären Gewinnen zählen z. B. die Teilnahme an Expert*innen-Workshops (vgl. ebd.). Von den 57 untersuchten Ideenwettbewerben setzten 20 ausschließlich auf monetäre Belohnung, 30 Fälle kombinierten wiederum monetäre und nicht-monetäre Anreize; extrinsische Anreize, d.h. solche, die von ‚außen' motivieren, dominieren offenbar deutlich (vgl. ebd.).

[36] Crowdslapping bezeichnet den Umstand, dass sich die Crowd gegen den Organisator bzw. Ideensuchenden wendet und die vorgesehenen Mechanismen stört bzw. manipuliert (vgl. Brabham 2013: 75).

Abbildung 2: Beispiel für die Einbettung der Kommentarfunktion auf LEGO Ideas (https://ideas.lego.com/projects/95f87b23-1eea-41ca-a57d-81a9adda08fa/comments_tab#content_nav_tabs [21.05.2019])[37]

[37] Anmerkung: Die Lupendarstellung wurde zur besseren Lesbarkeit hinzugefügt.

Ergänzend zur Aufstellung von Gestaltungsmerkmalen von Bullinger und Moeslein lassen sich Erkenntnisse aus Bretschneiders (2012) Fallstudienuntersuchung (n=8)[38] hinzufügen. Ideen konnten auf den von Bretschneider mittels Inhaltsanalyse untersuchten Plattformen separat in einer Detailansicht einschließlich Punktestand angezeigt werden (vgl. ebd.: 38f.) Beiträge konnten zum einen bewertet aber auch kommentiert werden (vgl. ebd.). Bretschneider (2012) identifiziert das Kommentieren als zentrale Interaktionshandlung zwischen den Communitymitgliedern; als weiteren zentralen Bereich der Plattformen neben dem Hochladen und kommentieren bzw. Bewerten von Ideen nennt er die Verwaltung des eigenen Nutzerprofils, wo persönliche Informationen selbst verwaltet aber auch abgerufen werden können (vgl. ebd.: 40). Ferner liegen allen untersuchten Plattformen Regeln und Teilnahmebedingungen zu Grunde, u. a. hinsichtlich der Nutzungsrechte an Ideen, der Auswahlprozesse und –kriterien oder der Rekompensation (vgl. ebd.: 42).

2.3.2 Motivation der Teilnehmenden

Die Frage nach der Motivation von Teilnehmenden in Crowdsourcing-Prozessen wurde in der Forschung mehrfach aufgegriffen.

Spindeldreher und Schlagwein (2016) haben im Rahmen einer Meta-Analyse insgesamt 29 quantitative Primärdaten-Studien zum dem Thema identifiziert und analysiert. Sie fassen vier zentrale motivationale Faktoren zusammen, welche die Teilnahme im Crowdsourcing erklären (vgl. ebd.):

[38] Ideastorm (Dell), Ideajam (IBM Lotus Notes), Idea Zone (Intel), My Starbucks Idea (Starbucks), Google product ideas (Google), Brainstorm (Software AG), Adobe Labs Ideas (Adobe), SaraLee Open Innovation (Sara Lee)

- Vergütung
- Spaßempfinden
- Herausforderung
- Außenwahrnehmung bzw. Anerkennung

Vergütung bzw. Belohnung kann die Teilnahme und auch Teilnahmeintensität auf Ideenplattformen erklären[39] (vgl. z. B. Brabham 2011: 1130; Walter u. Back 2011: o. A.) und zählt damit zu den Basisdimensionen zur Gestaltung von Ideenplattformen (vgl. auch Gassmann 2010: 61ff.; Bartl 2006: 265f.). Der eigentliche Effekt von Belohnung ist umstritten: So beschreiben auch Spindeldreher und Schlagwein (2016) die Ergebnisse ihrer Meta-Analyse zum Faktor Vergütung („compensation") als eher durchwachsen (vgl. ebd.: o. A.). Demnach zeigte die Analyse, dass Vergütung zwar einen positiven Einfluss auf die Teilnahme hat, dieser Einfluss sich im Ausnahmefall auch als negativ äußern kann – so z. B. im stark sozialorientierten oder altruistisch geprägten Crowdsourcing (vgl. ebd.).

Hinsichtlich der Bewertung des Einflusses von Motivation auf Partizipation sind zwei Aspekte zu unterscheiden: die Teilnahmebereitschaft bzw. –intensität sowie die Qualität der Leistung. Nach einer Experimentalstudie von Acar (2018) kann monetäre Belohnung zwar die allgemeine Teilnahme ankurbeln, sie beeinflusse jedoch weder die Anzahl noch die Neuartigkeit von Ideen (vgl. ebd.). Walter und Back (2011) resümieren auf Basis ihrer Studie (mit einem Datenset von 25.000 Ideen und 83.000 Rating-Bewertungen auf der Plattform ‚Atizo'), dass monetäre Anreize lediglich die Anzahl der eingereichten Ideen beeinflussen, jedoch nicht

[39] Archak (2010) identifizierte in einer Untersuchung auf TopCoder.com die Bezahlung als einen wichtigen Einflussfaktor auf die Leistung der Teilnehmer*innen (vgl. ebd.: 26f.). Die von Archak untersuchten Contests beschränkten sich auf Software-Design (n=1.966) und Software-Development (n=1.722) (vgl. ebd.). Als wichtige Komponente der Contests nennt Archak das Punktevergabe und Bewertungssystem (vgl. ebd.: 23). Weiterhin erklärt Archak, dass Nutzer*innen sich stets über die Identität anderer Wettbewerber*innen informieren können (vgl. ebd.).

ihre Qualität (vgl. ebd.: o. A.). Ähnlich fand Soll (2006) in einer Experimentalstudie[40] heraus, dass die Aussicht auf Belohnung die Ideenquote zwar um fast 40 Prozent steigerte, jedoch einen eher negativen Einfluss auf die Ideenqualität hatte (vgl. ebd.: 96). Auch in Walchers (2007) Studie auf der Plattform

'mi adidas' zeigten die Teilnehmenden prinzipiell Interesse an dem in Aussicht gestellten Gewinn, jedoch konnte kein Einfluss auf ihr Leistungsverhalten nachgewiesen werden (vgl. ebd.: 242). Hingegen war ein signifikanter Einfluss von Spaß, Identifikation mit der Marke 'adidas' bzw. 'mi adidas' und Aussicht auf Anerkennung auf die kreative Leistung zu ermitteln (vgl. ebd.).

Die Motivation der Nutzer*innen scheint also weit komplexer zu sein, als sie oftmals von Ideensuchenden und Intermediären bedient wird. Was bringt Ideengeber dazu, ihr geistiges Eigentum öffentlich zugänglich und verwertbar zu machen („free revealing", vgl. dazu auch Harhoff, Henkel u. von Hippel 2003: 1753 ff.)? Die Gründe sind vielfältig, können im wissensintensiven Bereich z. B. auch mit der unzureichenden Attraktivität von Lizenzen und Patenten einhergehen (vgl. ebd.)

Die Forschung hat bislang diverse Faktoren ermittelt, welche neben Reputation und Rekompensation die Teilnahme an Ideenwettbewerben erklären können, darunter der **Wunsch nach Neuentwicklung** bzw. **Realisierung der Idee**, das

---

[40] Soll (2006) untersuchte den Effekt von Gestaltungsparametern auf die Reichweite und das Ergebnis in Ideenwettbewerben auf den deutschen Websites von 'Bosch Hausgeräte' und 'Siemens Hausgeräte'. In insgesamt zwei Untersuchungswellen nahmen 1738 Proband*innen teil, 566 Beiträge wurden verfasst, davon 536 Ideen (vgl. ebd.: 75). 458 der eingereichten Ideen wurden von den Unternehmen als geeignet bewertet; 209 davon wurden laut Unternehmensmeinung noch nicht in Produkten realisiert (vgl. ebd.: 76). Zur Überprüfung der Wirkung von Incentives wurde Proband*innen entweder kein oder ein geringwertiger Preis geboten (vgl. ebd.: 79). Die Ideenqualität wurde dabei nach den im Unternehmen BSH intern aufgestellten Kriterien Marktpotenzial, strategische Relevanz, technische Umsetzbarkeit und Wirtschaftlichkeit bewertet (vgl. ebd.: 73).

Testen und Verbessern der eigenen Fähigkeiten bzw. Lernen, die Aussicht auf Anschlussaufträge, Gemeinschaft oder im Allgemeinen einfach formuliert **Spaß und Interesse** (vgl. z. B. Brabham 2011: 1130; Frey, Haag u. Schneider 2011: 398ff.; Richter, Perkmann Berger, Koch u. Füller 2013: 79; Bretschneider 2012: 161ff.; Ebner 2008: 246). Unterschienden werden kann dabei in intrinsische und extrinsische motivationale Orientierung (vgl. z. B. Pinto u. dos Santos 2018; Feng, Ye, Yang u. Cui 2018; Schultheiss, Blieske, Solf u. Staeudtner 2013: o. A.).

Eine Kategorisierung von Nutzertypen anhand ihrer Motivation liefert Füller (2010) auf Basis einer Befragung von 727 Teilnehmenden an zehn verschiedenen Co-Creation-Projekten[41]: Nutzer*innen, die aufgrund erwarteter Belohnung (reward) teilnehmen sind nach Füller hochmotiviert, interessieren sich für die innovative Tätigkeit und das damit verbundene Wissen sowie die einhergehende monetäre Belohnung (vgl. ebd.: 109f.). Bedürfnisorientierte (need) Nutzer*innen nehmen teil, weil sie mit existenten Leistungen auf dem Markt unzufrieden sind (vgl. ebd.). Daneben gibt es durch Neugier (curiosity) getriebene Nutzer*innen sowie intrinsisch motivierte Teilnehmende, welche eher durch die Aktivität an sich getrieben sind, d. h. deren Interesse in der Aufgabe selbst begründet liegt (vgl. ebd.).[42]

Sowohl extrinsisch als auch intrinsisch motivierte Nutzer*innen sind nach der Auswertung Füllers (2010) durch die Aussicht auf Feedback motiviert (vgl. ebd.: 111). Insbesondere Nutzer*innen, die getrieben sind durch Unzufriedenheit, den Wunsch ihre Idee mitzuteilen, aber auch durch reines Interesse an der Aufgabe

[41] Die untersuchten Projekte umfassten Produktentwicklungen, so z. B. die Entwicklung einer Babytrage, Möbeln oder eines Mobiltelefons für Kinder (vgl. Füller 2010: 109).

[42] Auch eine Befragung von Zheng, Li u. Hou *(2011)* mit 283 Teilnehmern auf ‚taskcn.com'[42] in Kombination mit der Auswertung von Nutzungsdaten zeigte, dass intrinsische Motivation positiver auf die Teilnahme von Nutzer*innen wirkte (vgl. ebd.: 75ff.), wenngleich kulturelle Einflüsse hier nicht auszuschließen sind.

bzw. Tätigkeit, sprechen danach positiv auf Feedback als Anreiz an (vgl. ebd.: 114).

Feedback kann von Crowdsourcing-Teilnehmenden ferner als Zeichen für Respekt verstanden werden, und so indirekt auf die Identifikation mit der Plattform wirken (vgl. Boons, Stam u. Barkema 2015: 732ff.). Feedback kann die Teilnahme aufrechterhalten, da sie z. B. Teilnehmende im Glauben an die eigenen Fähigkeiten bestärkt oder ihnen das Gefühl gibt, wahrgenommen zu werden (vgl. Feng, Ye, Yang u. Cui 2018: 131).

Die **Rolle von Feedback** in der Ideenentwicklung zeigt schließlich, dass Motivation eine sensible Komponente ist, welche auf situative Gegebenheiten reagiert. Auch kann beispielsweise der Zugang zu Ideen anderer Nutzer*innen die Teilnahme beeinflussen (vgl. Bayus 2010: 17; Soll 2006: 99). Zudem kann die Identifizierung mit der Community ein wichtiger Faktor zur Erklärung der Partizipation im Zeitverlauf sein (vgl. Brettschneider 2012: 162).[43] Vor allem Theorien des Sozialen Austauschs haben sich laut Füller, Bartl, Ernst et al. (2006) bei der Erklärung des Nutzerverhaltens in diesen Communities bewährt (vgl. ebd.: 63). Der soziale Austausch ist dabei nicht unbedingt geprägt durch die Erwartung von sofortiger und eindeutiger Belohnung, sondern eher durch unspezifische bzw. allgemeine Aussicht auf soziale Anerkennung (vgl. Hemetsberger 2002: 9).

Inwiefern welche motivationale Ausrichtung vorliegt und Motivation das kreative Verhalten bestimmt, ist schließlich sowohl von Person als auch Situation abhängig (vgl. dazu auch Heckhausen u. Heckhausen 2010: 5). Es ist zu schlussfolgern,

[43] Bretschneider nimmt an, dass sich in virtuellen Communities, wie der SAPiens-Ideen-Community, Werte, Ideale und Ziele entwickeln, die von allen Mitgliedern geteilt werden und auf diese Weise ein Gemeinschaftsgefühl entstehen lassen (vgl. ebd.).

dass die Situation maßgeblich durch das soziale Umfeld aber auch die konzeptionellen Gegebenheiten der jeweiligen Plattform bestimmt wird. Bei der Interpretation plattformbezogener Studien gilt es, zu beachten, welche Intention die jeweilige Plattform verfolgt. Handelt es sich bei den Plattformen um Marktplätze für kreative Leistung, die vorrangig von Professionellen erbracht wird, so erscheint der große Stellenwert von monetärer Belohnung nur logisch. Es ist ferner anzunehmen, dass in Befragungen von Nutzer*innen einer Plattform folgerichtig Faktoren die Teilnahme begründen, die auch von der Plattform bedient werden. Auch in Hinblick auf andere motivationale Faktoren, wie Neugier, Spaß oder soziale Beziehungen gilt, dass letztlich das konzeptionelle Umfeld der Plattform Motivation mitbegründet (siehe auch Kapitel 2.3.1.1.).

2.3.3 Wissen und Fähigkeiten der Teilnehmenden

In Bezug auf die Befähigung der in die Ideenentwicklung integrierten Personen, gibt es in der Forschung gegensätzliche Aussagen. Eine zentrale Frage ist hier: Besteht die Crowd eher aus Amateuren oder Professionellen?[44]

Dem Ursprung nach ist Crowdsourcing eher mit dem Begriff des **Amateurs bzw. der Amateurin** behaftet. Nach seinem Wortschöpfer Howe (2008) setzt das Konzept Crowdsourcing auf die Arbeit von ‚Hobbytüftlern' und ‚Enthusiasten', die lange Zeit als eher passioniert denn talentiert angesehen wurden, aber mittlerweile durch erweiterte Fähigkeiten und auch die Möglichkeit zur organisierten Kollaboration Professionellen Konkurrenz machen (vgl. ebd.: 23).

[44] Die begriffliche Abgrenzung von Amateur*in soll hier nicht weiter ausgeführt werden. Deutlich zu machen ist, dass der Begriff ‚Amateur*in' nicht mit dem Attribut unwissend gleichgesetzt werden kann (vgl. auch Howe 2008: 27). Zur Diskussion des Begriffs siehe auch Leadbeater u. Miller (2004: 22f.).

Nach Brabham (2013 u. 2012) ist die Einbindung von Amateur*innen hingegen eher als Mythos zu betrachten; er untermauert seine Aussage mit diversen Beispielen, insbesondere einer Studie auf der von Howe angeführten Beispielplattform iStockphoto (n=651), nach welcher sich fast die Hälfte der Befragten (47 Prozent) eher als Professionelle bezeichnen würden (vgl. ebd. 2013 69ff. u. 2012: 399ff.).[45] iStockphoto ist demnach weniger ein Platz für Amateur*innen, als vielmehr ein „[…] second marktet for professional stock photographers to sell their work" (Brabham 2012: 399). Auf ‚Kreativ-Marktplätzen' für Designaufgaben wie ‚12designer' (heute ‚99designs') oder ‚Threadless' zeichnet sich ein ähnliches Bild ab; die Mehrheit verfügt über professionelle Erfahrung (vgl. Missling 2011, o. A.; Brabham 2010: 1130f.).

Auch wenn nicht klar beantwortet werden kann, wo genau im **Kontinuum von Amateurhaftigkeit und Professionalisierung** die Crowd in der ausgelagerten Ideenentwicklung eingeordnet werden kann, wird doch klar, dass das Wissen der Teilnehmenden in der ausgelagerten Ideenentwicklung eine wichtige Rolle spielt. In Füllers (2010) Befragung von 727 Teilnehmer*innen in Co-Creation-Projekten, zeigte sich ein weites Spektrum an Berufsgruppen: Die Befragten waren u. a. Mediziner*innen, Priester*innen, Ingenieur*innen, Managementberater*innen, Studierende, Soldat*innen oder Hausfrauen (vgl. ebd.: 107). Im Durchschnitt waren die Befragten gut gebildet, rund 30 Prozent hatten einen Hochschulabschluss (vgl. ebd.). Auf der F&E-fokussierten Plattform Innocentive waren nach einer Studie von Jeppesen u. Lakhani (2010) von 320 befragten Nutzer*innen, welche

[45] 58 Prozent der Befragten gaben überdies an, über mindestens ein Jahr Bildungserfahrung im kreativen Bereich, wie z. B. Kunst, Design, Fotografie zu verfügen; mehr als ein Viertel gab mehr als fünf Jahre Ausbildung an, 44 Prozent nach eigener Aussage mehr als fünf Jahre bezahlte Praxiserfahrung (vgl. Brabham 2013: 69ff.).

Lösungen generierten, 65 Prozent promoviert, weitere 19,1 Prozent hatten einen höheren Bildungsabschluss (vgl. ebd.: 1026).

Eine **Typologie von Adressat*innen** bieten z. B. Hallerstede, Neyer, Bullinger u. Möslein (2010) an. Sie untersuchten Online-Plattformen (Intermediäre) für ausgelagerte Ideenentwicklung mit Wettbewerbscharakter (vgl. ebd.: 1232).[46] Per explorativer, qualitativer Analyse wurden zuvor festgelegte Gestaltungsparameter untersucht (vgl. ebd.: 1231f.). Anhand der Fallstudienanalyse leiteten sie drei Typen von Adressat*innen ab (vgl. ebd.: 1236f.):

- „Normalos"
- „Tüftler"
- „Profis"

Zu Plattformen für ‚Normalos' zählen Hallerstede et al. (2010) z. B. die Plattform ‚Atizo'. Die Themen sind eher unspezifisch und erfordern kein Fachwissen zur Erarbeitung der Lösung. Als typische Aufgabe führen sie an: „Wie kann man Wintersportler für die Unfallrisiken auf und neben der Skipiste sensibilisieren?" (vgl. ebd.).

Intermediäre wie ‚Battle of Concepts' sind eher im Feld der Tüftler-Wettbewerbe anzusiedeln (vgl. ebd.). Die Themenbereiche sind zwar allgemein, erfordern jedoch mehr Vorwissen oder zumindest eine genauere Beschäftigung mit der Thematik, um z. B. innovative Produkte zu generieren oder Geschäftsmodelle zu erarbeiten (vgl. ebd.).

[46] Die untersuchten Intermediäre waren Atizo, Battle of Concepts, Brainfloor, CrowdSpirit, Fellowforce, Innocentive, Innovation Exchange, NineSigma, TekScout, Yet2 (vgl. Hallerstede et al. 2010: 1232).

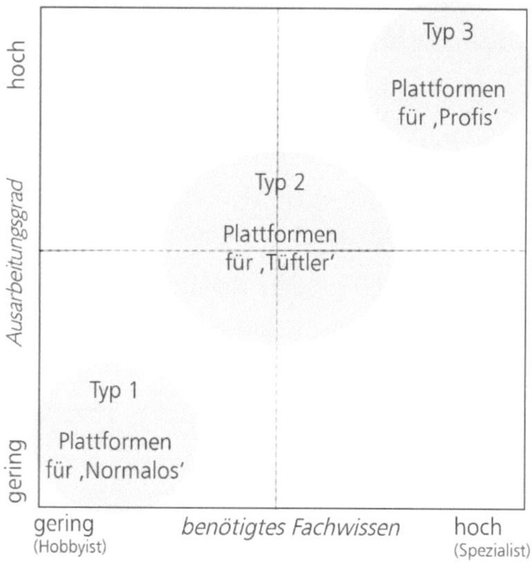

Abbildung 3: Systematisierung von Innovationswettbewerben (vgl. Hallerstede et al. 2010: 10)

Innovationswettbewerbe für ‚Profis' sind themenspezifisch und an Adressat*innen mit entsprechendem professionellem Hintergrund gerichtet (vgl. ebd.). Auf Plattformen wie ‚Innocentive' oder ‚NineSigma' ist Fachwissen innerhalb einer bestimmten Domäne gefragt, um z. B. spezifische Probleme in Fachbereichen, wie Biologie oder Chemie zu lösen (vgl. ebd.).[47]

[47] Der Einsatz von Expert*innen kann dabei methodisch erfolgen: Durch „Curated Crowdsourcing", wo ein kleiner vorselektierter Expertenkreis Entwürfe ausarbeitet, sollen zwar weniger, aber dafür qualitativ hochwertigere Ideen bzw. Konzepte entstehen (vgl. Missling 2012: 27). In der Konsumentenintegrationsforschung haben besonders fortschrittliche bzw. fähige User*innen, so genannte Lead User, schon seit langem einen wichtigen Stellenwert; Ideenwettbewerbe werden mitunter auch zur Identifikation von Lead Usern eingesetzt (vgl. Reichwald u. Piller 2009: 205f.; von Hippel 1986: 796f.; Lüthje 2000: 32ff.; Lüthje 2004: 685f.; Piller 2006a: 91).

Inwieweit sich Wissen auf die kreative Ideenentwicklung auswirkt zeigen Studien, die offenlegen, dass ‚normale' Nutzer*innen und Professionelle offenbar qualitativ unterschiedliche Ergebnisse liefern (Kristensson, Gustafsson u. Archer 2004: 11; Magnusson 2009: 590). Der Professionalisierungsgrad scheint demnach verantwortlich dafür zu sein, wie stark gebunden eine Person an bestimmtes Vorwissen oder an Denkmuster ist, die sie sich im Laufe der Zeit angeeignet hat und wie sehr Originalität vs. Realisierbarkeit im Vordergrund stehen (vgl. ebd.). Demnach ist Wissen wichtig, zu viel Wissen kann jedoch hinderlich sein.

Professionelle sind nicht zwangsläufig gleichzusetzen mit so genannten **Lead Usern**. Zwar sind auch Lead User durch ihr Wissen und ihre Erfahrung potenziell gefährdet, sich an gewohnten Strukturen zu orientieren, dennoch zeichnen sie sich neben ihrer Expertise auch dadurch aus, zukünftige Nutzungsszenarien zu erkennen und so Trends und Entwicklungen aufzuspüren (vgl. von Hippel 1986: 796). Lilien, Morrison Searls, Sonnack und von Hippel (2002) schätzen die in ihrer Studie im Rahmen eines 3M-Projekts erhobenen fünf Lead-User-Ideen als origineller in Bezug auf Konkurrenz und Kundenbedürfnisse ein im Vergleich zu den 42 Ideen, die von Nicht-Lead-Usern stammten (vgl. ebd.: 1051). Lead User bzw. fortschrittliche Plattformnutzer*innen scheinen sich deshalb nicht nur durch eine andere Qualität an Wissen von ‚gewöhnlichen' Nutzer*innen zu unterscheiden; auch ihr Umgang mit Wissen scheint ein anderer zu sein.

Schließlich ist es auch von der Art der Plattform, der Aufgabe (alltagskreativ vs. wissensintensiv) und den Zielen der Ideensuchenden abhängig, inwieweit Professionelle oder Amateur*innen angesprochen werden, inwieweit ihr Know-how, ihre Interdisziplinarität oder ihre unvoreingenommene Sicht auf das jeweilige

Problem gefragt sind. Eine Antwort darauf, ob Laien, Amateur*innen oder Professionelle besser für die Problemlösung geeignet sind muss mit Blick auf die Bandbreite von Crowdsourcing im Einzelfall beantwortet werden.

2.3.4 Interaktion der Teilnehmenden

Neben der Motivation und der Eignung einzelner Plattformnutzer*innen wird in der Forschung das Zusammenspiel der Crowd diskutiert. Das Internet ermöglicht es nicht nur, eine Vielzahl an Ideengeber*innen zu erreichen, sondern auch miteinander zu vernetzen. Plattformen für ausgelagerte Ideenentwicklung richten sich an die Crowd und schaffen Raum für Gemeinschaft. In diese Gemeinschaft ordnen sich Plattformnutzer*innen mehr oder weniger ein, agieren im ‚Wir-Modus' oder ‚Ich-Modus' (vgl. Shen, Lee u. Cheung 2014: 145).

Bereits in der Open-Source-Forschung wurde der **Gemeinschaftssinn** als relevanter Faktor identifiziert: Gemeinsame Ziele, Beziehungen und Regeln bzw. Normen innerhalb der Community bestimmen wie und wie stark sich jemand einbringt und auch kooperiert (vgl. Hemetsberger 2002: 19f.). Das Wissen innerhalb der Plattformgemeinschaft, ihre Intelligenz aber auch Kreativität ziehen Nutzer*innen an (vgl. ebd.). Darüber hinaus ist es die soziale Interaktion, welche Freundschaften entstehen lassen kann, die kooperatives Verhalten begünstigt (vgl. ebd.: 20).[48]

Auch in der Crowdcreation kann Gemeinschaft eine Rolle spielen; Brabham (2010) identifizierte beispielsweise in seiner qualitativen Interviewstudie mit 17 Threadless-Nutzer*innen den Community-Gedanken als wichtigen Aspekt (vgl. ebd.: 1134f.): Alle von ihm interviewten Nutzer*innen genießen den Community-

[48] Dabei ist es im Kern nicht die Person an sich, welche relevant ist, sondern vielmehr der Inhalt bzw. die Qualität des Inhalts, den sie generiert (vgl. Hemetsberger 2002.: 21).

Charakter der Seite einschließlich des regen und mitunter humorvollen Austauschs unter den Communitymitgliedern (vgl. ebd.). Inwieweit dieser Gemeinschaftssinn auf kreatives Handeln wirkt ist zu fragen. Brabham (ebd.: 1125) meint, dass die Crowd auf Threadless Ideen weniger in echter Kollaboration, sondern eher durch Aggregation und Komposition erschaffe.

Auch in der Studie von Richter, Berger, Koch und Füller (2013) in Bezug auf die Teilnahme an Online-Ideen-Wettbewerben (n=116) konnte kein Einfluss des Zugehörigkeitsgefühls zur Community festgestellt werden (vgl. ebd.: 81). Studien wie die von Nickerson und Sakamoto (2010: 1ff.) basieren auf dem Gedanken, dass die aggregierte Selektion und Kombination von Ideen zu besseren Ideen führe.[49] Der Gedanke deckt sich mit Howes Ausführungen zu Crowd Intelligence. Howe (2008) meint, dass Konsens, wie er in sozialen Gebilden entstehen kann, hinderlich sei für die ausgelagerte Problemlösung (vgl. ebd.: 141ff.). Schließlich sollte Vielfalt als wichtiges Kriterium beibehalten werden, weshalb die Individualität Einzelner nicht verloren gehen darf (vgl. ebd.).

Formen realer Zusammenarbeit gibt es u. a. in Form von Teamarbeit, wie z. B. auf der Plattform IdeaConnection. Dabei lebt die Ideenfindung auch hier von der Vielfalt, wie eine eigens initiierte, semi-strukturierte Befragung von sieben Nutzer*innen auf InnoCentive und Idea Connection offenbarte (siehe dazu Kapitel 4). Teams setzen sich interdisziplinär zusammen und vereinen verschiedene Perspektiven. Daneben gibt es Plattformen, welche Zusammenarbeit mittels **Kollaborations- bzw. Kommunikationsmechanismen** zulassen. Doch inwieweit machen Nutzende tatsächlich Gebrauch davon?

---

[49] Nickerson und Sakamoto (2010) schlagen in dieser Form einen Algorithmus zum kollektiven Brainstorming in der Crowd vor: Die Crowd generiert Ideen, welche von einer anderen Crowd bewertet und selektiert werden (vgl. ebd.; 1ff.). Eine andere Crowd an Usern erhält dann Ideenpaare, welche sie zusammenführt bzw. aufeinander abstimmt (vgl. ebd.).

Eine von Altmann, Bauer u. Göldner et al. (2014)[50] durchgeführte, quantitative Untersuchung der Nutzung von Bewertungs- und Kommentarfunktionen in drei Projekten auf den Plattformen Atizo, Jovoto und Innovationskraftwerk ergab folgende Ergebnisse: Kommentare wurden nur selten dazu genutzt, um Ideen zu erweitern, zu hinterfragen oder Informationen zu liefern (vgl.). Untersucht wurden hierfür jeweils ein ausgewähltes Projekt auf den Plattformen ‚Atizo', ‚Jovoto' und ‚Innovationskraftwerk' mittels quantitativer Inhaltsanalyse. Insgesamt wurden 8985 Posts auf den Plattformen ausgewertet.[51] Identifiziert und unterschieden wurden folgende Beitragsformen:

- Einstellen eigener Ideen
- Weiterentwicklung von Ideen anderer Plattformnutzer*innen (auch in Form von Kombinationen mit anderen bestehenden Ideen)
- Aufforderung an andere Nutzer*innen, eine Idee weiterzuentwickeln
- Sympathie oder Aversion mit bzw. gegen eine Idee
- Bereitstellung von Informationen, Erläuterungen oder Korrekturen in Bezug auf die Idee oder einen Kommentar
- Vergleich mit anderen existierenden Produkten o.ä. (z. B. durch Hinweis, ein vergleichbares Produkt anzusehen und/oder zu testen)
- Fragen oder Diskussionen zu einer Idee eines anderen Nutzers bzw. einer anderen Nutzerin
- Hinweis, dass die Idee bereits von anderen Nutzer*innen eingestellt worden ist
- Sonstige (z. B. Glückwünsche an Contest-Gewinner*innen)

Die quantitative Auswertung ergab, dass die Mehrzahl der Posts Ideen verkörperten oder sich für bzw. gegen eine Idee aussprachen. Nur wenige enthielten

---

[50] Die Studie wurde im Rahmen eines Forschungsseminars von Studierenden der TU Ilmenau unter Anleitung der Autorin durchgeführt. Die Ergebnisse wurden als Vortrag auf der General Online Research Konferenz 2014 vorgestellt. Weitere Details zur Studie sind auf Anfrage bei der Autorin erhältlich.

[51] Jovoto (n=7517), Atizo (N=833), Innovationskraftwerk (N=608).

Informationen, die zur Ideenverbesserung beitragen hätten können. Prinzipiell ließen die deutlichen Unterschiede zwischen den untersuchten Plattformen keine verallgemeinerbaren Annahmen zu (vgl. ebd.).

Inwiefern Nutzer*innen direkt miteinander agieren, kann plattformspezifisch vom Aufgabenspektrum oder auch konzeptionellen Bedingungen abhängig sein. Hutter et al. (2011) haben u. a. Bewertungen (n=1890) und qualitative Kommentare (n=3285) von Nutzer*innen im ‚OSRAM LED - Emotionalize Your Light'-Wettbewerb analysiert und kategorisiert (vgl. ebd.: 8). Die Kommentare wurden anschließend hinsichtlich kooperativer bzw. kompetitiver Ausrichtung eingestuft (vgl. ebd.). Die Auswertung zeigte, dass 357 Kommentare wettbewerbsorientiert waren, 1833 Kommentare vermittelten kooperatives Verhalten und 848 Kommentare vereinten kooperatives und kompetitives Verhalten (vgl. ebd.). Auf der Basis identifizierten Hutter et al. (2011) verschiedene Nutzertypen; neben klassischen Beobachter*innen, die sich kaum am Community-Geschehen beteiligen gab es im untersuchten Wettbewerb folgende Klassifikationen (vgl. ebd.: 12):

- „Competitors"
- „Co-operators"
- „Communititors"

„Competitors" agieren wettbewerbsorientiert, da sie getrieben sind durch Gewinne bzw. Anerkennung. Sie reichen i. d. R. viele Ideen ein, um ihre Gewinnchancen zu erhöhen und teilen ihr Wissen oder ihre Vorschläge nicht mit anderen Nutzer*innen, die sie als Konkurrent*innen ansehen (vgl. ebd.).

„Co-operators" kommentieren häufig und haben eine wichtige strukturelle Position im Netzwerk, wodurch sie die Informations- und Wissensweitergabe erleichtern (vgl. ebd.). Ihre Kommentare enthalten eher positive Bewertungen, ermutigen zur Weiterentwicklung von Ideen bzw. enthalten Vorschläge zur Verbesserung (vgl. ebd.).

„Communititors“ verhalten sich gegenüber anderen Nutzer*innen sowohl kompetitiv als auch kooperativ. Sie reichen viele oder einige Ideen ein, da sie wie ihre Wettbewerber*innen am Gewinn orientiert sind. Gleichzeitig kommentieren sie andere Beiträge, die auch auf die Ideenverbesserung gerichtet sind.[52]

Die Kombination aus Kollaboration und Wettbewerb ist fließend (vgl. auch Moritz, Redlich und Wulfsberg 2018: 327), wobei Zusammenarbeit den Plattformnutzenden suggeriert, „als Gruppe mehr zu erreichen“ (Gassmann 2010: 183). Eine experimentelle Studie von Zhao, Renard u. Elmoukhliss et al. (2016) reiht sich in die Debatte ein; deren Auswertung ergab, dass die Kombination aus kollaborativen Elementen als auch Wettbewerbselementen zu mehr und originelleren Ideen führte (vgl. ebd.: 13ff.).[53]

Eine Klassifizierung von Kollaborationstypen nahmen auf Fuger, Schimpf, Füller und Hutter (2017: 450f.) vor. Auf Basis einer Untersuchung von Teamstrukturen mit n=4057 Nutzer*innen auf einer ausgewählten Plattform unterscheiden sie vier Typen:

- **Collaborators:** Kollaborierende, die sich durch intensives Kommentierverhalten sowie sehr geringes Beitragsverhalten auszeichnen

[52] Gemäß Ergebnisauswertung schrieben Co-operators und Communititors längere und gehaltvollere Kommentare als lediglich „I like it“; sie stellten Fragen, bewerteten Ideen und ließen ihr Wissen einfließen (vgl. ebd.: 15).

[53] Anzumerken ist, dass Proband*innen in der reinen Wettbewerbsgruppe die Ideen ihrer Mitstreiter*innen nicht ansehen und auch nicht bewerten konnten – d.h. kein Vergleich stattfand und offenbar auch die Leaderboards entsprechend von ‚außen‘ erstellt und nicht auf internem Voting basiert haben.

- **Contributors:** Beitragende, die sowohl viel kommentieren als auch viel selbst beitragen.
- **Allrounder** mit moderatem Kommentier- und Beitragsverhalten
- Passive Nutzer*innen (vgl. ebd.)

Basis für das Kommentieren von Ideen ist letztlich deren Einschätzung. Diese hat einen wichtigen Stellenwert im kreativen Crowdsourcing, denn Ideen werden nicht nach rein objektiven Maßstäben bewertet, sondern in ihrem jeweiligen Kontext (u. a. plattformspezifisch) (vgl. auch Guth u. Brabham 2017: 16). Die Formen der Bewertung sind vielfältig, prinzipiell sind zu unterscheiden: die Bewertung durch User, durch Ideensuchende oder in Kombination durch beide (vgl. Gassmann 2010: 62f.).

Wie Kollaboration, darunter **Feedback, die Qualität von Ideen beeinflusst**, untersuchten z. B. Ye, Kanhanhalli, Huber et al. (2012: 1) in einer Studie auf www.sapiens.info. Sie stellten einen Zusammenhang zwischen Feedback und Ideenqualität fest; dabei wurde Feedback jedoch lediglich operationalisiert als Anzahl der erhaltenen Kommentare. Welche Art von Feedback die kreative Leistung wie beeinflusst, wurde nicht untersucht. Ein kreativitätshemmender Einfluss von Negativeinschätzungen erscheint logisch.

Gross (2016) resümierte in einer Analyse von 122 zufällig ausgewählten Ideencontests für Design, dass Feedback einen relevanten Einfluss auf kreatives Verhalten der Teilnehmer habe: Personen, deren Ideen sehr gut bewertet wurden orientierten ihre Folgearbeiten beispielsweise weitaus mehr an ihren vorausgegangenen Ideen:

> „The effect is strongest when a player receives her first five-star rating in a contest – her next design will be a near replica of the high-rated design.“ (Gross 2016: 3)

Intensiver Wettbewerb und negatives Feedback hingegen hemmen Nutzer*innen offenbar, Ideen einzubringen, da ihre Arbeit keine Aussicht mehr auf Gewinn habe (vgl. ebd.). Die Wahrscheinlichkeit dafür steigt nach Gross mit jedem entsprechend gut bewerteten Wettbewerber (vgl. ebd.).

Zu fragen bleibt, inwiefern Wettbewerb in kreativer Online-Ideengenerierung per se gegeben ist, auch wenn keine expliziten Mechanismen dafür von Plattformbetreibern vorgesehen sind. Zudem stellt sich die Frage, wie erwartetes Feedback unabhängig von Wettbewerbsmechanismen kreatives Verhalten beeinflussen kann.

2.4 Zusammenfassung: Online-Ideenentwicklung

Der Einbezug externer Wissensquellen in Innovationsprozesse ist eine längerfristige Entwicklung, welche sich mittlerweile u. a. unter dem Begriff des kreativen bzw. innovationsorientierten Crowdsourcing (Crowdcreation) fest in Praxis und Forschung etabliert hat. Die Dimension der Ideenauslagerung reicht von einfacher Produktverbesserung bis hin zu komplexen wissenschaftlichen oder technologischen Problemstellungen.

Die generierten Ideen können aufgrund ihrer Attribute Neuartigkeit und Nützlichkeit als kreativ deklariert werden. Der Spielraum in den frühen Phasen ist prinzipiell groß genug, um eine Vielzahl an Ideen über Onlineplattformen einzubinden, bei der Auswahl spielen neben Originalität auch Nutzen und Realisierbarkeit eine entscheidende Rolle. Daneben fließen Aspekte in die Bewertung ein, die sicherstellen sollen, dass die Ideen in das Konzept der Organisation passen und umgesetzt werden können sowie langfristig Erfolg haben werden.

Der Anspruch an die Ideengebenden ist variabel; unterschieden werden können Plattformen anhand ihrer Problemausrichtung im Kontinuum zwischen alltagskreativ und wissensintensiv. Professionelle Nutzer*innen, welche über bestimmtes Vorwissen in einer relevanten oder verwandten Domäne verfügen, scheinen besonders im Feld der Tüftler*innen und Expert*innen die Nutzer*innenschaft zu dominieren. Gerade bei diesen Nutzenden ist davon auszugehen, dass sie besonders durch Belohnungsanreize angesprochen werden.

Prinzipiell wird davon ausgegangen, dass vor allem Belohnung Plattformnutzende zur Teilnahme bewegt, wenngleich der Einfluss auf die kreative Leistung nicht klar ist und die Ausrichtung der Plattform (z. B. als „Marktplatz“) letztlich die Motivation mitbestimmt. Mittlerweile ist klar, dass selbst in Ideenwettbewerben auch und vor allem die intrinsische Motivation die Teilnahme und Ideengenerierung begünstigt, vor allem mit Blick auf die Qualität der eingereichten Ideen. Möglichkeiten zur Steigerung intrinsischer Motivation liegen vor allem im Thema aber auch in der Aufgabe selbst.

Eine weitere Form der Incentivierung stellt Feedback dar, denn dieses hat einen vermeintlich hohen Stellenwert bei intrinsisch motivierten bzw. besonders kreativen Nutzer*innen. Die erwartete Bewertung ihrer Idee motiviert offenbar besonders zur Ideengenerierung in Online-Communities. Der Einsatz und die Nutzung solcher Feedbackmechanismen variiert von Plattform zu Plattform; Interaktion unter den Nutzer*innen kann gänzlich ausgeschlossen werden oder auch im Sinne von Kollaboration als Prämisse gelten.

Mechanismen zum Kommentieren oder Bewerten von Ideen gehören mittlerweile zum Standard, doch noch ist zu wenig bekannt, wie sich diese Formen der Interaktion auf die kreative Ideenentwicklung auswirken. Besonders an dieser Stelle offenbart sich die Notwendigkeit des Einbezugs von Erkenntnissen aus der (sozial-)psychologisch geprägten Kreativitätsforschung, um die Rolle von Kreativität in der Ideenentwicklung zu spezifizieren und den konzeptionellen Rahmen der Arbeit anzureichern. Nicht nur das kreative Individuum soll dabei im Vordergrund der Betrachtung stehen, sondern Kreativität im sozialen Gefüge.

3 Theoretische Grundlagen

Ideen basieren auf kreativem Handeln. Um zu verstehen, welche Rolle der soziale Kontext in der Ideenentwicklung spielt ist deshalb zu erörtern, was kreatives Handeln ist, d. h. wie es abläuft und welche Faktoren maßgeblich am kreativen Prozess beteiligt sind. Deshalb erfolgt zunächst ein umfassender Blick in die Kreativitätsforschung, welche bislang nur teilweise mit Themen wie Crowdsourcing verknüpft worden ist. Wichtige Erkenntnisse werden dargestellt und auf die internetbasierte Ideenentwicklung bezogen. Anschließend wird der Blick erweitert auf sozialpsychologische Aspekte der kreativen Ideenentwicklung, wobei Theorie und Forschungsstand verknüpft dargestellt werden und überdies Aspekte der computergestützten Kommunikation einfließen.

3.1 Grundlagen der Kreativitätsforschung

"If one wanted to select the best novelist, artist, entrepreneur, or even chief executive officer, one would most likely want someone who is creative."
(Sternberg u. Lubart 1999: 3)

Der **Begriff Kreativität** umfasst weit mehr, als die so genannte Kreativwirtschaft aus Musik, Film, Malerei, etc. beschreibt. Kreieren hat viele Facetten – im unternehmerischen Handeln nimmt es einen elementaren Stellenwert ein, nämlich dort, wo Innovation zum Leitbild und täglichen Handeln gehört.[54] Denn Kreativität ist der Grundstein für Neuerungen, die erst bei erfolgreicher Implementierung in der Organisation (vgl. z. B. Amabile 1996: 1, siehe auch Levitt 1963/2002;

[54] Kreatives Crowdsourcing (vgl. z. B. Missling 2012: 26f.) ist nur ein Teil kreativer Wertschöpfungsprozesse. Der Akt des Kreierens ist grundlegend in jeglichen Schöpfungsprozessen, wie auch Innovationsprozessen.

Gurteen 1998: 6), im Markt bzw. in der Gesellschaft, als innovativ bezeichnet werden können.

Im Kern beschreibt Kreativität das Schaffen von etwas Originellem sowie Nützlichem (vgl. u. a. Schlicksupp 2004: 32; Plucker, Beghetto u. Dow 2004: 90; Sternberg u. Lubart 1995: 11f. u. 1999: 3; Runco u. Charles 1993: 537f.; Mumford u. Gustafson 1988: 28) und ist damit Grundlage für Konzepte wie Crowd Creation (vgl. Gassmann 2010: 172).

Schon länger setzt sich die Forschung mit Fragen auseinander wie z. B.: Was ist Kreativität, was macht kreative Menschen aus, wie kann Kreativität gesteigert werden? (vgl. Becker 1995: 219). So hat sich in den letzten Jahrzehnten ein ganzer Forschungszweig entwickelt, welcher sich mit der Untersuchung von Kreativität beschäftigt.[55] Mittlerweile gibt es verschiedenste theoretische Herangehensweisen an die Problematik. Daraus ergibt sich wiederum eine Vielzahl an Definitionen, Konzepten und Domänen von Kreativität (vgl. Kozbelt, Beghetto u. Runco 2010: 21ff.). Diese Vielfalt an Kreativitätstheorien befasst sich mit kreativen Personen, Produkten, Prozessen sowie dem kreativen Umfeld und hat dabei sowohl radikale als auch inkrementelle wie z. B. alltäglich kreative Leistungen im Blick (vgl. ebd.: 23ff.).[56]

[55] Ihre Anfänge werden insbesondere auf eine Veröffentlichung von Guilford im Jahr 1950 zurückdatiert. Guilford (1950) proklamierte Mitte des letzten Jahrhunderts, dass das Thema Kreativität in der Wissenschaft vernachlässigt würde (vgl. ebd.: 445). Weniger als zwei Zehntel der bis dato veröffentlichten psychologischen Artikel, aufgelistet in ‚Psychological Abstracts", befassten sich bis zu dieser Zeit mit der Thematik (vgl. ebd.). In den Folgejahren wurde das Thema häufiger aufgegriffen; das Forschungsinteresse am Thema Kreativität ist seitdem jedoch eher mäßig gestiegen (Sternberg u. Lubart 1999: 3).

[56] Eine übersichtliche Darstellung einer möglichen Kategorisierung von Kreativitätstheorien findet sich z. B. bei Kozbelt, Beghetto u. Runco (2010: 27f.).

Als kreative Leistung wird das von einer *Person* in einem bestimmten *Umfeld*[57] erbrachte *Produkt* eines schöpferischen *Prozesses* bezeichnet (vgl. Rhodes 1961: 307ff.; Schlicksupp 2004: 33ff.; Kozbelt, Beghetto u. Runco 2010: 24f.). Diese genannten Dimensionen (**4Ps der Kreativität**) sind komplex miteinander verknüpft und deshalb nur in ihrer Gesamtheit zu betrachten. Das kreative Produkt steht in den meisten Definitionen im Zentrum (vgl. Amabile 1996: 21) und wird im Kern beschrieben als eine neuartige und geeignete Lösung eines bestehenden heuristischen Problems (vgl. ebd.: 38).

Während algorithmische Aufgabenstellungen ein klar definiertes Ziel haben, welches entlang eines vordefinierten Pfades zu erreichen ist, so haben **heuristische Aufgaben** kein klar zu identifizierendes Ziel und können über diverse Wege bewältigt werden (vgl. Amabile 1996: 35). Sie sind demnach Prämisse für kreative Prozesse, denn sie werden vorrangig mittels divergentem Denken gelöst, einem zentralen Charakteristikum kreativen Handelns (vgl. Stemmler, Hagemann, Amelang et al. 2011: 217; siehe auch Kapitel 2.2.3.3).

3.1.1 Die kreative Idee

Am Anfang des unternehmerischen Innovationsprozesses steht die Idee, welche verwirklicht werden soll (vgl. ebd., Picot, Reichwald u. Wiegand 2001: 26), wobei diese kreative Leistung nicht zwingend physisch erbracht, aber gedanklich nachvollziehbar sein muss (vgl. Steiner 2011: 17). Beiträge, die im Rahmen von Crowdcreation von außen in den Innovationsprozess getragen werden – seien es grobe Konzepte oder auch Prototypen – gehen in die Ideenphase ein. Sie sind deshalb

---

[57] Rhodes (1961: 307) bezeichnete die Beziehung des Menschen und seiner Umgebung als ‚press'. Gängig ist ebenso die Bezeichnung ‚place' (vgl. Kozbelt, Beghetto u. Runco 2010: 24).

für Ideensuchende als Ideen zu deklarieren, für die kreative Person hingegen stellen sie ein kreatives Produkt bzw. eine kreative Leistung dar.

Wiederkehrende Attribute zur begrifflichen Eingrenzung von kreativer Leistung lassen sich in diversen Definitionen finden. Die Begriffe können variieren (siehe Tabelle), im Kern lassen sie sich in den Attributen **Neuartigkeit und Nützlichkeit** wiederfinden.[58]

Tabelle 2: Beispielhafte Gegenüberstellung der Kernattribute von Kreativität aus Beiträgen in Sternberg (1999) nach Mayer (1999: 450)

Autor(en)	Attribut 1	Attribut 2
Gruber & Wallace	novelty	value
Martindale	original	appropriate
Lumsden	new	significant
Feist	novel	adaptive
Lubart	novel	appropriate
Boden	novel	valuable
Nickerson	novelty	utility

Kreative Produkte müssen nicht nur neuartig, sondern auch **anschlussfähig an die Realität** sein (vgl. Barron 1955: 479). Nur so könnten ungewöhnliche Ideen, die z. B. nach dem Zufallsprinzip entstanden sind, ausgeschlossen werden (ebd.). Allein das Kriterium Neuartigkeit genügt also nicht, um Kreativität zu beschrei-

[58] Eine umfassendere Gegenüberstellung liefern Plucker, Beghetto u. Dow (2004). Sie identifizierten in insgesamt 90 untersuchten wissenschaftlichen Artikeln, welche explizite (n=34) oder implizite (n=19) Erläuterungen des Kreativitätsbegriffs enthielten, die Merkmale Einzigartigkeit (n=24) und Nützlichkeit (n=17) als die am häufigsten genannten (ebd.: 88). Eigenschaften wie originell oder neu fassten sie dabei in der Kategorie ‚einzigartig' („unique") zusammen (vgl. ebd.: 89). Dass Einzigartigkeit kein geeigneter Begriff ist, um die Neuartigkeit oder Originalität von Dingen zu beschreiben, wird mit Blick auf die alltägliche Kreativität klar (vgl. auch Brodbeck 1995: 26). Der Terminus ‚neuartig', wie er in vielen Definitionen vorkommt, erscheint deshalb geeigneter, da er einerseits die subjektive Einschätzung zulässt, andererseits eine Orientierung vorgibt. Er beschreibt die Distanz eines potenziell kreativen Artefakts zu einem bestehenden (vgl. Maher 2010: 24f.).

ben, denn „neu, ungewöhnlich und statistisch selten sind nämlich auch alle Zufallsprodukte" (Preiser 1976: 3). Oder wie Sternberg und Lubart (1995) es ausdrücken: „Something that is novel but doesn't fit the constraints of the problem at hand is not creative – it's just bizarre (and irrelevant)" (ebd.: 12). Zusammenfassend lässt sich Kreativität konzeptionell[59] in Anlehnung an Plucker, Beghetto und Dow (2004) wie folgt definieren:

> Kreativität ist das Zusammenspiel von Fähigkeit, Prozess und Umwelt, durch welches der Einzelne oder Gruppen kreative Produkte erschaffen, die als neu und nützlich innerhalb eines sozialen Kontextes wahrgenommen werden (vgl. ebd.: 90). Eine Idee ist demnach ein kreatives Produkt[60] bzw. eine gedankliche Leistung, welche als neuartig und nützlich in Bezug auf ein bestehendes Problem bezeichnet werden kann.

Wahrnehmung und sozialer Kontext (siehe Definition) spielen eine wichtige Rolle in der Beurteilung von Kreativität.[61] Wie in der Innovationsforschung der Neuheitsgrad als etwas subjektiv Empfundenes deklariert wird (siehe Kapitel 2.2.), so gilt dies auch für die Kreativitätsforschung. Dabei reicht die Spannbreite des Begriffs noch weiter; in der Forschung werden sowohl Zeichnungen von Grundschulkindern als auch die Persönlichkeitsprofile von namhaften Kunstschaffenden, Wissenschaftler*innen, Politiker*innen, etc. analysiert. Boden (1996) unterscheidet beispielsweise in psychologische und historische Kreativität

---

[59] Als konzeptionell (conceptual) bezeichnet Amabile (1996) die Definition von Kreativität als etwas Neuem und Nützlichem; im Gegenzug schließt die operationale Definition die subjektive Bewertung ein (vgl. ebd.: 38).

[60] Kreative Produkte umfassen nach Taylor (1988): "[...] behaviors, performances, ideas, things, and all other kinds of outputs, with any of all channels and types of expressions" (ebd.: 104).

[61] Zur Einschätzung von Kreativität siehe auch Mittelstraß (2008).

(vgl. ebd.: 76).[62] Die Kreativitätsforschung unterscheidet häufig dichotom in „little-c" (d. h. alltägliche Kreativität wie z. B. Fotobücher erstellen, neue Kochrezepte erfinden)[63] und „Big-C" (d.h. herausragende Kreationen wie z. B. nachhaltige Erfindungen) (vgl. Kaufman u. Beghetto 2009: 1; Kozbelt, Beghetto u. Runco 2010: 23).[64]

Wie groß der Nutzen einer kreativen Leistung ist, kann abermals nur subjektiv entschieden werden. Kreativität ist nicht objektiv festzustellen, sondern es kommt vor dem Hintergrund der Spannbreite von alltäglicher bis hin zu radikaler Kreativität auf den jeweiligen Kontext an (vgl. Martindale 1999: 137). Eine Leistung ist dann und in dem Maße kreativ, wie geeignete Beobachter sie unabhängig voneinander als solche einschätzen (Amabile 1982: 1001).[65] Amabile bezeichnet dies als operationale Definition, welche für eine Messung von Kreativität neben der konzeptionellen Definition unabdingbar ist (vgl. ebd.: 998 u. 1000f.; siehe auch 1996: 38). Kreativität ist schon deshalb als „soziale Konstruktion" zu verstehen (vgl. Mittelstraß 2008: 18).

Meinungen von Expert*innen haben sich **zur ‚Beurteilung' von Kreativität** in der Wissenschaft bislang durchgesetzt. Zu den vielversprechenden Herangehensweisen zur Ermittlung kreativer Leistung, zählen Plucker und Makel (2010) u. a. die Consensual Assessment Technique (CAT) von Amabile (vgl. ebd.: 59).

---

[62] Eine Idee ist nach Boden (1996) dann psychologisch kreativ, wenn die Person, in deren Kopf sie entstanden ist, diese zuvor nicht hätte haben können, auch wenn andere Personen diese Idee bereits hatten (vgl. ebd.). Historisch kreativ ist die Idee, wenn sie in der Menschheitsgeschichte noch nicht vorgekommen ist (vgl. ebd.).

[63] Zur Relevanz von Kreativität im Alltag siehe z. B. Richards (2010: 190).

[64] Erweiterungen hierzu wurden in der Kreativitätsforschung vorgenommen (siehe dazu auch Kaufman u. Beghetto 2009: 1; Kozbelt, Beghetto u. Runco 2010: 23f.).

[65] Gleichwohl ist hier Vorsicht geboten, da auch Experten meist nur den bisherigen bzw. aktuellen Stand der Technik kennen und zur Beurteilung heranziehen (vgl. Hauschildt u. Salomo 2011: 18).

Amabile (1982) entwickelte diese Methodik zur Erfassung von kreativer Leistung, welche im Kern die Bewertung von Produkten durch Juror*innen vorsieht (vgl. ebd.: 999ff.).[66] Der Nutzen von Expert*innenmeinungen zur Einschätzung von Kreativität ist weitgehend anerkannt in der Forschung (vgl. Plucker u. Makel 2010: 59). Plucker u. Makel (2010) führen dennoch an, dass diese Methodik, auch wenn ihre Reliabilität mehrfach bestätigt wurde nur Augenscheinvalidität liefere (vgl. ebd.: 60).

Was die Eignung von Expert*innen zur Einschätzung von Kreativität betrifft, kann keine klare Aussage getroffen werden. Es hängt letztlich auch von der Art der Aufgabenstellung ab: Welche Art und welcher Umfang an Expertise zur Einschätzung der Kreativität von Gedichten oder Collagen notwendig ist, muss unterschieden werden von der Beurteilung kreativer Ideen im Innovationsmanagement. Die Anwendung und Gestaltung der CAT ist im Einzelfall zu beurteilen. Im Bereich Kundenintegrationsforschung wurde die Methodik bereits in Studien angewendet (siehe auch Kapitel 3.1.4.).

Bei allen Tests zur Messung kreativer Produkte bleibt eine Frage offen, nämlich:

> „[…] ob ein kreativer Prozess durch einen bestimmten Reiz – wie ihn der Test ja bedeutet – ausgelöst werden kann.“ (Ulmann 1968: 72)

Während Studien versucht haben, diese Problematik z. B. durch spielerische Situationen zu umgehen, konnten andere aufzeigen, dass die klare Instruktion, gute

---

[66] Voraussetzungen für deren Anwendung sind u. a. eine Aufgabenstellung, welche offen ist und Flexibilität in der Beantwortung garantiert und Antworten impliziert, die der Jury zur Bewertung zugänglich gemacht werden können (vgl. Amabile 1996: 41 u. 73f.). Die Juroren sollten sich in der entsprechenden Domäne insoweit auskennen, dass sie selbst entsprechend Erfahrung und Expertise über eine gewisse Zeit hinweg gesammelt haben und so selbst Kriterien zur Einschätzung von Kreativität ableiten können (vgl. ebd.: 42 u. 72).

Ideen zu liefern, die Originalität förderte (vgl. ebd.; Stemmler, Hagemann, Amelang et al. 2011: 217f.). Trotzdem ist nicht klar, inwiefern kreatives Handeln eine bestimmte Umgebung erfordert (Ulmann 1968: 72); auch ist „die vom kreativen Individuum ausgehende Spontaneität […] wohl kaum in der Testsituation nachahmbar" (ebd.). Ferner wird in Testsituationen der kreative Prozess nicht nur künstlich ausgelöst, er wird zudem zeitlich begrenzt (vgl. ebd.).

3.1.2 Der kreative Prozess

Mit dem Versuch, die Entstehung kreativer Ideen zu verstehen, sind im Laufe der Forschung diverse **Prozess- und Komponentenmodelle** entstanden, welche als theoretisches Grundgerüst zur Untersuchung des Gegenstands Kreativität dienen und zugleich seine Komplexität verdeutlichen (vgl. Kozbelt, Beghetto u. Runco 2010: 30f.)[67] Forschungsarbeiten über den kreativen Prozess sind insbesondere darauf ausgerichtet, mentale Mechanismen zu untersuchen, die beim Kreieren auftreten (vgl. Kozbelt, Beghetto u. Runco 2010: 24, Kaufman, Kornilov, Bristol et al. 2010: 216ff.).

Der Versuch, die Struktur und Natur des kreativen Prozesses zu verstehen, hat in der Forschung zu diversen Phasenmodellen geführt. Eine der ersten bekannten Einteilungen des Ideenprozesses nahm Wallas (1926) vor; Bezug nehmend auf Überlegungen von Poincaré und von Helmholtz formulierte er die Phasen **Vorbereitung, Inkubation, Illumination, Verifikation** (vgl. ebd.: 80ff.).

[67] Der kreative Prozess hatte lange Zeit etwas „Göttliches" inne, welches das Verständnis darüber, wie kreative Ideen überhaupt entstehen nicht vorantrieb (vgl. Simonton 2006: 43f.). Erst ab dem 20. Jahrhundert wurde insbesondere dank der aufstrebenden Wissenschaftstheorie Aspekte wie analytische Verfahren oder Beweisführung als Bestandteile kreativer Prozesse identifiziert (vgl. ebd.).

Die Grundstruktur wurde in darauffolgenden Modellen anderer Wissenschaftler*innen weitestgehend beibehalten und durch weitere Phasen, wie Problemwahrnehmung und Ausarbeitung ergänzt (vgl. Haefele 1962: 12ff., siehe auch Preiser 1976: 42ff., Funke 2000: 288, Lubart 2000-2001: 297). Es ist jedoch davon auszugehen, dass die einzelnen Phasen für kreative Prozesse jeglicher Art elementar sind. Prinzipiell unterschieden werden können ein generativer Prozessteil, in welchem Ideen entstehen, und ein evaluativer Teil, in welchem v. a. die Nützlichkeit der Ideen bewertet wird, wobei sich neurale Prozesse diesbezüglich unterscheiden (vgl. Ellamil, Dobson, Beeman et al. 2012: 1783).

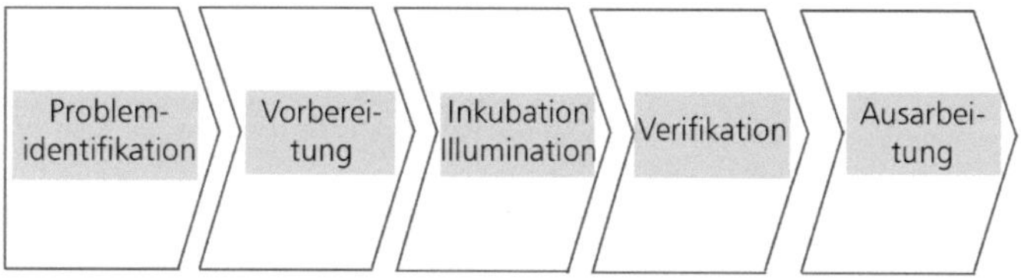

Abbildung 4: lineares Prozessmodell kreativer Ideenentwicklung
(in Anl. an Wallas 1926: 80ff.; Haefele 1962: 12ff., Preiser 1976: 42ff., Funke 2000: 288, Lubart 2000-2001: 297)

Dem kreativen Schaffen ist die **Identifikation von Schwierigkeiten oder Bedürfnissen** vorangestellt (vgl. Dewey 1910: 72; Rossmann 1931: 80; Reiter-Palmon 2011: 250)[68]. Denn wenn Menschen Ideen generieren, welche in irgendeinem Aspekt nützlich sind, so ist davon auszugehen, dass sie zielgerichtet zwischen verschiedenen Alternativen abwägen (vgl. Mumford, Reiter-Palmon u.

[68] Dewey (2010: 68ff.) bezog sich bei seinen Ausführungen auf die Analyse eines kompletten Akts des Denkens. Rossmann (1931: 80ff.) beschreibt die mentalen Prozesse des Erfindens.

Redford 1994: 4). Zu unterscheiden sind Problemfindungs- von Problemlösungsprozessen.[69] Die Auseinandersetzung mit dem Problem und der Wunsch, dieses zu lösen braucht **Vorbereitung**. Nur wer Vorwissen hat, kann effektiv über Probleme in diesen Gebieten nachdenken (vgl. Bransford, Brown u. Cocking 1999: 19)[70]. Bereits der Physiologe und Physiker von Helmholtz (1896) räumte die Rolle des Geistesblitzes im kreativen Denken ein, wies aber auch auf die Bedeutung von Vorwissen hin (vgl. ebd.: 348). Zum Vorwissen kommt die umfassende und im besten Fall unvoreingenommene Informationssammlung und –auswahl hinzu (vgl. Preiser 1976: 43f.), die durch systematische Arbeit charakterisiert ist (vgl. Wallas 1926: 81).

Kreativität ist also kein Zufall, nicht etwas Unerwartetes, sondern „[...] die Frucht mühsamer und intensiver Lernprozesse, langer Wege und anspruchsvoll erworbener Erfahrungen und Fertigkeiten" (Mittelstraß 2008: 17). Es ist das Zusammenspiel an neuem Wissen und Fähigkeiten, das kreative Ideen entstehen lässt. Denn es sind nicht nur neue Fakten oder Informationen, welche Ideen entstehen lassen oder, wie in der Wissenschaft zu neuen Theorien führen; erst die (Re-) Kombination von Fakten und Daten lässt originelle Ideen entstehen (vgl. Koestler 1964: 235).

So intensiv die Auseinandersetzung mit dem Problem in der Phase der Vorbereitung sein mag, so häufig bleibt sie jedoch ohne Ergebnis (vgl. Wallas 1926: 81).

[69] Während Problemfindung insbesondere die Identifikation, Definition und Konstruktion von Problemen beschreibt (vgl. Reiter-Palmon 2011: 250) so ist mit Problemlösung der Prozess gemeint, in welchem eine Person (oder Gruppe) Hindernisse auf dem Weg von einem Start- hin zu einem Zielpunkt überwindet (vgl. Ward 2011: 254).

[70] Bransford, Brown u. Cocking (1999: 19ff.) haben aus Studien mit Experten aus den Gebieten Schach, Physik, Mathematik, Elektronik und Geschichte sechs wesentliche Kategorien, welche Experten von Novizen unterscheiden, beschrieben.

Denn wenn Probleme bewusst gelöst werden erfolgt das Denken linear und logisch und kann schwerlich zu neuen Ideen führen (vgl. Csikszentmihalyi 1997: 79). In Momenten der unbewussten Auseinandersetzung mit Problemen finden Ideen hingegen selbst in Form unerwarteter Kombinationen zusammen (vgl. Csikszentmihalyi 1997: 79)

Neben von Helmholtz beschrieb Poincaré (1910: 326 u. 1913: 388) als einer der ersten Wissenschaftler die Chancen der **Inkubation und Illumination**. In diesen Phasen beschäftigen sich Kreative auf unbestimmte Zeit zumindest nicht offensichtlich mit der Lösung des Problems bis der Moment der Illumination, d. h. der Erleuchtung einsetzt (vgl. Guilford 1979: 1); siehe auch Smith 2011: 653; Noppe 2011: 497). Belege für die Existenz dieser Phasen führt Csikszentmihalyi (1997)[71] mit Bezug auf seine Interviewstudie an, in welcher die Mehrheit der Befragten den Geistesblitz oder Aha-Moment als Augenblick ihres kreativen Schaffens bezeichnete (vgl. ebd.: 103f.).[72] Dieser tritt offensichtlich dann auf, wenn unbewusst Ideen miteinander verknüpft werden und ihre Problemlösekraft mit einem Mal ins Bewusstsein tritt – „[…] like a cork held underwater breaking out into the air after it is released“ (ebd.: 104).

Auch in Gruppensituationen können diese Aha-Momente innerhalb der Gruppe, aber ebenso verzögert (mitunter erst Tage danach) auftreten (vgl. Torrance 1988:

---

[71] Csikszentmihalyi (1997: 12f.) befragte mit der Hilfe von Studierenden 91 „exceptional individuals“, die sich in den Bereichen Kunst, Wirtschaft, Politik oder Wohltätigkeit hervorgetan haben. Die Interviews wurden auf Video aufgezeichnet und ausgewertet, um zu untersuchen, was kreative Menschen auszeichnet, wie der kreative Prozess abläuft und welche Bedingungen Kreativität fördern oder erschweren.

[72] Die Annahme der Existenz unbewusster Phasen im kreativen Schaffen hat auch Anlass zur Kritik gegeben (vgl. Mittelstraß 2008: 15; Stemmler, Hagemann, Amelang et al. 2011:229f.). Dabei liegt dieser Arbeit die Annahme zugrunde, dass Inkubation, wie bereits erläutert, niemals Vorbereitung in Form z. B. von gründlicher Recherche ausschließt (vgl. auch Smith 2011: 657), sondern lediglich die unbewusste Form der Auseinandersetzung mit erlangtem Wissen bezeichnet.

70). Theorien, welche Inkubationseffekte erklären können, führt z. B. Smith (2011: 654f.) an; ergänzende Einsichten in Theorie und Forschungsstand liefert auch Noppe (2011: 497ff.). Offenbar liegen mehrere Ursachen Inkubationseffekten zu Grunde; dazu gehören vor allem das Loslösen von Fixierungen auf Ideen oder bestimmte Problemlösungsansätze, aber auch Erholung nach geistiger Überanstrengung oder die bereits erwähnte unbewusste Verarbeitung zuvor bewusst recherchierter Informationen (vgl. ebd.: 655).

Bevor sich eine Idee in der **Ausarbeitung** wiederfindet wird sie vom Kreativen selbst in jedem Falle einer **Bewertung**[73] unterzogen, wobei die Validität der Idee getestet und die Idee selbst angepasst wird (vgl. Wallas 1926: 81). Danach kann die Bewertung durch Externe erfolgen. Die Phase der Ausarbeitung ist abermals durch ein hohes Maß an Arbeit charakterisiert, wie Csikszentmihalyi (1997) aus der Auswertung von Interviews mit insgesamt 91 Kreativen schließt (vgl. ebd.: 104f.). In dieser Phase spielt auch externes Feedback eine wichtige Rolle; der Austausch mit anderen, die sich mit der Thematik beschäftigen wie z. B. Kolleg*innen, können kleine Fehler korrigiert, der Fokus ggf. neu gesetzt und die Präsentation der Idee bzw. Neuerung vorbereitet werden (vgl. ebd.: 105).

Die sequentielle Darstellung des kreativen Prozesses (siehe Abbildung 4) ist eine starke Vereinfachung der in Wahrheit komplexen Abläufe und Zusammenhänge. Es sind zum einen Iterationen oder auch die Rückkehr zur ursprünglichen Problemstellung denkbar (vgl. Duncker 1935: 15f).[74] Zum anderen ist die Entwicklung

[73] Gelegentlich findet sich in der Literatur auch die Unterscheidung in Wertung und Bewertung bzw. valuation und evaluation (vgl. z. B. Runco 2011: 403; Villalba 2011: 324). Villalba (ebd.) erklärt die Unterscheidung wie folgt: „Evaluation will mainly look at what is wrong with the options, while valuation will focus on the positive sides of the idea".

[74] Auch im Konzept des in der Praxis anerkannten Konzepts Design Thinking folgt die Lösungsfindung keinem sequentiellen Prozess, sondern iterativ; die einzelnen Phasen sind nicht als Schritte zu verstehen, sondern eher als ‚Räume' oder ‚Felder' für Inspiration, Ideengenerierung und Implementation (vgl. Brown u. Wyatt 2010: 30).

einer Lösung immer auch die Weiterentwicklung des Problems, wie Duncker (1935: 10) es beschreibt. Denn jeder einzelne Schritt in Richtung Lösung spezifiziert die Problemstellung, so dass „[...] das Problem produktiver gestellt wird" (ebd.: 10).

Zusammenfassend lässt sich festhalten, dass der kreative Prozess nicht nur aus einem generativen und evaluativen Teil besteht, sondern überdies durch bewusste als auch unbewusste Phasen gekennzeichnet ist.[75] Trotzdem bleibt dieser Prozessabschnitt eine Art ‚Blackbox', welche kaum Einblick in den Kern kreativen Schaffens zulässt.[76] Der Prozess ist letztlich schwer zu fassen, was die Messung von kreativen Fähigkeiten vor große Probleme stellt[77]:

> "A problem is set, and a written answer is obtained. What happens in between is anybody's guess, except the respondent's, who hasn't been asked" (Barron u. Harrington 1981: 443).

3.1.3 Komponenten der Kreativität

Kreativität ist nicht nur das Ergebnis eines nach vordefinierten Phasen zu durchlaufenden Prozesses, sondern Resultat des Zusammenspiels verschiedener Faktoren, die v. a. in der Person zu finden sind. Diese sind nur schwer zu fassen.

---

[75] Eine Trennung der Ansichten, dass kreative Ideen unbewusst durch Aha-Momente generiert werden und andererseits, dass kreative Ideen strukturiert auf der Basis von Wissen entstehen, ist demnach nicht sinnvoll (vgl. Mumford 1998: 14f.).

[76] Bereits Guilford (1950) merkt an, dass der Glaube, Inkubation würde irgendwo im Unbewussten stattfinden, keine Hilfe sei, den kreativen Prozess zu verstehen (vgl. ebd.: 451). Es müsse geklärt werden, welche Prozesse während, vor und nach dieser Phase stattfinden (vgl. ebd.). Trotzdem gibt es keinen wissenschaftlichen Beweis dafür, dass unbewusste kognitive Prozesse zu Ideen bzw. Problemlösungen führen (vgl. Smith 2011: 654).

[77] Eine Möglichkeit zur Erfassung kreativer Prozesse ist ihre zeitgleiche Dokumentation. Hennessey (1994) führte ein Experiment durch, in welchem sie Erwachsene Bilder am Computer zeichnen ließ; wobei der gesamte Prozess durch die Computeraufzeichnung nachvollziehbar wurde (vgl. ebd.: 197). Die Reliabilität dieser Methodik wurde als hoch eingeschätzt (vgl. ebd.) Prämisse ist hier natürlich, dass sich kreative Schritte im Rahmen einer geeigneten Aufgabe abbilden lassen.

Csikszentmihalyi (1997) hat aus seinen bereits erwähnten Interviews mit Kreativen beispielsweise zehn Gegensätze kreativer Persönlichkeit abgeleitet (vgl. ebd.: 57ff.). Kreative Personen sind (1) einerseits energiegeladen und arbeiten hoch konzentriert und mit viel Ausdauer an einer Sache, andererseits ziehen sie sich oftmals zurück von der Arbeit und pausieren (vgl. ebd.: 58f.) Auch sind Kreative (2) zwar clever, betrachten Dinge jedoch auch naiv (vgl. ebd.). Zudem schwanken Kreative zwischen (3) Spielerei und Disziplin, (4) Fantasie und Realität, (5) Extraversion und Introversion, (6) Bescheidenheit und Stolz, (7) Männlichkeit und Weiblichkeit, (8) Rebellion und Tradition (9) Leidenschaft und Objektivität (vgl. ebd.: 61ff.).

Nach Mittelstraß (2008) wirkt die Auflistung dieser und weiterer Gegensätze eher willkürlich zusammengestellt. Danach wären solche Menschen kreativ, die „von allem etwas – am besten vieles – haben (ebd.: 17). Gleichwohl betont Csikszentmihalyi, dass die von ihm aufgeführten Gegensätze nicht bedeuteten, dass ein Kreativer irgendwo zwischen diesen agiert, sondern fähig ist, je nachdem wie die Situation es erfordert, zwischen den Extremen zu wechseln (vgl. ebd.: 57).

In der Wissenschaft wurden diverse Versuche unternommen, die wesentlichen **Komponenten der Kreativität** zusammenzufassen.[78] Sternberg und Lubart (1985: 3ff.) beispielsweise heben in ihrer Investment-Perspektive[79] Faktoren wie Intellekt, Wissen, Denkstile, Persönlichkeit, Motivation und Umgebung hervor. Mumford, Mobley, Uhlman et al. (1991: 92f.) konzentrieren sich in ihrer Analyse der kreativen Problemfindung auf Wissen und dessen Anwendung. Runco und

[78] Sternberg und Lubart (1999: 10; 1995: 3ff.) geben einen kleinen Überblick.

[79] In ihrer Investment Perspektive argumentieren Sternberg u. Lubart (1995: 41ff.), dass „buying low and selling high" Kern jeder kreativen Leistung sei.

Chand (1995) kombinieren ihr Prozessmodell des kreativen Denkens mit den übergelagerten Komponenten Wissen und Motivation.

Neben Expertise und Motivation deklariert Amabile (1997: 43ff. u. 53ff.) in ihrem **Drei-Komponenten-Modell der Kreativität** auch kreatives Denken bzw. kreative Fähigkeiten als Faktor (siehe Abbildung 5).

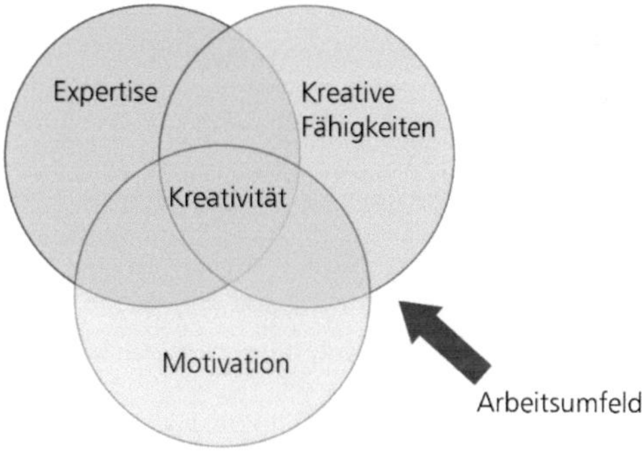

Abbildung 5: Komponenten der Kreativität nach Amabile (1997: 43 u. 53)

Ein ausführlicheres und aktualisiertes Modell von Amabile (1983: 362 u. 1996: 112; Amabile u. Mueller 2009: 35ff.; Amabile 1996: 93ff.) fasst diverse Faktoren in den Komponenten „domain-relevant skills" und „creativity-relevant processes" zusammen; „task motivation" bleibt als Komponente bestehen und das Arbeitsumfeld wird verallgemeinert als „social environment" beschrieben.[80]

[80] ‚Domain-relevant skills' schließen (Fakten-)Wissen und Expertise, technische Fertigkeiten, Intelligenz und ein, während ‚Creativity-relevant processes' kognitive Stile, Fertigkeiten der Ideenentwicklung, Arbeitsstile und Persönlichkeitsmerkmale enthalten (vgl. Amabile 2012: o.A. u. 1996: 83). Die vorliegende Arbeit konzentriert sich auf die in der Kreativitätsforschung wiederkehrenden Komponenten Wissen bzw. Expertise, Motivation und Denkstile in Anlehnung an das vereinfachte Modell von Amabile (1996).

Ähnlich erstellen Woodman, Sawyer und Griffin (1993: 295ff.) ihr theoretisches Rahmenmodell zur Erforschung von Kreativität anhand der Komponenten Vorbedingungen, kognitive Stile und Fähigkeiten, Persönlichkeit, Motivation und Wissen, wobei alle Faktoren durch **soziale und kontextuale Faktoren** geprägt sind. Kreatives Verhalten entsteht danach aus der komplexen Interaktion von Person und Situation, wie v. a. am Beispiel der Motivation deutlich wird.

3.1.3.1 Intrinsische vs. extrinsische Motivation

Die Motivation des Einzelnen hat eine besondere Stellung in der Erforschung kreativer Prozesse inne, was in ihrer Funktion begründet ist. Denn während Expertise und kreatives Denkvermögen Urheber*innen von Ideen befähigen, Ideen zu generieren, bestimmt die Motivation, ob und wie sie sich tatsächlich einbringen (vgl. Amabile 1996: 93).[81] Zu unterscheiden sind intrinsische und extrinsische Motivation:

> Während extrinsische Motivation das Handeln einer Person mit einem angestrebten Ergebnis erklärt, liegt intrinsische Motivation vor, wenn eine Tätigkeit deshalb verfolgt wird, weil sie selbst als interessant bzw. unterhaltsam empfunden wird (vgl. Ryan u. Deci 2000: 55; Conti u. Amabile 2011: 147).

So wäre eine Person eher **intrinsisch motiviert**, wenn sie, wie Hennessey (2010) zusammenfasst, eine Tätigkeit der Tätigkeit wegen bzw. aus reiner Freude daran ausübt (vgl. ebd.: 343). Solche Personen zeichnen sich im Allgemeinen durch Neugier aus, empfinden gewisse Kompetenz, glauben sie sind frei von äußerer Einflussnahme und Kontrolle und sehen ihre Tätigkeit eher spielerisch denn als Arbeit an (vgl. ebd.: 343).

---

[81] Im Allgemeinen bedeutet motiviert zu sein „[…] to be moved to do something" (Ryan u. Deci 2000: 54); d.h. eine Person, welche mobilisiert ist durch einen angestrebten ‚End-Zustand', kann folglich als motiviert beschrieben werden (vgl. ebd.).

Ryan und Deci (2000) benennen ebenfalls Kompetenz und Autonomie als wichtige, der intrinsischen Motivation gewissermaßen zu Grunde liegende Bedürfnisse. Danach kann intrinsische Motivation nur dann aufrechterhalten oder verstärkt werden, wenn ein Individuum Kompetenz und zugleich Autonomie bzw. Selbstbestimmung erfährt (vgl. ebd.: 58). Das bedeutet, Personen sind dann eher intrinsisch motiviert, wenn sie sich einer Aufgabe gewachsen fühlen, mehr noch, wenn eine Herausforderung z. B. als optimal angesehen wird und ggf. von positivem Feedback anstelle negativer Beurteilung begleitet wird (vgl. ebd. 2000: 58f.). Wird eine Aktivität mit Aussicht auf Belohnung oder Bestrafung durchgeführt, so handelt diese Person nicht selbstbestimmt, wenngleich hier verschiedene Grade von Autonomie zu unterscheiden sind (vgl. Ryan u. Deci 2000: 60).[82] Darüber hinaus könne Verbundenheit oder ein Gefühl der Zugehörigkeit zu Personen oder Gruppen intrinsische Motivation unterstützen (vgl. ebd.: 64f.).

In der Kreativitätsforschung wird die intrinsische Motivation[83] als fundamental für kreatives Handeln betrachtet (vgl. v. a. Amabile 1996: 93; Hennessey 2010: 342ff.; siehe auch Forgeard u. Mecklenburg 2013: 255). Eine Tätigkeit an sich zu ‚lieben' bestimmt die kreative Leistung (vgl. Torrance 1988: 68; siehe auch Hennessey u. Amabile 1988: 11). Hingabe bringt Menschen dazu, lange Zeit über die eigene Arbeit nachzudenken (vgl. Weisberg 1988: 173). Auch Csikszentmihalyi (1997) schließt aus seiner Forschung zur Kreativität, dass sich Kreative zwar in vielerlei Hinsicht unterscheiden, sie jedoch eine Eigenheit verbindet, nämlich, dass sie alle lieben, was sie tun (vgl. ebd.: 107).

---

[82] Beispiel: Ein Schüler, welcher seine Hausaufgaben macht, weil er sonst Sanktionen befürchtet ist weniger selbstbestimmt als eine Studentin, welche ihre Aufgaben erfüllt, weil sie sich einen Lerneffekt oder anderen positiven Effekt auf ihre berufliche Laufbahn erhofft (vgl. Ryan u. Deci 2000: 60).

[83] Synonym: innere (internal) Motivation; ‚task motivation' (vgl. Amabile 1997: 42 f.).

Amabile, Goldfarb u. Brackfield (1990) erklären den Stellenwert von intrinsischer Motivation wie folgt:

> "It is likely that intrinsically motivated individuals will be deeply involved in the activity at hand because they are free of extraneous and irrelevant concerns about goals extrinsic to the activity itself. They will be playful with the ideas and materials because of their freedom to take risks, to explore new cognitive pathways, to engage in behaviors that might not be directly relevant to attaining a 'solution'." (ebd.: 9)

Neugier und Interesse sind relevante Faktoren, da sich auf dieser Basis erst Probleme erkennen lassen (Csikszentmihalyi 1997: 53). Daneben ist der Unterhaltungsfaktor relevant, welcher intrinsische Anreize von extrinsischen unterscheidet.

Csikszentmihalyi (1997) resümiert in einer umfangreichen Interviewstudie, dass Kreative die Arbeit, die sie in Ideen stecken eher als Spaß empfinden:

> "They experienced even the most focused immersion in extremely difficult tasks as a lark, an exhilarating and playful adventure." (ebd.: 106)

Die Immersion, also das Eintauchen in die Aufgabe selbst, beschreibt im Prinzip den Zustand des Flow-Erlebens: das Zeitgefühl verschwindet und die Aktivität wird autotelisch, d.h. selbstbezweckt (vgl. ebd.: 113). Dies tritt dann ein, wenn die eigenen Fähigkeiten eine Balance mit der Herausforderung der Aufgabe bilden (vgl. ebd.).[84]

Die Forschung zur Rolle intrinsischer Motivation bei kreativen Aufgaben kommt zu einem weitgehend einheitlichen Bild, was auch eine Meta-Analyse von de Jesus, Rus, Lens et al. (2013) zeigt: In ihrer Untersuchung von fünfzehn Studien im

---

[84] Beispielhafte Aussagen zur Relevanz intrinsischer Motivation lassen sich auch in den Interviewaufzeichnungen von Stern (2012: z. B. 291) finden.

Erscheinungszeitraum 1990 bis 2010 mit insgesamt 6435 Proband*innen ermittelten die Forschenden einen signifikanten positiven Zusammenhang zwischen intrinsischer Motivation und kreativer Leistung (vgl. ebd.: 81ff.).

Ryan u. Deci (2000) schließen aus ihrer Forschung, dass intrinsische Motivation die Qualität von Lernen und Kreativität steigert, und es deshalb wichtig sei herauszufinden, welche Faktoren intrinsische Motivation ‚erzeugen' und welche sie behindern (vgl. ebd.: 55 u. 58). Theorien und Studien lassen sich hierzu auch bei Lepper, Greene und Nisbett (1973), Lepper u. Greene (1978), Deci, Koestner u. Ryan (1999); Deci (1971) finden.[85]

Motivation ist im Allgemeinen keine stabile Komponente, sondern äußerst variabel und situationsabhängig; während Fähigkeiten und Fertigkeiten erlernt und weitgehend erhalten werden können, ist sie eine eher flüchtige Komponente und wird vor allem durch die **Umwelt der Kreativen** bestimmt (vgl. Hennessey 2003: 182). Insbesondere die sozialpsychologische Forschung betrachtet Motivation unter diesem Gesichtspunkt (vgl. Hennessey 2010: 344).

Kreativität ist danach keine andauernde Eigenschaft einer Person, sondern das Ergebnis eines vorübergehenden Zustands, welcher durch die motivationale Orientierung des Einzelnen bestimmt wird, welche wiederum selbst beeinflusst wird durch Faktoren des Umfelds (vgl. ebd.: 344). Aspekte wie Belohnung, Feedback bzw. Bewertung gehören zu wichtigen Einflussfaktoren (vgl. ebd.; Hennessey 2010: 344; Collins u. Amabile 1999: 308) und lassen deutlich werden, welche wichtige Rolle hierbei der soziale Kontext des Kreativen spielt (siehe v. a. Kapitel 2.2.3.4).

---

[85] Zur Diskussion bzgl. des Zusammenspiels intrinsischer und extrinsischer Motivation siehe auch z. B. Sansone u. Harackiewicz (2000: 1ff.).

3.1.3.2 Wissen und Fähigkeiten

Eng verbunden mit dem Aspekt der Motivation ist der Aspekt der kreativen Kompetenz.[86] Dieser wird im Komponentenmodell der Kreativität wesentlich verkörpert durch die Komponenten Wissen und Fähigkeiten. Im spezifizierten Nachfolgemodell von Amabile (1996) wird diesbezüglich unterschieden in domänenspezifische und kreativitätsspezifische Fähigkeiten (skills), wobei Wissen beiden Arten untergeordnet wird (vgl. ebd.: 83ff.). Amabile unterscheidet domänenrelevantes Wissen auf der einen und implizites oder explizites Wissen über Heuristiken zur Generierung neuer Ideen auf der anderen Seite (vgl. ebd.). Während domänenspezifisches Wissen auf innewohnenden kognitiven Fertigkeiten, Fähigkeiten bezüglich Wahrnehmung und Motorik sowie formaler als auch informaler Bildung[87] basiert, so ist kreativitätsspezifisches Wissen antrainiert, beruht auf Erfahrung aber auch auf bestimmten Persönlichkeitsmerkmalen (vgl. ebd.).

Bei der Untersuchung mentaler Mechanismen im kreativen Prozess haben kognitive Theorien einen besonderen Stellenwert (vgl. Kozbelt, Beghetto u. Runco 2010: 27 u. 31ff.), darunter Theorien, welche sich mit **Problemlösungsprozessen** beschäftigen (z. B. Weisberg 1988 u. 1999; Simon 1989).[88] Der kognitive Ansatz betont dabei die Rolle von Wissen im gesamten kreativen Prozess (vgl.

---

[86] Wissen und Können werden in der Arbeit verstanden als für kreatives Handeln wesentliche kognitive und Leistungsdimensionen, die situationsabhängig und domänenspezifisch sind – deshalb auch in Anlehnung an die Definition des Kompetenzbegriffs von Klieme und Hartig (2007: 14) als Kompetenz bezeichnet werden können. Abzugrenzen von Kompetenz ist in diesem Sinne der Begriff Intelligenz. Zum Zusammenhang von Intelligenz und Kreativität siehe z. B. Kim (2010) sowie Kim, Cramond u. VanTassel-Baska (2010: 400f.).

[87] Nach Sternberg u. Lubart (1995: 164ff.) spielt informales Wissen in kreativen Prozessen eine wichtige Rolle; es handelt sich um Wissen, welches insbesondere durch Erfahrung, alltägliche Interaktion mit der Umwelt erlernt wurde (siehe dazu auch Kasperson 1978: 693).

[88] Daneben werden auch u. a. Theorien zur Problemfindung gefasst. Insbesondere seit der Arbeit von Csikszentmihalyi und Getzels (1971) wird der Aspekt der Problem- bzw. Aufgabenfindung, -formulierung stärker berücksichtigt (vgl. Ward u. Kolomyts 2010: 105).

Ward u. Kolomyts 2010: 93f.). Danach wird die Qualität des kreativen Outputs in erster Linie durch das vorhandene Wissen einer Person und dessen Anwendung bzw. Kombination bestimmt (vgl. ebd.). Denn Wissen bzw. Expertenwissen sind das Fundament kreativer Arbeit (vgl. Amabile 1996: 42; Sternberg u. Lubart 1995: 153). Wissen kann verstanden werden als erlernte und organisierte Information, welche entsprechend zuvor erlernter kognitiver Strukturen klassifiziert werden kann (vgl. Feldhusen 2006: 138).[89]

> Wissen wird weitestgehend verstanden als im Gedächtnis gespeicherte Informationen zu einem Sachverhalt, umfasst jedoch auch jene Strukturen, dieses Wissen entsprechend bestimmter Vorgehensweisen zu organisieren und zugänglich zu machen (vgl. auch Mumford, Hester u. Robledo 2011: 27). Während Informationen auf Daten aufbauen, so baut Wissen auf Informationen auf und bezeichnet dabei ebenso den Umgang mit diesen (‚Know-how' und ‚Know-why') (vgl. Gurteen 1998: 5).

Aus diversen wissenschaftlichen Arbeiten zur kreativen Persönlichkeit geht die Nutzung existenten Wissens als Grundlage neuer Ideen hervor, wobei sich diese i. d. R. auf einen bestimmten Bereich konzentriert (vgl. Tardif u. Sternberg 1988: 434).[90]

Wie der Einfluss der Komponente Wissen untersucht werden kann, erläutern u. a. Mumford, Hester und Robledo (2011: 28). Die Rolle von Wissen in der Produkterstellung oder die Gegenüberstellung von Expert*innen und Laien sind Beispiele hierfür (vgl. ebd.). Hierbei steht die Annahme im Raum, mehr Erfahrung würde mehr Wissen bedeuten (vgl. ebd.) Die definitorischen Grenzen zwischen Wissen und Fähigkeiten wirken in diesem Fall eher verschwommen. Definitionen

[89] Beispiele für Wissenstypen (z. B. Fallbasiertes Wissen, Erfahrungswissen) finden sich u. a. bei Mumford, Hester und Robledo (2011).

[90] Tardif u. Sternberg (1988) haben kognitive Eigenschaften kreativer Persönlichkeiten auf Basis wissenschaftlicher Artikel zusammengefasst (vgl. ebd.: 434).

im Bereich der Auseinandersetzung mit kreativer Leistung beschreiben **Expertise** oftmals als auf Erfahrung aufbauende Fähigkeit innerhalb eines bestimmten Bereichs (vgl. Frensch u. Sternberg 1989: 158) bzw. nennen sowohl domänenspezifisches Wissen als auch Fähigkeiten als Basis (vgl. Ericsson u. Lehmann 2011: 488f.).

> Expertise kann verstanden werden als durch Lernen sowie praktische Erfahrung erlangte Kompetenz, Leistungen auf einem entsprechend hohen qualitativen Niveau innerhalb einer bestimmten Domäne zu erzielen (vgl. auch Frensch u. Sternberg 1989: 158; Ericsson u. Lehmann 2011: 488, Weisberg 2006:7).

Expertise kann sich im Sprachgebrauch demnach auf Wissen einerseits, andererseits auch auf Kompetenz im Ganzen, d.h. Wissen gepaart mit Fähigkeiten beziehen.[91]

> Der Terminus Fähigkeiten beschreibt in diesem Konstrukt die kognitiven Vorgänge, die von Kreativen durchlaufen werden, um kreative Produkte zu generieren (vgl. ebd.: Runco u. Chand 1995: 244).[92]

Expertise ist demzufolge Grundlage für kreative Problemlösungsprozesse in spezifischen Domänen mit Aufgaben spezifischer Komplexität.[93] Trotzdem kann Expertise Kreativität erheblich einschränken (vgl. Frensch u. Sternberg 1998:

---

[91] Hinsichtlich des Zeitraums, bis sich Expertise in einem entsprechend hohen Level äußert, um es als Können im Sinne von ‚expert performance' zu bezeichnen, hat sich die 10-Jahres-Regel weitgehend durchgesetzt (vgl. Ericsson u. Lehmann 2011: 491; Weisberg 2006: 20f.).

[92] Dass Kognition biologisch fundiert ist, gilt als anerkannt, sodass mittlerweile auch neurobiologische Studien zur Erklärung kreativen Verhaltens herangezogen werden (vgl. Kaufman, Kornilov, Bristol et al. 2010: 216). Sowohl Größe als auch Funktionalität des Gehirns bedingen demnach Kreativität; wichtigster und zugleich bekanntester Befund ist die ‚Hemispheric Asymmetry' (vgl. Kaufman et al. 2010: 219; Noppe 2011:500).

[93] Konkrete Beispiele zur Relevanz von Expertise finden sich zudem in diversen Fallstudien, z. B. bei Weisberg (2006: 23ff.), darunter Beispiele aus den bildenden Künsten (z. B. Mozart, Picasso) sowie Wissenschaft und Technik (z. B. Paulings Modell der Doppelhelix, Edisons Glühbirne).

163ff.). Der Möglichkeit, dank Wissen Ideen weiterzuentwickeln und teils auch „gegen den Strom zu schwimmen (vgl. Sternberg u. Lubart 1995: 152), steht die Gefahr funktionaler Fixierung gegenüber. Als ‚funktionale Gebundenheit' hat Duncker (1935) das Denken in festgefahrenen Mustern bezeichnet (vgl. auch Adamson 1952: 288; siehe dazu auch Dunckers ‚candle problem' in Duncker 1935). Eine Kombination von beidem, Expertenwissen und Flexibilität, erscheint sinnvoll: Schließlich beschreibt genau diese Kombination kreative Kompetenz.[94]

> "Thus, an important goal of creative cognition is to specify the factors and processes that determine how much and which portions of existing knowledge will be applied to new situations, and the precise ways in which such information can either facilitate or inhibit creative functioning." (Ward, Smith u. Finke 1999: 190)

Wissen ist also keine fixe Basis, sondern dynamisch insofern, dass es entsprechend der Wahrnehmung und Interpretation der spezifischen Situation abgerufen und kombiniert wird (vgl. auch Feldhusen 2006: 140).[95] Hierbei kommt dem sogenannten divergenten Denken offenbar eine besondere Funktion zu (vgl. Guilford 1956: 268ff.).

Während **konvergentes Denken** darauf zielt die beste oder alleinig korrekte Lösung bzw. Antwort zu einer klardefinierten Problem- bzw. Fragestellung zu erhalten (vgl. ebd., sowie Cropley 2006: 391), schlägt **divergentes Denken** verschiedene Richtungen ein und erschließt damit alternative Lösungsvorschläge (vgl. ebd., Runco 2011: 400ff.). Divergentes Denken erleichtert die Verbindung

[94] Ein ebenfalls diskutierter Aspekt vor diesem Hintergrund ist der Zusammenhang von Kreativität und mentalen Krankheiten bzw. sozialen oder psychologischen Auffälligkeiten. Das Phänomen ‚Genie und Wahnsinn' (mad genius) wurde mehrfach in der Forschung thematisiert und zum Teil kritisch behandelt (vgl. z. B. Silvia u. Kaufman 2010: 383f., Plucker, Beghetto u. Dow 2004: 86).

[95] Mednick (1962) versteht den kreativen Prozess aus assoziationspsychologischer Sicht gewissermaßen als Kombination erforderlicher assoziativer Elemente (vgl. ebd.: 220ff.).

von vormals fremden Aspekten bzw. die Assoziierung von Elementen verschiedener Domänen (vgl. Kilgour u. Koslow 2009: 299), entspricht so gewissermaßen der zuvor beschriebenen Flexibilität, Wissen anzuwenden fern von funktionaler Gebundenheit. Die Relevanz von divergentem Denken ist hierbei domänenspezifisch (z. B. Kunst vs. Mathe) zu beurteilen (vgl. Jeon, Moon u. French 2011: 67).

Divergentes Denken wird in kreativen Prozessen durch konvergentes Denken ergänzt (vgl. Stemmler, Hagemann, Amelang et al. 2011: 219; Villalba 2011: 323). Schließlich sind Entscheidungen, Beurteilungen bzw. Bewertungen im kreativen Prozess fundamental und ebenso Faktoren kreativen Verhaltens (vgl. auch Runco 2010: 413). Während die Ideengenerierung zunächst durch divergentes Denken charakterisiert ist, wird das Denken im Laufe, v. a. mit Blick auf die Ausarbeitung eher konvergent (vgl. Funke 2000: 290).

> "Divergent thinking in fact goes hand in glove with convergent thinking in every thought process that results in a new idea. The aha! comes when the process reaches a conclusion." (Barron u. Harrington 1981: 443)

Ideen und Lösungen werden als Produkte der Kognition erforscht, weshalb nur auf dieser Basis Rückschlüsse auf die zugrundeliegenden Prozesse gezogen werden können (vgl. Runco u. Chand 1995: 244).

3.1.3.3 Das Umfeld

Neben Vorwissen und der Fähigkeit zu kreativem Denken ist auch die Bereitschaft zu kreativem Handeln von Bedeutung. Hierbei ist auch das Umfeld des Kreativen ausschlaggebend, bedingt dessen Verhalten, stellt u. a. Anforderungen an seine soziale Rolle.

> "The facts which proved that the planetary motions depended on the sun have been staring into the face of astronomers throughout the ages – but they preferred to look away." (Koestler 1964: 235)

Die Betrachtung von Kreativität im Bereich Organisations- und Innovationsforschung bezieht sich vor allem auf **kreative Leistung im Arbeitsumfeld**. Die voranschreitende Entwicklung dieses Forschungsbereichs geht nach Puccio und Cabra (2010) vor allem auf zwei zusammenhängende Ursachen zurück: 1) das Bedürfnis von Organisationen auf Veränderungen zu reagieren sowie 2) das Bedürfnis nach Innovation (vgl. ebd.: 146). Sie benennen auf Basis diverser Studien charakterisierende Merkmale des Arbeitsumfelds, darunter nationale und organisationale Kultur, Umwelt und organisationale Strukturen, Klima und physischer Raum (vgl. ebd.: 151ff.):[96]

Eine weitere Taxonomie kreativer Umgebung liefern u. a. Hemlin, Allwood und Martin (2004), indem sie ganz allgemeine Merkmale und mögliche Merkmalsausprägungen für die weitere empirische Analyse zusammenstellen, dazu zählen u. a. aufgabenbezogene Merkmale, Merkmale der Gruppe oder der Organisation z. B. (vgl. ebd.: 7).

Ferner hat die die praxisorientierte Forschung Gestaltungsparameter aufgestellt; eine Übersicht über ausgewählte Studien liefern z. B. Puccio und Cabra (2010: 152). Die Forschung zu Kreativität in Organisationen, welche auch unter dem Begriff der ‚Workplace Creativity' behandelt wird, fußt auf diversen Theorien und liefert Ergebnisse zu verschiedenen Schwerpunkten (vgl. Anderson, Potočnik u. Zhou 2014: 1299ff.).

---

[96] Ausgewählte Studien, welche die Relevanz der jeweiligen Aspekte unterstützen finden sich ebenfalls bei Puccio und Cabra (2010: 151ff.).

In die frühen Studien zu dieser Thematik reiht sich beispielsweise eine oft zitierte Untersuchung von Amabile und Gryskiewicz (1987) ein. Sie leiten aus Interviews mit 120 Mitarbeiter*innen des Bereichs Forschung- und Entwicklung **kreativitätsförderliche Bedingungen** ab und ordnen sie in die Kategorien Freiheit, Zuspruch, Ressourcen und Zeit, Anerkennung, Herausforderung, sonstige Aspekte des Projektmanagements sowie sonstige Aspekte des organisationalen Klimas ein (vgl. ebd.: 13ff.).

Beispielsweise sollten *Freiräume* geschaffen werden (Amabile und Gryskiewicz (1987: 13), denn Kreativität braucht eine stressfreie, weitestgehend von Druck gelöste Umgebung (vgl. auch West u. Richter 2009: 215f.; vgl. Kaufman, Kornilov, Bristol et al. 2010: 222). Gänzlich frei von *Druck* sollte die kreative Umgebung dennoch nicht sein; letztlich ist die *Herausforderung* einer Tätigkeit maßgeblich für Motivation und damit auch Kreativität (vgl. Amabile und Gryskiewicz 1987: 18f.).

Eine auf Kreativität positiv wirkende Herausforderung ergibt sich im Wesentlichen aus der Komplexität der Aufgabenstellung (vgl. Oldham und Cummings 1996: 615f. u. 619ff.), wobei die gestellten Anforderungen den Workload nicht überschreiten dürfen (vgl. West u. Richter 2009: 215f.). Im besten Fall entsteht eine optimale Balance zwischen Herausforderung und Fähigkeiten, auch „Flow“ genannt (vgl. Csikszentmihalyi 1997: 111ff.). Dieser Schaffensrausch tritt dann ein, wenn Menschen mitunter sich selbst, ihre Umgebung und auch die Zeit vergessen (ebd.: 121) Die *Steuerung kreativer Prozesse* sollte deshalb einerseits ein großes Maß an Freiheit garantieren, andererseits auf ein konkretes Ziel hinlenken. Völlige Autonomie gibt keine Richtung vor, keinen Fokus und kann schließlich keine neuartigen und nützlichen Dinge hervorbringen (vgl. Albert u. Runco 1989).

Zwar wird kreative Leistung durch *divergentes Denken und Perspektivenwechsel* begünstigt, andererseits muss darauf geachtet werden, dass der Blick für das Wesentliche, d.h. das Kernproblem und die Nützlichkeit des Ergebnisses, nicht verloren geht (vgl. Kozbelt, Beghetto u. Runco 2010: 20); Ablenkung durch externe Einflüsse sollte vermieden werden (vgl. Amabile u. Gryskiewicz 1987: 20; Csikszentmihalyi 1997: 120). Dabei ist nicht das Loslösen von Umwelteinflüssen gemeint, denn eine Umgebung, reich an Stimuli und Inspiration, kann auch kreativitätsfördernd wirken (vgl. Csikszentmihalyi 1997: 133ff.; Ward 1969: 544ff.).

Neben der Sicherstellung *ausreichender Ressourcen*, einschließlich entsprechender Räumlichkeiten, Equipment, Informationen, finanzieller Mittel und Personal, muss die *Motivation* der Mitarbeiter gewährleistet sein (vgl. Amabile u. Gryskiewicz 1987: 16ff.). Im sozialen Umfeld der Kreativen sollte deshalb ein Mechanismus etabliert werden, um beispielsweise Ideen zuzulassen (ebd.). Zudem sollten *Kollaboration und Kooperation* bereichs- und hierarchieübergreifend hergestellt (ebd.) werden, vorausgesetzt, dass sie tatsächlich Kreativität fördern und nicht durch Gruppennormen eingrenzen (vgl. Sternberg u. Lubart 264f.).

Für die Gestaltung kreativer Prozesse ist prinzipiell davon auszugehen, dass ungeachtet dessen ob Kollaboration vorliegt oder nicht, Kreativität immer ein sozialer Prozess ist (siehe dazu Kapitel 3.2.).

Zusammenfassend lässt sich feststellen: Die beschriebenen Komponenten, darunter vor allem die Motivation zu kreativem Handeln, werden durch das Umfeld beeinflusst (vgl. z. B. Amabile 1997: 46ff. u. 1996: 131ff.; Sternberg u. Lubart 1995: 251). Einigen Faktoren wird eine Wirkung auf den kreativen Prozess unterstellt, darunter die Aufgabenstellung, Bewertung, Belohnung oder Kooperation (vgl. z. B. Amabile 1996 131ff., Sternberg u. Lubart 1995: 251ff.; siehe auch

Kapitel 2.3.2.). Wie die Wirkung dieser Faktoren im kreativen Umfeld wahrgenommen wird, ist dabei subjektiv zu bewerten. Es gibt nicht ‚die eine' kreative Umgebung; die Persönlichkeit des Einzelnen bestimmt, wie kreativitätsfördernd oder –hemmend eine Umgebung wahrgenommen wird (vgl. Csikszentmihalyi 1997: 133).

3.2 Sozialer Kontext kreativer Ideenentwicklung

„You can choose to follow the crowd,
or you can choose to go your own way."
(Sternberg u. Lubart 1995: 76)

Neben eher physikalischen Umweltbedingungen gibt es soziale Aspekte des kreativen Umfelds – sei es die Unterstützung im sozialen Umfeld oder die Wertung und Anerkennung durch andere, ohne die kreative Leistung gar nicht als diese wahrgenommen werden würde (vgl. Runco 2014: 145). In den letzten ca. drei bis vier Jahrzehnten wuchs das Interesse an der Interaktion in kreativen Prozessen (vgl. Moran 2010: 77). Auch wenn Kreativität das Ergebnis kreativen Verhaltens Einzelner ist, so beruht sie auf Interaktion und Beziehungen von Individuen oder Gruppen untereinander (vgl. u. a. Csikszentmihalyi 1988: 325; Simonton 2000: 154; Perry-Smith u. Shalley 2003: 91).

Verschiedene Sichtweisen wurden entwickelt, um den sozialen Charakter kreativer Prozesse zu erfassen. So entstand beispielsweise eine systembasierte Sichtweise (z. B. Csikszentmihalyi 1999) welche erklären soll, dass Kreativität im Grunde nie ein rein individueller Prozess ist. Kreativität ist nicht das Produkt

Einzelner, erst die Beurteilung im sozialen System lässt Ideen kreativ werden (Csikszentmihalyi 1999: 314f.)[97]

Inwieweit soziale Beziehungen Kreativität beeinflussen, thematisieren zudem Netzwerktheorien. Eine sozialpsychologische Sichtweise auf Kreativität erfordert letztlich die Positionierung von Kreativen innerhalb ihrer sozialen Netzwerke einschließlich sozialer Einflüsse (vgl. Simonton 1984: 1273; Brass 1995: 94). Einige Theorien und Untersuchungen konzentrieren sich auf Beziehungen in diesen sozialen Netzwerken (siehe v. a. Brass 1995 in Anlehnung an Granovetter 1973; Perry-Smith u. Shalley 2003; Zhou, Shin, Brass et al. 2009: 1546).[98]).

Allein die Größe oder Stärke eines sozialen Netzwerkes oder auch die Position darin ist kein Indikator für Kreativität (vgl. Kim, Shin, Shin et al. 2016: 2) Die Art und das Ausmaß, wie Einzelne im Netzwerk agieren ist abhängig von persönlichen Komponenten wie Wissen, Persönlichkeit, Motivation aber auch von der Rolle, welche das Individuum im sozialen Netzwerk einnimmt (vgl. ebd.: 2f.; Baer 2010: 594ff.; Anderson 2008: 54ff.; Zhou, Shin, Brass et al. 2009: 1546ff.) Wichtige Grundlage für die Annahme, dass diese Komponenten den Umgang mit sozialen Bindungen begründen, sind zum einen Komponentenmodelle, auf welche bereits zuvor in dieser Arbeit Bezug genommen wurde. Daneben spielen Theorien zu organisationaler Kreativität eine wichtige Rolle (vgl. auch Kim et al.: 5ff.).

---

[97] Kreative müssen andere von der Kreativität ihrer Leistung überzeugen, denn erst wenn die Idee zu einer Veränderung in einer existierenden Domäne (z. B. Musik, Chemie, Religion) geführt hat, kann sie als kreativ bezeichnet werden (vgl. ebd.) Eine Veränderung in einer Domäne kann erst einsetzen, wenn Experten als Gatekeeper einer Domäne sie dort anerkennen (Csikszentmihalyi 1999: 314ff.). Ob und wie eine Veränderung in einer Domäne Einzug hält, können lediglich fähige Beobachter einschätzen, welche so vertraut mit der entsprechenden Domäne sind, dass sie über die Zeit hinweg selbst implizite Kriterien aufgestellt haben, um die Kreativität einer Idee bewerten zu können (vgl. Hennessey u. Amabile 1988: 15).

[98] Annahmen sind u. a., dass starke Verbindungen eher mit Konformität einhergehen, was Kreativität mindere, zudem erfordern sie Kontaktpflege und könnten deshalb von der eigentlichen Aufgabe ablenken (vgl. ebd.: 93ff.).

3.2.1 Organisationale Kreativität

Die Rolle von Kreativität im organisationalen Kontext wurde in der Forschung mehrfach aufgegriffen, manifestiert sich in verschiedenen theoretischen Ansätzen und Modellen (vgl. Anderson, Potočnik u. Zhou 2014: 1299ff.; Puccio u. Cabra 2010: 148ff.). Die Betrachtung von **organisationaler Kreativität** kann auf verschiedenen Leveln erfolgen (vgl. Anderson et al. 2014: 1300):

- Individualebene
- Teamebene
- Organisations- bzw. Unternehmensebene

Anderson et al. (2014) nennen verschiedene Einflussfaktoren auf organisationale Kreativität und lehnen dabei ihre Ausführungen stark an das Modell der interaktionistischen Perspektive von Woodman, Sawyer und Griffin (1993) an. Diese lieferten eine der ersten grundlegenden Theorien in diesem Bereich und definieren organisationale Kreativität als das Schaffen von nützlichen und neuen Produkten, Dienstleistungen, Ideen, Prozeduren oder Prozessen innerhalb eines komplexen sozialen Systems im organisationalen Kontext (vgl. ebd.: 293).[99] In Anlehnung an die ‚vier Ps' der Kreativität (vgl. Rhodes 1961: 307ff.; Schlicksupp 2004: 33ff.; Kozbelt, Beghetto u. Runco 2010: 24f.) gehen sie davon aus, dass das Verständnis organisationaler Kreativität wiederum das Verständnis (1) des kreativen Prozesses (2) des kreativen Produktes, (3) der kreativen Person sowie der (4) kreativen Situation voraussetzt und ergänzen zudem um einen weiteren Aspekt: (5) die Art und Weise wie diese Komponenten miteinander interagieren (vgl. ebd.: 294). Sie beziehen sich in ihren Ausführungen auf eine modellhafte Darstellung von Woodman u. Schoenfeldt (1990).

---

[99] Woodman, Sawyer und Griffin (1993) ordnen organisationale Kreativität in den Kontext der Innovation ein (vgl. ebd.: 293).

Woodman u. Schoenfeldt (1990) betrachten in ihrem **"interactionist model of creativity"** (siehe Abbildung 6) kreatives Verhalten (V) als komplexes Wechselspiel von Person und Situation (vgl. ebd.: 284f.): „Creative behavior is a complex person-situation interaction influenced by events of the past as well as salient aspects of the current situation" (ebd.: 288).

Die Personenkomponente beinhaltet sowohl Merkmale der Persönlichkeit (PM) als auch kognitive Fähigkeiten (KF); die Situation wird bestimmt durch Kontextmerkmale (KM) sowie sozialen Einfluss (SE) (vgl. edb.: 285). Hinzu kommen der Situation vorangestellte, gewissermaßen vorprägende Bedingungen (VB), die sich durch Sozialisierungsprozesse im Allgemeinen, aber auch durch Geschlecht oder sozioökonomischen Status ergeben (vgl. ebd.). Letztlich bedingen die Konsequenzen (K) wiederum die Kontextbedingungen sowie die Person (O) in Folge von Feedback (vgl. ebd.: 286).

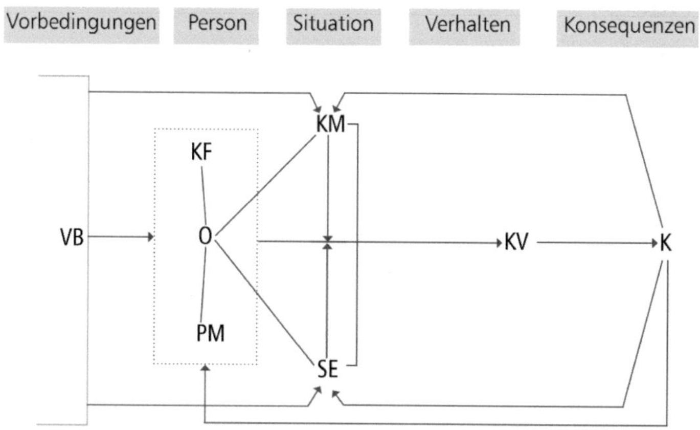

Abbildung 6: Interaktionistisches Modell kreativen Verhaltens nach Woodman u. Schoenfeldt (vgl. ebd. 1990: 285)

Kreatives Verhalten (KV) ist demnach situationsabhängig und wird bedingt durch Kontextmerkmale (KM), wie physikalische Bedingungen aber auch soziale

Gegebenheiten, welche wiederum soziale Einflüsse implizieren – abhängig von der Persönlichkeit der kreativen Person (PM) und ggf. geprägt durch bestimmte Vorbedingungen (VB). Woodman und Schoenfeldt (1990: 285) erläutern ihr Modell u. a. mit nachfolgenden Ankerbeispielen (siehe Tabelle 3).

Sowohl kognitive als auch nicht-kognitive, persönlichkeitsbezogene Aspekte werden im Modell als Organismus- bzw. Personenkomponente in Beziehung zu kreativem Verhalten gesetzt. Kognitive Fähigkeiten, im Modell auch cognitive style/abilities genannt, schließen also wissensbezogene Attribute ein, wobei Wissen hier offenbar auch auf Vorbedingungen in Form von Erlerntem beruht.

Tabelle 3: Komponenten im Modell von Woodman u. Schoenfeldt (vgl. ebd.1990: 285)

Modellkomponenten[100]	**Merkmale**
Vorbedingungen (VB)	Erlebtes, Erlerntes, Sozialisierung, biografische Variablen wie Geschlecht, Stellung innerhalb der Familie, Geschwisterreihenfolge, etc.
Organismus bzw. Person (O)	Einstellungen, Werte, Intention, motivationale Orientierung, individuelle Besonderheiten, etc.
Kognitive Fähigkeiten (KF)	kognitive Komplexität, divergentes Denken, verbale/ideenbezogene ‚Flüssigkeit', Problemlösestil, Offenheit, Feldunabhängigkeit bzw. –abhängigkeit, etc.
Persönlichkeitsmerkmale (PM)	Kontrollüberzeugung, Dogmatismus, Autonomie, Selbstwertgefühl, Narzissmus, Intuition, etc.
Kontextmerkmale (KM)	physikalische Umgebung, Kultur, Gruppen-/Organisationsklima, aufgaben- und zeitbezogene Vorgaben, etc.
Sozialer Einfluss (SE)	soziale Erleichterung, Bewertungserwartung, Belohnung/Bestrafung, Rollenbilder, etc.[101]

[100] Zu ergänzen sind B (Verhalten) und C (Konsequenzen), wofür Woodman u. Schoenfeldt (1990: 285) in ihrer Auflistung jedoch keine Ankerbeispiele nennen.

[101] Die beispielhafte Auflistung ließe sich erweitern. Anderson et al. (2014) führen in ihrer Literaturarbeit weitere Faktoren (auf Individualebene) auf, wie z. B. Selbstkonzept und Identität (vgl. ebd.: 1305).

Der situative Kontext schließt sowohl kontextuelle als auch soziale Einflüsse ein, wobei beide miteinander verbunden sind (vgl. ebd.: 286). Je nachdem welcher Schwerpunkt in der Erforschung kreativen Verhaltens gesetzt wird, kann sich die Beobachtung auf verschiedene Verbindungen im Modell konzentrieren – im Fall einer sozialpsychologischen Perspektive z. B. eher auf die Verbindung SE-O-KV, also mit Fokus auf soziale Einflüsse (vgl. ebd.: 286). Idealerweise werden in einer interaktionistischen Sichtweise alle Verbindungen umfänglich betrachtet, wenngleich die Komplexität enorm ist (vgl. ebd.)

Eine Erweiterung des Modells liefern Woodman, Sawyer u. Griffin (1993), wobei sie Individualebene von Gruppen- und Organisationsebene unterscheiden (vgl. ebd.: 294ff.) In diesem Modell versuchen Woodman et al. (1993) darzustellen, dass Individuen, Gruppen, und organisationale Faktoren kreative Prozesse und Situationen beeinflussen, aus welchen die kreative Leistung der Organisation als solche hervorgeht (vgl. ebd.: 295ff.). Wichtige, die organisationale Kreativität bedingende, Verbindungen bestehen danach zwischen den vier Ps der Kreativität: Person, Prozess, Produkt und Place, wobei letzterer durch die Situation gekennzeichnet wird (vgl. ebd.: 309). Diese stehen in dem Modell in diversen Beziehungen zueinander (siehe Abbildung 7), wobei der Prozesscharakter durch die Transformation eines Inputs (aus zahlreichen Faktoren auf individueller Ebene, Gruppen- und Organisationsebene) in einen Output (kreatives Produkt auf Organisationsebene) gekennzeichnet ist (vgl. ebd.).

Fortwengel, Schüßler und Sydow (2016) schätzen das Modell als erste Theorie zur organisationalen Kreativität, kritisieren jedoch dessen statischen Charakter (vgl. ebd.: 7). Gegenüber stellen Fortwengler et al. (2016) u. a. die Theorie von Drazin, Glynn und Kazanjian (1999), welche Kreativität in Anlehnung an Woodman und Griffin zwar auch als Multilevel-Konstrukt verstehen, welches sie jedoch als Sequenz von Ereignissen und Entscheidungen beschreiben (vgl. ebd.: 290; sowie Fortwengel et al. 2016: 7f).[102]

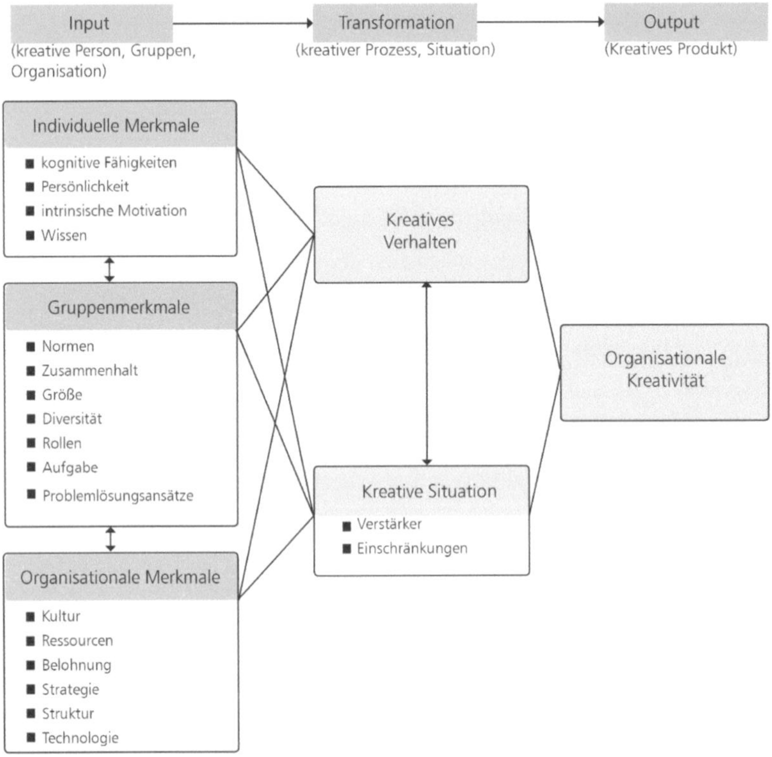

Abbildung 7: Person, Prozess, Produkt und Situation organisationaler Kreativität nach Woodman, Sawyer u. Griffin (1993: 309)

[102] Drazin et al. (1999) erläutern einen iterativen Prozess, in welchem Individuen Ideen in Gruppen einbringen, von der Gruppe lernen, eigens erarbeiten, um dann wieder in Gruppenarbeit die Idee modifizieren und erweitern (vgl. ebd. 291).

Zusammenfassend bleibt festzuhalten, dass die Modelle von Woodman et al. (1990 u. 1993) relevante Faktoren aufzeigen und sie in Relation setzen. Sie stellen mindestens ein Grundgerüst zur Verfügung, um der Frage nachzugehen, welche Aspekte sozialen Kontext bedingen. In Bezug auf die Frage nach der Rolle des sozialen Kontextes, zeigen sie auf, dass sozialer Kontext nie isoliert zu betrachten, sondern in einem Konstrukt verschiedener Größen zu beleuchten ist.[103] Dazu gehören v. a. personenbezogene Merkmale des Individuums sowie weitere kontextuelle Merkmale. Eine Betrachtung der vier Ps in ihrer Gesamtheit bietet sich deshalb für eine weitergehende Untersuchung an.

3.2.2 Situationen sozialen Einflusses

Woodman und Schoenfeldt (1993) nennen in ihrem Modell (Kapitel 3.2.1) u. a. Sozialen Einfluss als situationsdefinierende Größe (vgl. auch Anderson et al. 2014: 1307). **Sozialer Einfluss** ist an sich vielmehr als Veränderung von Variablen zu verstehen:

> Sozialer Einfluss beschreibt die Veränderung von Urteilen, Meinungen, Einstellungen, Werten oder Verhaltensweisen von Personen und hat vielfältige Ursachen sowie Auswirkungen (vgl. van Avermaet 2002: 452; Hewstone u. Martin 2007: 360).

Bereits die **bloße Anwesenheit** („mere presence“) anderer Personen bzw. das Gefühl der Wahrnehmung durch Andere, kann Effekte wie soziale Erleichterung bzw. Hemmung bedingen (vgl. Forgas 1995: 244ff.).[104] Soziale Einflüsse sind

[103] Deutlicher wird die gesamtheitliche Betrachtungsweise dieser Zusammenhänge, wenn klar wird, dass auch z. B. vermeintlich physikalische Gegebenheiten letztlich i. d. R. durch Personen geschaffen werden (vgl. auch Runco 2014: 146f.).

[104] Interaktion ist gemäß einer soziologischen Auslegung dann gegeben, wenn Personen zueinander in Beziehung treten (vgl. Jäckel 1997: 91). Sie wird dann zu Kommunikation, wenn die interagierenden Personen ihre Intentionen erfüllen konnten und ein Mitteilungs-Verstehens-Prozess abgeschlossen wurde (vgl. Burkart 1998: 30ff.).

vielfältig; ihre Erforschung deckt sich im Prinzip mit der Sozialpsychologie (vgl. Latané 1981: 343; van Avermaet 2002: 452; Güttler 1996: 4). In der Kreativitätsforschung ist sozialer Einfluss konstitutiv. Selbst wenn ein kreatives Produkt aus der Arbeit eines Einzelnen hervorgegangen ist, so ist Kreativität in dieser Auslegung immer ein sozialer Prozess, denn erst die Beurteilung im sozialen System lässt Ideen kreativ werden (vgl. Csikszentmihalyi 1999: 314f.) Die Balance aus Neuartigkeit und Nützlichkeit erschafft hier einen Zwiespalt, der für Kreativitätsforscher*innen besonders interessant zu sein scheint. Bislang untersucht wurden u. a. der Einfluss von Bewertung, Beobachtung und Co-Aktion bzw. Wettbewerb (vgl. z. B. Amabile, Hennessey u. Grossman 1986; Amabile, Goldfarb u. Brackfield 1990; Shalley 1995; Shalley u. Perry-Smith 2001; Perry-Smith 2006; Eisenberger u. Rhoades 2001; Baer, Oldham u. Cummings 2003).

Sozialer Einfluss ist das Ergebnis realer bzw. bewusster aber auch **eingebildeter Präsenz oder Aktivität Anderer** (vgl. Latané 1981.343). Er wird im Wesentlichen durch die **Einflussquelle** bestimmt, die durch Komponenten wie Einflussstärke, Nähe und Anzahl charakterisiert wird.[105] Die grundlegendste Form sozialen Einflusses ist soziale Erleichterung („social facilitation") bei Anwesenheit anderer (vgl. Triplett 1898: 507; Zajonc 1965: 270; Guerin 1986: 38ff.; Allport 1924: 268). Zajonc (1965:270) stellte auf Basis der Arbeiten von Allport und einer Reihe weiterer Forschungsarbeiten zum Effekt der ‚Sozialen Erleichterung'[106] die Annahme auf, dass die Leistung bei erlernten bzw. einfachen Aufgaben durch die

[105] Einflussstärke wird insbesondere durch Merkmale wie Statur, Alter aber auch der Beziehung zum Subjekt gekennzeichnet ist. Nähe drückt sich sowohl physisch als auch zeitlich aus und bedeutet, dass keine Grenzen oder Filter zwischen Quelle und Subjekt liegen (vgl. Latané 1981: 344).

[106] Zajonc listete eine Reihe von Versuchen auf, darunter auch Versuche mit Tieren. Die Übertragbarkeit auf menschliche soziale Einflüsse ist strittig (vgl. dazu auch Witte 1979: 25).

Anwesenheit anderer gesteigert, dagegen in Lernsituationen, d. h. bei komplexeren Aufgaben vermindert würde (vgl. ebd.: 270ff.).[107]

> Als soziale Erleichterung bzw. soziale Hemmung werden solche Effekte bezeichnet, bei denen die Anwesenheit anderer zur Leistungssteigerung bzw. Leistungshemmung führt.

Bloße Anwesenheit allein kann die Effekte von Leistungssteigerung oder –minderung nicht erklären. Auch Witte (1979) schlussfolgert, dass die bloße Anwesenheit von Personen nicht genügt, um soziale Erleichterung zu bewirken: Die Personen müssen in einer sozialen Situation zusammenkommen und Beziehungen zueinander herstellen (z. B. als Beobachter und Beobachteter), wobei die Interpretation der sozialen Situation ausschlaggebend ist, d. h. kognitive Prozesse verursachen letztlich den besagten Antrieb (vgl. ebd.: 30f.) Ein Fernbleiben jeglicher Interaktion, wie Guerin (1986: 39) den Zustand bloßer Anwesenheit beschreibt, scheint danach kaum das beschriebene Verhalten erklären zu können.

In der Forschung ist bis heute strittig, wie soziale Erleichterung entsteht (vgl. Herfordt 2008: 6). Experimentalsettings konnten störende Einflussfaktoren bisher nicht einwandfrei ausschließen, um den Effekt bloßer Anwesenheit einwandfrei untersuchen zu können (ebd.: 9).[108]

Cottrell (1972) erklärt den Effekt mit der Annahme, Menschen seien unter Beobachtung deshalb erregter, da sie **erwarten bewertet zu werden** (vgl. ebd.: :

---

[107] Als Co-Aktion beschreibt Zajonc (1965: 270 u. 273) Situationen in denen anwesende Personen simultan mit der gleichen Aufgabe befasst sind ohne dass Hinweise gegeben bzw. Informationen ausgetauscht werden. Als „Drive“ wird in diesem Kontext ein erhöhter Antrieb dominanter Reaktionen verstanden (vgl. Zajonc u. Matlin 1968: 455).

[108] Strittig ist in diesem Kontext gewissermaßen, ob bloße Anwesenheit eine situative Bedingung ist, welche z. B. den Effekt der Erwartungshaltung provoziert, oder ob bloße Anwesenheit als alleinige Einflussvariable ausreicht, um Antriebssteigerung zu erklären. Erste Studien zur sozialen Erleichterung waren vor allem Versuche mit Tieren, in deren Rahmen derlei Erklärungsversuche wie Bewertungserwartung keinen Platz hatten.

227f.).[109] Danach erscheint es logisch, dass Erregung durch Zuschauer*innen oder gar Co-Akteur*innen die Bewältigung einfacher Aufgaben vereinfacht, bei neuen oder komplexen Aufgaben jedoch eher hemmt. Hunt u. Hillery (1973) kamen zu eben diesem Schluss in ihrer Experimentaluntersuchung mit 84 Studierenden (vgl. ebd.: 566ff.).

Sanders und Baron (1975) argumentieren hingegen mit dem Aspekt der Ablenkung: Die Antriebserregung wird demnach durch einen Konflikt zwischen Aufgabe und sozialem Stimuli herbeigeführt (vgl. Sanders, Baron u. Moore 1978:). Entgegen üblicher Annahmen kann diese Ablenkung den Antrieb dahingehend sogar erhöhen, dass unter gewissen Umständen (z. B. einfache Aufgabenstellung) auch eine Leistungssteigerung möglich ist (vgl. Sanders u. Baron 1975: 962f.). Als eine wesentliche Ursache für diese Ablenkung sehen Sanders, Baron und Moore (1978) **soziale Vergleichsprozesse** (vgl. ebd.: 292ff.). Individuen in Publikums- oder Co-Akteurs-Situationen wollen ihr Verhalten als adäquat wissen, weshalb sie ihre Leistung mit der von Co-Akteur*innen oder ihre Meinung bzw. Meinung zu einer Leistung mit der des Publikums vergleichen (vgl. ebd.). Das wiederum führt dazu, dass sie sich durch andere (sozialer Stimuli) ablenken lassen.[110]

Inwieweit diese Ablenkung ausschlaggebend ist, oder ob doch eher eine Anpassung vorliegt, ist nicht eindeutig. Überzeugend scheint in jedem Fall der Ansatz

---

[109] Cottrell, Sekerak, Wack et al. (1968) überprüften die Annahme, dass die bloße Anwesenheit soziale Erleichterung herbeiführe. Sie fanden in einem Experiment (n= 45) heraus, dass Zuschauer*innen zwar diesen Effekt bewirken, dass Anwesende, welche weder beobachten noch beteiligt sind, hingegen keinen Einfluss auf die Aufgabenbewältigung haben (vgl. ebd.: 248ff.).

[110] In einem Experiment mit 190 Studierenden fanden Sanders, Baron und Moore (1978) heraus, dass Personen in Co-Aktion eine signifikant bessere Leistung erbrachten, wenn sie eine einfache Aufgabe zu bearbeiten hatten und dem Druck ausgesetzt waren, sich mit der anderen Person zu vergleichen. Dieser Druck sollte ausgelöst werden, indem den Proband*innen zuvor mitgeteilt wurde, dass ihre Fähigkeit eingeschätzt wurde, in der entsprechenden Kontrollgruppe sollten sie lediglich ihren Eindruck von der Aufgabe wiedergeben (vgl. ebd.: 294f.).

zu sein, soziale Vergleichsprozesse zur Erklärung sozialer Erleichterung und Hemmung in Co-Aktions-Situationen heranzuziehen. Da in Situationen bloßer Anwesenheit bzw. angenommener Anwesenheit von Zuschauer*innen keine sozialen Stimuli vorhanden sind, deren Leistung zum Vergleich herangezogen werden können, ist der Aspekt der Bewertungserwartung naheliegend.

3.2.2.1 Bewertungserwartung in Situationen bloßer Anwesenheit

Amabile (1996) fasst die Kernaussagen der Forschung zur Sozialen Erleichterung für die Kreativitätsforschung wie folgt zusammen: Wenn die Anwesenheit anderer die Erregung des Kreativen bei der Bearbeitung heuristischer und damit komplexer Aufgaben erhöht und ihn überdies Bewertung erwarten lässt, dann würde die kreative Leistung eher gemindert (vgl. ebd.: 182).

Fraglich ist dennoch, wie sich die Ergebnisse auf heuristische Aufgaben übertragen lassen. Laut Herfordt (2008) wurden im Bereich der Sozialen Erleichterung eher motorische Leistungen geprüft, bei denen Menge oder Bearbeitungszeit als Indikatoren herangezogen wurden (vgl. ebd.: 11).

Es lassen sich wenige Studien finden, welche den Effekt der Sozialen Erleichterung auf Kreativität untersuchen: In einer Studie von Matlin und Zajonc (1968) zur Untersuchung der Anwesenheit von Zuschauer*innen waren 40 Studierende dazu angehalten, Wortassoziationen zu bilden, einmal allein, dann in Anwesenheit eines Beobachters. Die Probanden nannten in Anwesenheit der beobachtenden Person mehr Assoziationen in kürzerer Zeit, gaben jedoch eher ‚einzigartige', d.h. originellere Antworten, wenn sie alleine waren (vgl. ebd.: 457ff.). Die Rolle der beobachtenden Person sollte im besagten Experiment keine Rivalität hervorrufen oder Bewertung erwarten lassen (Matlin u. Zajonc 1968: 456).

Fraglich ist, inwieweit die Erwartungshaltung einer Person hinsichtlich der Bewertung durch andere wirklich ‚ausgeschaltet' werden kann. In experimentellen

Versuch testeten Amabile, Goldfarb und Brackfield (1990) den Effekt der Erleichterung unter Ausschluss der Erwartung, bewertet zu werden. Mittels postexperimentellem Fragebogen fanden sie heraus, dass die Anwesenheit eines Publikums, auch wenn dieses explizit als nicht-wertend beschrieben wurde, Bewertungserwartungen implizierte (vgl. ebd.: 16).

Ob bloße Anwesenheit tatsächlich einen Effekt auf kreative Prozesse hat, ohne dass irgendeine Interaktion stattfindet, ist nur schwer zu beantworten, zumal, wie oben beschrieben, ohnehin davon auszugehen ist, dass Personen erst in Beziehung zueinander treten müssen, damit soziale Effekte auftreten können.

Auffällig ist, dass Bewertung bzw. Bewertungserwartung eine offenbar wichtigere Rolle in diesen Prozessen spielt. Dennoch weisen Studien oft zu unterschiedliche Bedingungen auf, um sie vergleichbar zu machen. Maginn und Harris (1980) konnten in ihrer Studie mit 152 Schüler*innen beispielsweise keinen Effekt von antizipierter Bewertung auf die Leistung feststellen (vgl. ebd.: 222). Sie selbst führen als mögliche Erklärung für die Ergebnisse an, dass die Bewertung zwar angekündigt wurde, jedoch die Bewertenden im Experiment hinter einer Glasscheibe und damit nicht physisch anwesend waren (vgl. ebd.: 224).[111]

3.2.2.2 Bewertung und sozialer Vergleich in Situationen der Co-Aktion

Die Kreativitätsforschung hat diverse Experimentalstudien hervorgebracht; oft verknüpft damit sind Untersuchungen des Einflusses von Wettbewerb bzw. Be-

[111] Ob die nicht-physische Anwesenheit hier tatsächlich ausschlaggebend war, ist nicht eindeutig. Diehl und Stroebe (1987) verweisen auf die zwei im Experiment von Maginn und Harris (1980) gestellten Vergleichsaufgaben, welche sie wiederum für eher ungeeignet halten, so bezeichnen sie beispielsweise die Brainstorming-Frage nach den ‚Vor- und Nachteilen eines zusätzlichen Daumens' als „[...] so obviously irrelevant that subjects even competed in producing silly ideas" (Diehl u. Stroebe 1987: 502).

lohnung auf die Kreativität. Wettbewerb kombiniert letztlich Bewertung und Belohnung miteinander (vgl. Amabile 1996: 239).[112] Grundlage für Belohnung im Wettbewerb ist wiederum die Bewertung der Leistung.

Einige Studien hierzu weisen auf einen vermeintlich positiven Einfluss von Bewertung auf kreative Leistung hin (z. B. Torrance 1965: 141ff.; Raina 1968: 218f.), andere Studien zeigen einen negativen Einfluss (z. B. Amabile 1979: 226ff. u. 1982: 575ff.; Amabile, Goldfarb und Brackfield 1990: 11ff.; Koestner, Ryan u. Bernieri et al. 1984: 242f.).

Hennessey (2003) fasst die Wertung der Ergebnisse wie folgt zusammen:

> "[...] people are highly complicated organisms, and rewards and evaluations are promised and awarded under a complexity of circumstances" (ebd.: 198).

Diese Bedingungen lassen sich u. a. in der Person sowie im Umfeld des bzw. der Kreativen wiederfinden. So wie Deci, Koestner und Ryan Unterschiede zwischen Kindern und Studierenden feststellten (vgl. ebd.: 656), so gibt es weitere Aspekte, welche den Einfluss von Belohnung bedingen, darunter *personenbezogene Variablen* wie z. B. das Geschlecht der Proband*innen (vgl. Conti, Collins u. Picariello (2001: 1275ff.)[113] sowie *umweltbezogene Variablen*. Letztere können beispielsweise sein: die Größe bzw. Geschlossenheit und Offenheit von Gruppen (vgl. Baer, Leenders, Oldham et al. 2010: 830ff.), die Adressierung der Belohnung an ein gesamtes Team oder an den Einzelnen (vgl. Chen, Williamson u. Zhou 2012: 1891ff.), oder die Art der Belohnung (vgl. Byron u. Khazanchi 2012: 811ff.).

---

[112] Inwieweit Belohnung hier auch Anerkennung sein kann, muss noch geklärt werden.

[113] Während die männl. Probanden unter Konkurrenz kreativer waren, schien die Kreativität der Probandinnen eingeschränkt zu sein (vgl. ebd.).

Es ist schließlich nicht die Bewertung oder Belohnung selbst, welche auf die kreative Leistung wirkt; vielmehr ist der persönliche Kontext einer jeden Person ausschlaggebend in welchem sie eine Wertung oder versprochene Belohnung interpretiert (vgl. ebd.: 197) sowie darüber hinaus die Art und Weise in welcher Feedback präsentiert wird (vgl. Koestner, Ryan u. Bernieri et al. 1984: 234).

Wettbewerbssituationen sind nicht durch bloße Anwesenheit anderer geprägt, sondern durch Co-Aktion, d. h. eine weitere Person ist nicht nur anwesend, sondern mit der gleichen Aufgabe beschäftigt und dient damit als sozialer Stimulus (vgl. Sanders, Baron u. Moore 1978: 292ff.). Dabei muss Bewertung nicht zwangsläufig einen Einfluss auf die kreative Leistung haben, allein die Co-Aktion kann kreatives Handeln beeinflussen. Shalley (1995) untersuchte den Effekt von Co-Aktion und Bewertung auf die Kreativität von 84 Studierenden, die entweder allein oder in Anwesenheit weiterer Studierender arbeiteten, welche mit der gleichen Aufgabe beschäftigt waren (ebd.: 490). Die Untersuchung ergab, dass der kreative Output der Personen, welche einzeln arbeiteten, signifikant als kreativer bewertet wurde. Die Annahme, dass Kreativität durch erwartete Bewertung gemindert würde, konnte jedoch nicht bestätigt werden.[114] Sanders, Baron u. Moore (1978) sehen einen wesentlichen Grund für derartige Einflüsse im sozialen Vergleich (vgl. ebd.: 293). Auch nachfolgende Studien weisen auf einen Zusammenhang hin (vgl. dazu v. a. Monteil u. Huguet 1993: 628ff.; vgl. auch Muller, Atzeni u. Butera: 2004: 660f.).

---

[114] Jedoch geht nicht klar hervor, ob eine Bewertung auch ohne expliziten Hinweis auf den nachträglichen Vergleich der kreativen Ergebnisse von den Proband*innen erwartet wurde.

Der Vergleich mit anderen hilft Menschen im Allgemeinen, sich in der Gesellschaft einzuordnen; überdies gibt er ihnen die Möglichkeit sich selbst einzuschätzen. Festinger (1954) stellte diesbezüglich die **Theorie des Sozialen Vergleichs** auf.

> Die Theorie des Sozialen Vergleichs konkretisiert die Annahme, dass sich Individuen mit anderen vergleichen, um die Legitimität und Relevanz ihrer Meinungen, Einstellungen aber auch Fähigkeiten einzuschätzen bzw. zu bestätigen (vgl. ebd.: 117).

Dieser helfe Ihnen, die entsprechende Situation zu bestimmen und Erwartungen an den oder die Andere(n) sowie an sich selbst zu erkennen (vgl. auch Goffman 2012: 5). Während Intragruppenvergleiche im Sinne von Festingers Theorie darauf abzielen, Dissonanz zu vermeiden, so dienen Intergruppenvergleiche eher dazu, sich und die ‚eigene' Gruppe von fremden Gruppen abzugrenzen (vgl. Tajfel 1974:72).

Nach Festinger (1954) vergleichen sich Individuen mit ihrer „sozialen Realität", wenn die „physische Realität" nicht herangezogen werden kann, um Fähigkeiten und Meinungen zu ‚testen' (vgl. ebd.: 119).[115] Beim Vergleich orientieren sich Menschen an anderen, die ihnen gewissermaßen ähnlich sind (vgl. ebd.: 120f.),[116]

[115] Fähigkeiten können an sich nicht direkt beobachtet werden, deshalb wird, (wie auch in der genannten Untersuchung) eher die Leistung (z. B. Punktzahl) beobachtet, um dann Annahmen über die Fähigkeiten zu generieren (vgl. Goethals u. Darley 1977: 260). Fähigkeiten von Leistungen abzuleiten ist jedoch vage (vgl. edb.).

[116] Krueger (2000) vermutet, dass Menschen ihre soziale Umgebung kennenlernen, indem sie ihre eigenen Eigenschaften auf andere Menschen projizieren und so andere Individuen finden, welche ihnen mutmaßlich (ihrer Fantasie entsprechend) ähneln (vgl. ebd.: 324).

d.h. welche ihnen hinsichtlich leistungs- oder meinungsbezogener relevanter Attribute ähneln (vgl. Wheeler, Shaver u. Jones et al. 1969: 231; Goethals u. Darley 1977: 265; Wheeler u. Zuckerman 1977: 335).[117]

Ähnlichkeit oder Attraktivität sind nicht immer zugrundeliegende Variablen (vgl. Fischer u. Wiswede 2002: 159). Bzgl. der Einschätzung eigener Fähigkeiten orientieren sich Menschen nicht nur horizontal, sondern auch vertikal nach unten bzw. oben (vgl. ebd. 2002: 159). Fähigkeitsvergleiche sind prinzipiell möglich mit gleichgestellten, bevorteilten Anderen sowie benachteiligten Anderen (vgl. Goethals u. Darley 1977: 266f.).[118] Wheeler, Koestner u. Driver (1982) konnten in einer Untersuchung ihre Annahme bestätigen, dass sich Personen eher mit jenen vergleichen, welche ihnen hinsichtlich ihrer leistungsbezogenen Attribute ähnlich sind, allerdings aufwärtsgerichtet, d. h. zudem bessere Leistungen erzielt haben (vgl. ebd.: 497).[119]

Für die Verarbeitung von Informationen über die eigene Person sowie die Umwelt spielt das **Selbstkonzept** eine wichtige Rolle.

> „Unter dem Selbstkonzept einer Person wird die Gesamtheit (die Summe, das Ganze, der Inbegriff etc.) der Einstellungen zur eigenen Person verstanden“ (Mummendey 1997: 281).

Mummendey (1997) beschreibt Selbstkonzepte als „[…] mehr oder weniger generell […] und spezifisch, nur für bestimmte Situationen, gültig […]“ (ebd.: 282).

---

[117] Sportler*innen würden ihre Fähigkeiten demnach mit anderen vergleichen, die ihnen ähnlich bzgl. bestimmter Merkmale sind, so z. B. hinsichtlich Alter, Erfahrung in der entsprechenden Disziplin oder auch Geschlecht (vgl. Wheeler, Koestner u. Driver 1982: 490).

[118] Bevorteiligt bedeutet hier: „[…] relatively advantaged on attributes related to performance […]” (Goethals u. Darley 1977: 266).

[119] Inwieweit der Vergleich auf das Fähigkeitsselbstkonzept rückkoppelt, erklärt Marsh (2005) anhand seiner Theorie des „Big-Fish-Little-Pond Effect” Die Grundannahme ist, dass Schüler*innen ihre eigenen schulischen Fähigkeiten mit denen ihrer Mitschüler*innen vergleichen und auf dieser Basis ihr akademisches Selbstkonzept formen (vgl. ebd.: 120f.).

Das Selbst ans sich ist nicht starr und überdauernd, sondern ist kontextgebunden (vgl. Werth u. Mayer 2008: 163), schwankt insbesondere durch Bewertung oder Vergleich mit anderen (vgl. Fischer u. Wiswede 2002: 351f.) Ebenso hat das (antizipierte) Urteil anderer „wichtiger Personen" einen Einfluss auf das Selbstkonzept (vgl. ebd.: 362).

Das Selbstkonzept ist auch in Bezug auf die Einschätzung eigener Fähigkeiten wichtig (vgl. Dickhäuser, Schöne u. Spinath et al. 2002: 394). Der Begriff Fähigkeitsselbstkonzept fasst alle „kognitiven Repräsentationen eigener Fähigkeiten" zusammen (Dickhäuser, Schöne, Spinath et al. 2002: 394).[120] Die Forschung zum Fähigkeitsselbstkonzept lässt sich laut Dickhäuser (2006) in zwei wesentlichen Punkten zusammenfassen: Einerseits beeinflussen erzielte Leistungen das **Fähigkeitsselbstkonzept** eines Menschen; andererseits bestimmt das Fähigkeitsselbstkonzept das Erleben und Verhalten von Menschen (vgl. ebd.: 6).

3.2.2.3 Bewertungserwartung und sozialer Vergleich in Gruppensituationen

Wenn aus Beobachter*innen Partner*innen werden und diese eine Aufgabe gemeinsam bearbeiten, um gemeinsame Ziele zu erreichen, kann von Zusammenarbeit bzw. Gruppenarbeit gesprochen werden. Wenn sie sich ferner als Team begreifen wird Zusammenarbeit zu Teamarbeit, wenngleich die Begriffe Teamarbeit und Gruppenarbeit nicht trennscharf gehandhabt werden (vgl. Antoni 2003: 351).

Auch wenn Interaktion oder Gruppenprozesse nicht im Zentrum der Erforschung sozialer Erleichterung stehen (vgl. auch Güttler 1996: 18), wo die bloße Anwesenheit von Zuschauenden, Nicht-Zuschauenden oder Co-Akteur*innen

---

[120] Im schulischen Kontext wird das Fähigkeitsselbstkonzept eher unter dem Begriff „akademisches Selbstkonzept" gehandelt (vgl. Dickhäuser 2006: 5).

untersucht wird, so kann sie trotzdem als Sonderform dieser betrachtet werden (vgl. ebd.; Amabile 1996: 182f.).

Diverse Vorteile von **Gruppenarbeit** gehen aus der Praxis und Forschung hervor; einige Beispiele nennen Paulus, Larey und Dzindolet (2001: 319f.): Der Wissensaustausch der Gruppenmitglieder kann ein Vorteil sein; ferner kann die Arbeit in Gruppen Teamgeist hervorrufen, was wiederum die Motivation und Moral Einzelner steigern kann (vgl. ebd.).

Vor allem in der Praxis hat sich die durch Osborn (1953) popularisierte **Brainstorming-Methode** weitgehend durchgesetzt (vgl. auch Paulus u. Brown 2003: 110f.) Dennoch lassen Studien Zweifel am Nutzen der Methode aufkommen.[121] Diehl und Stroebe (1987) listen eine Reihe an Vergleichen zwischen realen Gruppen (Proband*innen arbeiten in Kooperation) und nominalen Gruppen (Proband*innen arbeiten allein) auf (vgl. ebd.: 498). Von insgesamt 22 aufgeführten Experimenten beschreiben 18 eine Überlegenheit der nominalen Gruppen, vier stellen keinen Unterschied fest (vgl. ebd. 497f.)

Die gängigsten Erklärungsversuche für diesen **Produktionsverlust** sind neben Bewertungserwartung, wie sie bereits im allgemeinen Teil zur Sozialen Erleichterung erläutert wurde, Produktionsblockaden, Soziales Faulenzen und Soziale Anpassung:

Produktionsblockaden entstehen im verbalen Ideenaustausch insbesondere aufgrund von Wartezeiten, beispielsweise hervorgerufen durch entsprechende Regeln (z. B. andere ausreden lassen) (vgl. ebd.; siehe auch Lamm u. Trommsdorff 1973: 380). So kann es sein, dass Gruppenmitglieder nicht im gegebenen

---

[121] Zur Widersprüchlichkeit in Bezug auf Effektivität von Gruppenarbeit siehe auch Antoni 2003: 356.

Moment ihre Idee äußern dürfen und wieder vergessen oder als nicht mehr relevant bzw. originell verwerfen bzw. ihr Gedankengang durch zu lange Wartezeiten unterbrochen wird (vgl. ebd.; Stroebe u. Nijstad 2004: 5f.).[122] Im elektronischen Brainstorming sind Blockaden dieser Art nicht gegeben (vgl. z. B. Gallupe, Bastianutti u. Cooper 1991: 139ff.). Nutzer*innen müssen schließlich nicht warten, um ihre Gedanken zu äußern (Paulus u. Yang 2000: 78) oder fassen sich beim Tippen ggf. kürzer, wie Gallupe, Bastianutti und Cooper (1991: 141) vermuten.

Der Effekt des *Sozialen Faulenzens* beschreibt die Anstrengungsminderung von Individuen in Gruppensituationen (vgl. auch Harkins 1987: 3). Latané, Williams und Harkins (1979) sehen das Risiko für soziales Faulenzen dort, wo Gruppenarbeit von außen angewiesen wird und der Output des Individuums nicht mehr erkennbar ist (vgl. ebd.: 830). Ähnlich fassen Stroebe und Nijstad auf Basis der Trittbrettfahrertheorie zusammen, dass die Motivation zum Trittbrettfahren erhöht sei bei:

- geringer Identifizierbarkeit des eigenen Beitrags
- Annahme, dass der eigene Beitrag nicht bedeutsam zum Gruppen-Outcome beitrage (Substituierbarkeit)

Erklärungen für **soziales Faulenzen** gehen ferner aus einer Meta-Analyse von Karau und Williams (1993: 687ff.) hervor, wenngleich die Aufgabenstellungen in den untersuchten 78 Studien gemischt waren. Sie meinen, dass soziales Faulenzen

[122] Ein Experiment von Diehl und Stroebe (1987) mit 60 Proband*innen konnte Blockaden als wesentliche Ursache für Produktionsverluste identifizieren (vgl. ebd.: 506). Proband*innen, die ihre Ideen im Experiment frei äußern durften, generierten fast doppelt so viele Ideen wie Proband*innen, welche warten mussten, bis sie an der Reihe waren (vgl. ebd.).

u. a. dann auftritt, wenn Aufgaben nicht genügend ansprechend und involvierend sind oder Menschen mit Fremden arbeiten sollen (vgl. ebd.).[123]

Diehl und Stroebe (1987) fanden lediglich Hinweise auf Trittbrettfahren in ihren Brainstorming-Studien und schlussfolgerten, dass es sich beim Brainstorming um keine anstrengende Aufgabe handele, die nur in geringem Maße zum Trittbrettfahren verleiten würde (vgl. ebd.: 501f.). Inwieweit die genannten Ursachen Effekte der nachlassenden Leistung tatsächlich erklären können, ist offenbar stark situationsabhängig, hinsichtlich z. B. der Aufgabenstellung aber auch der Gruppenkonstellation, –größe oder Gruppenklima und nicht zuletzt von der Person selbst. Schließlich muss bedacht werden, dass die Entscheidung zum Trittbrettfahren bzw. Faulenzen in der Gruppe nicht nur Nutzen für das Individuum offenbart, sondern immer auch Risiken in Betracht gezogen werden (vgl. Stroebe u. Frey 1982: 134). Denkbar sind hier u. a. die Verletzung von Gruppennormen oder Schuldgefühle gegenüber der Gruppe (vgl. ebd.).

In Bezug auf den Forschungsgegenstand dieser Arbeit ist fraglich, inwieweit Soziales Faulenzen relevant ist, da davon ausgegangen wird, dass die Teilnahme der Ideengeber*innen freiwillig ist und ggf. freiwillig eingestellt werden kann.

Anhaltend niedrige Leistung erklären Paulus, Dzindolet, Poletes und Camacho (1993) ferner mit dem Effekt **Sozialer Anpassung** ("social-matching process") geringer Leistungen (vgl. ebd.: 576ff.). Es wird angenommen, dass Individuen ihre Leistung innerhalb der Gruppe mit der Leistung anderer Gruppenmitglieder vergleichen (*Sozialer Vergleich*), um sich über die Angemessenheit ihres Leistungsniveaus zu vergewissern. Personen, welche eine Aufgabe in Isolation bearbeiten,

---

[123] Bei Gegenüberstellung diverser Studien muss bedacht werden, dass die Möglichkeiten, kognitive Anstrengung in Gruppensituationen zu messen im Vergleich zu motorischen Aufgaben weitaus schwieriger ist (vgl. Stroebe u. Frey 1982: 130).

können sich nicht vergleichen und haben folglich auch keinen Gruppenstandard, um sich anzupassen (vgl. ebd.). Auf Basis einer Reihe an Experimentalstudien fassen sie u. a. zusammen, dass sich die Leistung in interaktiven Gruppen annähert im Vergleich zu nominalen Gruppen (vgl. ebd.: 585). In interaktiven Gruppensituationen wurden demnach weniger unterschiedliche Ideen geäußert als in den Nominalgruppen (vgl. ebd.). Trotzdem erachtete die Mehrheit der Proband*innen, sowohl in Einzel- als auch Gruppensituationen, die Arbeit in Gruppen als produktiver (vgl. ebd.)

3.2.2.4 Abgrenzung und Annäherung in Gemeinschaft

Anpassungsprozesse sind im Allgemeinen alltäglich und vielfältig (vgl. Witte 1997: 209). Im Prinzip geht **Konformität** aus Sozialisierung hervor: Wenn ein Individuum die Verhaltensweisen, Meinungen und Werte einer Gruppe übernimmt, um sich deren Standards anzupassen verzichtet es dabei zum Teil auf individuelle Wünsche oder Gewohnheiten (vgl. Forgas 1995: 249ff.; Hewstone u. Martin 2014: 273f.; Witte 1997: 209)

Konformität verursachender sozialer Einfluss kann informativ, z. B. durch argumentieren, oder auch normativ, z. B. durch Zugehörigkeitsgefühl, sein (vgl. Deutsch u. Gerard 1955: 629). Zudem wird zwischen Anpassungs- und Einstellungskonformität bzw. äußerer und innerer Konformität unterschieden (vgl. Wiswede 1976: 36ff.; Fischer u. Wiswede 2002: 553). Während bei äußerer Konformität keine innere Überzeugung mit der Anpassung einhergeht, beschreibt innere Konformität die „[…] echte innere Übereinstimmung und Akzeptanz der jeweiligen Norm […]“ (Wiswede 1976: 36; Hervorh. im Orig.).

Diese Konformität spiegelt sich weniger in der Anzahl an Ideen als mehr in deren Qualität wider. Grundlegende Studien zur Konformität, wie u. a. die von Asch

(1951) oder Crutchfield (1955) zeigten, dass Proband*innen sich in ihrem Meinungsbild annäherten, selbst dann, wenn die Mehrheitsmeinung falsch bzw. gefälscht war (Asch 1951/1963: 178ff.; Crutchfield 1955: 192ff.).[124]

Diverse Studien zeigen, dass Mitglieder einer Gemeinschaft offenbar nach Konsens streben, abweichende Meinungen eher zurückhalten und so konvergentes Denken fördern (vgl. Nemeth u. Nemeth-Brown 2003: 65ff.) Prinzipiell besteht der Verdacht, dass intrinsische Motivation verdrängt wird durch den extrinsischen Wunsch, in der Gruppe kompetent zu erscheinen (vgl. Hennessey 2003: 186f.).

Das Ausmaß von Konformität ist u. a. abhängig von der Komplexität und Schwierigkeit der Aufgabe bzw. des Stimulus, sowie vom Bezug zur physikalischen Realität und von der Relevanz des Themas (vgl. Fischer u. Wiswede 2002: 559). Nach Festinger (1950) ist Konformität insbesondere abhängig von der sozialen Realität sowie von der Gruppenbewegung (vgl. ebd.: 272f.).[125] Individuen schätzen ihre eigene Meinung oder Einstellung dann als valide ein, in dem Maße andere Menschen in einer Gruppe mit ähnlichen Eigenschaften diese Meinung teilen (vgl. ebd.).

Festinger (1950) glaubt zudem, dass Konformitätsdruck steige, je mehr eine Erleichterung in der Gruppe dadurch wahrgenommen wird und je mehr Menschen innerhalb einer Gruppe abhängig voneinander in Bezug auf das Erreichen ihrer

---

[124] Konformitätsauslösende Bedingungen finden sich beim Konformitätsobjekt (Thema), beim Konformitätssubjekt (Individuum) und bei der Konformitäts- bzw. Einflussquelle (vgl. Fischer u. Wiswede 2002: 558).

[125] Es gibt diverse Theorien, welche Konformität zu erklären versuchen, darunter Austauschtheorien und kognitive Theorien (vgl. Wiswede 1976: 121ff.); als eine der wichtigsten Konformitätstheorien in der Sozialpsychologie wird auch hier Festingers Theorie der informalen sozialen Kommunikation, der „Vorläufer" der Theorien sozialer Vergleichsprozesse und kognitiver Dissonanz, angesehen (vgl. Fischer u. Wiswede 2002: 138; Allen u. Wilder 1977: 187f.).

eigenen Ziele sind (vgl. ebd.: 273).[126] Weiterhin ist die Mehrheitsanzahl ein wichtiger Faktor; inwieweit ein linearer oder kurvilinearer Zusammenhang vorliegt konnte bisher nicht geklärt werden (vgl. u. a. Asch 1951/1963: 188; Gerard, Wilhelmy u. Conolley 1968: 79ff.; Latané 1981: 345; Bond 2005: 336ff.).

Gruppensituationen können Konformität begünstigen, wenn also entsprechende Bedingungen vorherrschen. Mehrheitseinfluss muss also nicht zwingend vorliegen, insbesondere dann nicht, wenn die Einflussquelle auf mehrere Subjekte gerichtet ist (vgl. Latané 1981: 349), oder bestimmte Beziehungen in der Gruppe Mehrheiten aufbrechen (siehe auch Fischer u. Wiswede 2002: 558). Eine Abwandlung des Linienexperiments von Asch (1951/1963: 185f.) zeigte beispielsweise, dass der Einfluss von Vertrauensleuten („trust partner") Proband*innen dazu brachte, ihre **Minderheitsmeinung** in der Gruppe zu äußern (vgl. ebd.).[127]

Wie sich jemand in einer Gruppe einbringt und welche Rolle er oder sie einnimmt, ist abhängig von der Persönlichkeit und den individuellen Fähigkeiten der Person (vgl. Nijstad u. van Knippenberg 2014: 462).

Galinsky, Magee, Gruenfeld, Whitson u. Liljenquist (2008) argumentieren, dass „Macht" nicht nur die Stärke von sozialem Einfluss auf andere bedingt, sondern

---

[126] Es kann zur Anpassung kommen, muss aber nicht zwingend. Gründe für Nicht-Konformität sind nach Allen u. Wilder (1977: 194): Die Gruppe bzw. ihre Mitglieder unterscheiden sich zu sehr vom Einzelnen und eignen sich für den Einzelnen i. e. S. nicht für sozialen Vergleich (vgl. ebd.), die wahrgenommene Diskrepanz zwischen dem Einzelnen und der Gruppe wurde auf andere Art und Weise ‚aufgelöst' (vgl. ebd.), die Eignung der Gruppe als Standard für sozialen Vergleich minimiert sich situationell, z. B. indem sich ein Gruppenmitglied der Meinung des Einzelnen anschließt („breaking group consensus") (vgl. ebd.).

[127] Hingegen verursachte das ‚plötzliche Überlaufen' der Vertrauensperson zur (falschen) Mehrheit eine noch größere Fehlerrate (vgl. Asch 1951/1963: 185f.).

dass Macht (power) ebenso eine Art Schutzschild vor Einfluss durch andere bedeuten kann (vgl. ebd.: 1450).[128]

Inwieweit kreatives Handeln per se durch Konformität gefährdet ist, bleibt strittig (vgl. z. B. Goncalo u. Diguid 2012: 14ff.). und abermals abhängig von der jeweiligen Perspektive des Forschers – d.h. ist Kreativität gegeben oder erlernbar.[129] Fest steht jedoch, dass Konformität einerseits im Widerspruch zu Originalität steht, andererseits für die Nützlichkeit und Realisierbarkeit kreativer Ideen unerlässlich erscheint vgl. auch Witte 2009: 154). Es ist vor allem Originalität, welche Ideen als kreative erscheinen lässt (vgl. Runco u. Charles 1993: 538ff. Trotzdem müssen kreative Produkte einen Nutzen erfüllen und letztlich realisierbar sein, was sich an externen und nicht zuletzt internen Standards (z. B. Produktionsprozessen) orientieren kann. In Innovationsprozessen unter Beteiligung mehrerer Personen ist beispielsweise Konsens der Mitarbeiter bzw. des Teams notwendig, um Koordination, Informationsaustausch und Konfliktarmut sicherzustellen (vgl. Kaplan, Brooks-Shesler, King et al. 2009: 235ff.) Im Verlauf des Innovationsprozesses, wenn sich der Lösungsraum zunehmend verkleinert steht die Realisierung und erfolgreiche Implementierung des kreativen Produktes im Vordergrund und verlangt letztlich Konsens der Beteiligten (vgl. ebd.). Konsens ist also unerlässlich, konformes Verhalten im kreativen Prozess kann jedoch hinderlich sein, wie auch Asch (1955) feststellt:

> "Consensus is an indispensible condition in a complex society, but consensus, to be productive, requires that each individual contribute independently

---

[128] Macht („power") wurde hier definiert als situationsbezogene Kontrolle über wertvolle Ressourcen und Folgen ihres Einsatzes und beschreibt demzufolge einerseits Kontrolle über und andererseits Unabhängigkeit von anderen (vgl. Galinsky, Magee, Gruenfeld et al. 2008: 1451).

[129] Torrance (1988) beispielsweise stimmt Starkweather (1976, zit. nach Torrance 1988) in seiner Argumentation zu, kreative Menschen seien weder konform noch nonkonform, sondern darin frei, sich anzupassen oder auch nicht – je nachdem was die Wahrheit erfordert, „[…] what is true, pleasing, good, or beautiful" (Torrance 1988: 44).

out of experience and insight. When consensus is produced by conformity, the social process is polluted." (Asch, 1955: 34)

3.2.3 Sozialer Kontext in Online-Gemeinschaften

Die Infrastruktur für Online-Ideengenerierung ist das Internet. Die Besonderheiten computervermittelter Kommunikation wurden in der Forschung mehrfach diskutiert und ausdifferenziert. Auch wenn die Kommunikationssituation online anders zu charakterisieren ist als offline, soziale Einflüsse prägen auch die Interaktion von bzw. in Online-Gemeinschaften. Die grundlegendsten Aspekte werden nachfolgend zusammengetragen.

3.2.3.1 Besonderheiten digitaler Kommunikation

Unter dem Begriff der Online-Kommunikation wird weitestgehend die Gesamtheit netzbasierter Kommunikation verstanden (vgl. Rössler 2003: 504). Auch wenn sich in der Forschung der Begriff der ‚computervermittelten Kommunikation' bzw. computer-mediated Communication (CMC) zunächst weitgehend durchgesetzt hat, ist weniger der Computer die grundlegende Komponente, als mehr der Aspekt der Vernetzung charakterisierend dafür (vgl. ebd.).

Dass computerbasierte Kommunikation in gewisser Weise anders abläuft als Face-to-Face-Kommunikation steht außer Frage. Inwieweit bzw. ob überhaupt sie dieser ‚nachsteht' war in der Wissenschaft lange Zeit ein wichtiges Thema. Das Internet als grenzüberschreitende Plattform bietet virtuellen Raum, der jedoch die üblichen Merkmale von Kommunikationssituationen nicht immer vermitteln kann (vgl. auch Paechter 2003:480f.). Persönliche Merkmale aber auch Einstellungen, welche sich im Angesicht non- oder paraverbal vermitteln lassen, können nun nicht mehr ohne Weiteres ausgedrückt werden (vgl. ebd.). Frühe Arbeiten zur computervermittelten Kommunikation heben eben dieses Fehlen hervor und schließen auf eine gewisse Unzulänglichkeit virtueller Kommunikation.[130]

Onlinebasierte Kommunikationssituationen können weder im selben Maße soziale Präsenz vermitteln, noch **Hinweise (cues) zum sozialen Kontext** geben, wie es in Kommunikationssituationen unter physisch Anwesenden der Fall ist. Solche Hinweise über den sozialen Kontext der Kommunikationssituation, d.h. Merkmale des Gegenübers bzw. des Umfeldes wie Kleidung, Mimik, Gestik aber auch Räumlichkeiten nutzen Kommunikationspartner*innen für gewöhnlich, um ihre Kommunikationsziele sowie ihr Kommunikationsverhalten den entsprechenden Rahmenbedingungen anzupassen (vgl. Sproull u. Kiesler 1986: 1495; Dubrovsky, Kiesler u. Sethna 1991: 122).

Bei elektronischer Kommunikation sind eben diese Hinweise („cues") nicht vollumfänglich abrufbar (vgl. Sproull u. Kiesler 1986: 1492)[131]. Die Folge sind entsprechend diverser Studien u. a. zu wenig Orientierung an Kommunikationspartner*innen, Verstoß gegen soziale Normen wie z. B. durch Flaming[132], Fremdheitsempfinden oder schlicht Unzufriedenheit (vgl. Sproull u. Kiesler 1986: 1509 ; M. 2003: 484f.; Siegel, Dubrovsky, Kiesler et al. 1986: 168ff.).

Entgegen dieser negativen Sicht auf die ‚Unzulänglichkeit' computervermittelter Kommunikation zeichnen Forscher*innen mittlerweile ein ausdifferenzierteres Bild. Hinweise auf die Kommunikationssituation fehlen danach nicht gänzlich,

---

[130] Einen Überblick zu verschiedenen Theorien zu computerbasierter Kommunikation liefert z. B. Döring (1999).

[131] Statische Hinweise (static cues) erschließen sich aus Artefakten bzw. der äußerlichen Erscheinung einer Person (z. B. teure Uhr, großer Schreibtisch); dynamische Hinweise (dynamic cues) finden sich im Verhalten der Person, ihrer Gestik und Mimik wieder (vgl. Sproull u. Kiesler 1986: 1495; Dubrovsky, Kiesler u. Sethna 1991: 122).

[132] ‚Flaming' bedeutet in diesem Kontext das fortwährende und fanatische Thematisieren einer belanglosen Sache; kann des Weiteren auch das Senden einer verletzenden oder provozierenden Nachricht beschreiben (vgl. Raymond 1996: 193).

sondern äußern sich lediglich anders, z. B. über Sprachstil, Interpunktion, oder spezielle Kommunikationsinhalte wie Emoticons oder Interjektionen (Walther u. Tidwell 1995: 357f.; Walther 1992: 89). Mittlerweile kann die virtuelle Kommunikation über Internet oder Mobiltelefonie auf eine Vielzahl an spezifischen Zeichen zurückgreifen um nonverbale Kommunikation auszudrücken.

Nutzer*innen geben zudem oftmals situationsbezogen Informationen zu **ihrer Identität**, wie Alter, Geschlecht, Hobbies etc. preis (vgl. Döring 2010: 166). Haythornwaite (2005) fasst zusammen, dass frühe Arbeiten zu CMC virtuelle Kommunikation als unzureichend proklamiert haben, mit Hang zu Missverständnissen und asozialem Verhalten; mittlerweile sich Neue Medien jedoch in der Gesellschaft etabliert haben, indem sie soziale Bindungen erhalten und beleben, über geografische aber auch soziale Grenzen hinweg (vgl. ebd.: 126).

Döring (2010) spricht von einer Online-Offline-Dichotomie; ‚Online'- und ‚Offline-Welt' aus sozialpsychologischer Sicht zu trennen und gegenüberzustellen sei jedoch genauso falsch, wie simple Analogien herzustellen (vgl. Döring 2000: 345) und z. B. „[…] [zu] suggerieren [,] E-Mail sei im Prinzip genauso wie Briefeschreiben nur schneller; IRC (Internet Relay Chat) sei genauso wie Partygeplauder, bloß getippt statt gesprochen […]" (Döring 2000: 345).

In Anlehnung an die Filtertheorie lässt sich computerbasierte Kommunikation klassifizieren. Daft und Lengel (1986) haben ein Klassifikationsschema für Kommunikationsumgebungen entwickelt; ihre **Media-Richness-Theorie** besagt letztlich, dass sich Kommunikationsmedien unterscheiden in Bezug auf ihre Kapazität reichhaltige Informationen zu vermitteln (vgl. ebd.: 560). Mit abnehmender Reichhaltigkeit unterscheiden sie beispielsweise im Kontext der Unternehmenskommunikation: 1) Face-to-Face, 2) Telefon, 3) persönliche Dokumente wie Briefe oder Memos, 4) unpersönliche geschriebene Dokumente und 5) nummerische Dokumente (vgl. ebd.). Das Merkmal Reichhaltigkeit wird entsprechend definiert anhand der technischen Kanäle, welche das Medium bietet, auch um Feedback zu vermitteln, die Anzahl der Hinweise (entsprechend der Filtertheorie), den Möglichkeiten der Personalisierung und Sprachenvielfalt (vgl. edb.).

Das Internet ist kein Medium, sondern als Plattform zu verstehen, weshalb es an sich nicht in dieses Schema einzuordnen ist. Dennoch können verschiedene internetbasierte Kommunikationsformen hinsichtlich ihrer Reichhaltigkeit klassifiziert werden. Kaplan und Haenlein haben beispielsweise die Reichhaltigkeit von Social Media eingestuft und in Kombination mit weiteren Klassifikationsmerkmalen gruppiert (vgl. Kaplan u. Haenlein 2010: 62; siehe auch Kapitel 2.3.3.3.). Neben der Reichhaltigkeit von Kommunikationsformen im Internet sind psychologisch basierte Merkmale wie z. B. die Möglichkeiten der Selbstdarstellung relevant für deren Charakterisierung (vgl. ebd.).

Schließlich schaffen Online-Umgebungen andere Voraussetzungen für Kommunikation (v. a. Anonymität, räumliche u. zeitliche Distanz), welche wiederum auf sozialpsychologische Aspekte wie Identität von User*innen, ihre Beziehungen zueinander sowie Interaktion wirken können (vgl. McKenna u. Bargh 2000: 60ff.).[133]

3.2.3.2 Online-Identitäten

Je nachdem welche Hinweise eine Situation im Allgemeinen liefert, werden unterschiedliche Identitäten vom Individuum aktiviert und wirken auf dessen Ver-

[133] Verschiedene Annahmen wurden hierzu aufgestellt und erforscht, darunter beispielsweise Effekte der Egalisierung oder Stereotypisierung (vgl. Siegel, Dubrovsky u. Kiesler 1986; Döring 2010: 167).

halten ein (vgl. Paechter 2003: 481). Es lässt sich nicht leugnen, dass computervermittelte Kommunikation eine Face-to-Face-Situation in realer Umgebung nicht eins zu eins imitieren kann; bestimmte Hinweise, die ein Gegenüber im Angesicht wahrgenommen hätte, bleiben online verborgen; wodurch sich die Identität des ‚Gegenübers' anders darstellt.

Die „**digitale Identität** ist ein Bündel von Attributen, das einer realen Person zugeordnet werden kann" (Döring, 2010: 163). Menschen verfügen über mehrere, zweck- und plattformabhängige Identitäten (vgl. ebd.). Die öffentliche Repräsentation einer Person im Internet erfolgt über bewusste als auch unbewusste Selbstdarstellung, durch Darstellung Dritter, Medien sowie IT-Systeme (vgl. ebd.: 164; vgl. auch Halperin u. Blackhouse 2008: 76). Auch können neue Identitäten mit neuen sozialen Rollen online entstehen, welche direkten Internetbezug haben und beispielsweise aus einem erhöhten Engagement hervorgehen, in Form von z. B. Blogger*innen, Administrator*innen, Wikipedianern oder auch Moderator*innen (vgl. Döring 2010: 171).

Nach Trepte und Reinecke (2010) scheint es prinzipiell so, dass Menschen in computervermittelter Kommunikation eher bereit sind, Informationen über sich preiszugeben als in Face-to-Face-Situationen (vgl. ebd.: 223). Diese Hemmschwelle sinkt weiter mit den Möglichkeiten der Anonymität, welche das Internet weitgehend bietet. **Anonymität** schafft eine Art Schutzschild vor Anfeindungen und gibt darüber hinaus die Möglichkeit, Beiträge zu verfassen, welche kritisieren, mitunter beleidigen oder provozieren (vgl. Döring 2010: 165, Barlett 2015: 71). Das Gefühl von Anonymität kann Menschen dazu verleiten, sich unkontrolliert zu verhalten; sie sind dann scheinbar weniger darauf bedacht, einen ‚guten Eindruck' zu hinterlassen; ihr Verhalten wird impulsiver und extremer, weniger ausdifferenziert (vgl. Sproull u. Kiesler 1986: 1495f.).

Festzuhalten ist jedoch auch, dass anonyme Beiträge eher als unglaubwürdig eingeschätzt bzw. ignoriert werden (vgl. Döring 2010: 165). Häufiger zu finden in Online-Netzwerken ist anstelle von Anonymität so genannte **Pseudonymität** (vgl. ebd.: 166): Nutzer*innen verwenden ein durch Nicknames oder Avatare erstelltes Pseudonym in Verbindung mit i. d. R. derselben E-Mail-Adresse bei verschiedenen Online-Diensten (vgl. ebd.). Oftmals verwenden sie mehrere Pseudonyme und schaffen dadurch verschiedene Online-Identitäten, die sie in bestimmten Kontexten (z. B. beruflich vs. privat) nutzen (vgl. ebd.). Anstelle von Täuschung liegt der Zweck von Pseudonymitäten im Erhalt der Privatsphäre (vgl. ebd.). Teil-Identitäten, welche Nutzer*innen offline eher verborgen halten möchten, werden online dadurch sogar eher offengelegt (vgl. ebd.; Bargh, McKenna u. Fitzsimons 2002: 34ff.).[134]

Die Identität einer Person wird schließlich auch dadurch bestimmt, welche Erwartungen an deren Rolle in einer bestimmten sozialen Gruppe gestellt werden; wenn sich neue Gruppen online formieren, werden Rollen neu ausgehandelt und neue Identitäten können generiert werden (vgl. McKenna u. Bargh 2000: 62f.). Asynchrone Kommunikation ermöglicht es Kommunizierenden hierbei, besser zu entscheiden, welche Informationen sie mitteilen wollen und entsprechend vorselektieren. Sie können dadurch ein idealisiertes Bild von sich im Internet darstellen (Walther 1992: 81). Darüber hinaus wird ermöglicht, Identitäten auszutesten, auszureizen und das, ohne weitreichende Konsequenzen zu befürchten (vgl. Paechter 2003: 481).

[134] Eine virtuelle Identität ermöglicht es Nutzer*innen in Ideen-Communities Kontakt mit anderen Nutzer*innen herzustellen; dabei ist u. a. der Schutz der Privatsphäre bei der Erstellung von Identitäten ein wichtiger Aspekt, wie beispielsweise Scheiner (2015) in einer Untersuchung am Beispiel einer gamifizierten Ideenplattform feststellte (vgl. ebd.: 347).

Wenn Online- und Offline-Kommunikation im Alltag eng verzahnt sind, d.h. Offline-Beziehungen zu Online-Kontakten werden und umgekehrt, gibt es allerdings kaum Anlass für Nutzer*innen, fiktive Online-Identitäten zu konstruieren (vgl. Döring 2010: 165). Freiheiten bei der Selbstdarstellung im Internet führen eher zu so genannten ‚Blended Identities', einer Form der Selbstdarstellung im Internet, welche sowohl Online- als auch Offlineaspekte einer Person beinhaltet (vgl. ebd.; Baker 2009: 15). Online-Profile, auf welchen Plattformnutzer*innen Personalien in einer Art Steckbrief angeben, sind Grundlage „identifizierbarer Online-Selbstdarstellung", welche zum einen Kontakt- und Beziehungspflege oder auch die Selbstdarstellung (z. B. von Arbeitsproben) ermöglicht (vgl. Döring, 2010: 167f.).

Offenkundig sind die meisten Menschen nicht nur im realen Leben, sondern auch bei der Online-Selbstdarstellung bemüht, kompetent und sympathisch auf andere zu wirken (vgl. Trepte & Reinecke 2010: 224). Insbesondere mit Blick auf soziale Medien rückt dieser Aspekt in den Mittelpunkt. So legen beispielsweise Kaplan und Haenlein (2010) Goffmans Theorie der Selbstdarstellung der Überlegung zu Grunde, Menschen hätten ein Bedürfnis den Eindruck, den andere von ihnen generieren zu kontrollieren (vgl. ebd.: 62) Zum einen wollen sie einen positiven Outcome der Interaktion erreichen (reward) zum anderen wollen sie ihr Selbstbild erhalten (vgl. ebd.).

3.2.3.3 Online-Interaktion

Während in der Sozialpsychologie der Begriff der Gruppe vorherrschend ist, so hat sich in der Internet-Forschung eher der Gemeinschaftsbegriff etabliert (vgl. Döring 2010: 172). „Man spricht von elektronischen, virtuellen, Online-, Internet- oder Cyber-Communities" (ebd.).

Im Online-Kontext kann eine Gruppe als **Online-Gemeinschaft (engl. Online Community)** deklariert werden, wenn ihre Mitglieder gemeinsam kommunizieren, ein Wir-Gefühl entwickeln und trotzdem nicht alle persönlich in Beziehung zueinander treten (vgl. Döring 1999: 372).

Eine weit verbreitete Definition ist die von Rheingold (1994), danach sind virtuelle Gemeinschaften:

> „[…] soziale Zusammenschlüsse, die dann im Netz entstehen, wenn genug Leute diese öffentliche Diskussion lange genug führen und dabei ihre Gefühle einbringen, so dass im Cyberspace ein Geflecht persönlicher Beziehungen entsteht" (ebd.: 16)

Neben dieser oft zitierten Auslegung des Gemeinschaftsbegriffs, welche das Gemeinschaftsgefühl betont, haben sich andere, weit gefasstere Definitionen hervorgetan (vgl. Döring 1999: 394f.) In Disziplinen außerhalb eines sozialpsychologischen oder soziologischen Kontextes finden sich andere Definitionen, welche z. B. Themengebundenheit sowie Interaktion als charakterisierende Merkmale hervorheben, wie z. B. im Kontext der Kundenintegration die von Henkel u. Sander (2007):

> Virtuelle Gemeinschaften beschreiben „[…] themengebundene Plattform im Internet […] auf der sich Menschen elektronisch austauschen und unterhalten können" (Henkel u. Sander 2007: 82).

Inwiefern die Nutzer*innenschaft einer Online-Plattform als Online-Gemeinschaft zu deklarieren ist, ist demnach abhängig von sowohl objektiven Kriterien wie Vernetzung der Mitglieder und Interaktion der Mitglieder als auch dem subjektiven Zugehörigkeitsempfinden.

Unabhängig von diesen Voraussetzungen haben Online-Plattformen, auf welchen sich eine Nutzer*innenschaft formiert, gemein, dass Plattformnutzer*innen immer „in Gemeinschaft“ handeln. Ob Personen tatsächlich physisch anwesend sind, ist dabei nicht ausschlaggebend, sondern vielmehr das subjektive Empfinden, ob andere Personen anwesend sein könnten bzw. man durch andere überhaupt wahrgenommen wird bzw. werden kann (siehe analog dazu Kapitel 3.2.2.)

Im Kontext der Telekommunikation beschreibt die **Soziale Anwesenheit** („social presence“) die nicht-physikalische und dennoch durch das Medium suggerierte Präsenz von Kommunikationspartner*innen (vgl. Short, Williams u. Christie 1976: 49 u. 64ff.). Je weniger die Person also virtuell ‘in Erscheinung’ tritt, also nonverbal kommunizieren kann oder auf andere Weise Merkmale ihrer Identität preisgibt, umso weniger wird ihre soziale Anwesenheit von anderen Nutzer*innen registriert (vgl. auch Walther 1995: 188). Tu und McIsaac (2002) definieren soziale Anwesenheit im Internet als den Grad des Empfindens, bewussten Wahrnehmens sowie der Reaktion (auf) das Verbundensein mit einer anderen ‚intellektuellen Einheit‘ mittels computervermittelter Kommunikation (vgl. ebd.: 140). Die Frage, wie soziale Anwesenheit die Interaktion beeinflusst beschäftigt vor allem Forscher*innen auf dem Gebiet des Online-Lernens (vgl. ebd.; Oztok u. Brett 2011; Gunawardena 1995: 147ff.).

Auch im Bereich Social-Media-Forschung ist die Frage nach dem sozialen Charakter einer Plattform relevant, so z. B. bei der Klassifizierung von Kommunikationsformen (vgl. z. B. Kaplan u. Haenlein 2010: 61ff). Kaplan und Haenlein (2010) definieren Social Media als eine Gruppe internetbasierter Anwendungen, welche auf der Ideologie und Technologie des Web 2.0 aufbauen und das Generieren als auch den Austausch von user-generated content ermöglichen (vgl. ebd.: 61). Die zu Grunde gelegte Technologie ist an sich nicht sozial, erst der gemeinsame bzw. auf andere bezogene Gebrauch dieser Software hat sozialen Charakter (vgl. Schmidt 2006: 38).

Zu Social Software zählt Schmidt (2006) solche Internetanwendungen, welche die Basisfunktionen Informations-, Identitäts- und Beziehungsmanagement unterstützen (vgl. ebd.: 37). Entlang dieser Funktionen lassen sich Onlinedienste klassifizieren (vgl. auch Richter u. Koch 2007). Während bei sozialen Netzwerken die Vernetzung von Nutzerprofilen in Form eines Relationship Managements im Vordergrund steht, so ist beispielsweise bei Collaborative Workspaces die inhaltliche Aufarbeitung bzw. der durch Nutzer*innen generierte Inhalt zentral (vgl. Pekárek u. Pötzsch 2009: 83).

Die Erforschung **virtueller Teams**, welche einen stark kollaborativen Charakter aufweisen und damit die Kriterien von Online-Gemeinschaften (vgl. Döring 2010: 173) idealtypisch erfüllen, bildet einen gesonderten Schwerpunkt. Eine weit verbreitete Annahme ist, dass virtuelle Teams eine mindere Leistung erbringen als Face-to-Face-Teams (vgl. Puranova 2014: 4). Das mag vor allem in der noch unzureichenden technologischen Ausführung von Kommunikationsmodi wie z. B. Videochat liegen (vgl. ebd.), welche die Kommunikationsumgebung, wie im vorigen Kapitel beschrieben, nur begrenzt wiedergeben kann. Prinzipiell ergeben sich in Anlehnung an die bereits beschriebenen Besonderheiten computervermittelter Kommunikation diverse Herausforderungen für die Kommunikation in virtuellen Teams, wie fehlende Kopräsenz, fehlende oder unzureichende audiovisuelle Erreichbarkeit, Zeitverzug der Kommunikation und unzureichender Kommunikations- bzw. Argumentationsfluss (vgl. ebd.).[135]

Die Frage ob virtuell oder Face-to-Face besser kommuniziert wird, ist letztlich von vielen Faktoren abhängig, nicht zuletzt auch von den Bedingungen, welche die jeweiligen Plattformanbieter schaffen. Bei der Analyse von Kommunikation bzw. Interaktion auf Online-Plattformen sind deshalb nicht nur die Nutzer*innen selbst, sondern auch die Anbieter*innen zu betrachten, welche den konzeptionellen Rahmen der Plattform vorgeben, „vorstrukturieren, beobachten und kontrollieren" (Döring 2010: 162).

3.3 Zusammenfassung: Kreative Ideenentwicklung in Online-Gemeinschaften

Kreative Produkte in Form von Ideen, Konzepten oder Artefakten werden in Prozessen von Personen innerhalb eines Umfelds geschaffen. Die verschiedenen Dimensionen werden unterschiedlich stark in der Forschung fokussiert, sind dabei aber immer miteinander verknüpft, weshalb Überschneidungen bei ihrer Betrachtung unabdingbar sind.

---

135 Purnova (2014) hat beispielsweise acht Metastudien zum Vergleich virtueller Teams und Face-to-Face-Teams analysiert (vgl. ebd.: 7ff.). Die aufgeführten Studien bescheinigen Face-to-Face-Teams tendenziell eine ergiebigere Kommunikation; Teammitglieder kommunizieren danach häufiger, tauschen mehr Wissen aus, und treffen schneller Entscheidungen (vgl. ebd.). Hingegen werden in virtuellen Teams offenbar mehr Ideen geliefert, wobei lediglich in zwei von sechs Metastudien die Qualität der Ideen in virtuellen Teams besser eingeschätzt wurde (vgl. ebd.). Bezüglich des Kommunikationsklimas wurde Face-to-Face-Kommunikation tendenziell zufriedenstellender eingeschätzt, wobei die Teilnahme in virtuellen Teams hingegen homogener war (vgl. ebd.). Zudem waren die Diskussionen in virtuellen Teams deutlich aufgabenbezogen (vgl. ebd.).

Diverse Komponenten der kreativen Person beeinflussen deren Verhalten, die wichtigsten darunter sind: Motivation, Wissen sowie kreative Fähigkeiten. Die Motivation ist im Allgemeinen die sensibelste Komponente der kreativen Person, da sie am ehesten durch Umwelteinflüsse beeinflussbar und somit variabel und situationsabhängig ist. Wissen und Fähigkeiten legen zweifelsfrei eine wichtige Grundlage für kreatives Verhalten; die Motivation des Individuums bestimmt letzten Endes, ob und vor allem wie sie oder er diese Ressourcen mobilisiert und sich im kreativen Prozess einbringt. Wie kreativ Ideen sind, ist nicht objektiv messbar; zur Beurteilung von Neuartigkeit und Nutzen ist die subjektive Einschätzung notwendig. Für Kreative selbst geht Selbstbewertung der eigenen Idee deshalb auch stets mit Bewertung durch andere oder sozialem Vergleich einher. Denn Kreativität ist nie ein Prozess eines abgeschotteten Individuums, sondern immer sozial.

Kreatives Verhalten ist demnach situationsabhängig und wird bedingt durch Kontextmerkmale der Plattform. Dazu gehören neben dem sozialen Kontext auch konzeptionelle und technisch bedingte Gegebenheiten. Technische Bedingungen ergeben sich vor allem auf Basis der Besonderheiten computervermittelter Kommunikation. Diese ist per se von face-to-face-Kommunikation zu unterscheiden, insofern eine virtuelle Kommunikationsumgebung i. d. R. weniger bzw. veränderte Hinweise auf die Kommunikationssituation liefert. Es lässt sich festhalten, dass Kommunikation auf Online-Plattformen zwar asynchron im virtuellen Raum stattfinden kann, dennoch soziale Anwesenheit das Miteinander prägt. Anwesenheit bzw. soziale Präsenz kann demnach auch im virtuellen Raum angenommen werden, wenngleich die Häufigkeit und Intensität von Beiträgen bestimmt, ob und in welchem Maße andere Nutzer*innen wahrgenommen werden.

Sozialer Kontext formiert sich als bloße Anwesenheit, Co-Aktion sowie in direkter Zusammenarbeit von Personen. „In Gemeinschaft zu agieren“ ist dabei nicht das einzige Kriterium, welches Online-Gemeinschaften definiert. Neben objektiv erfassbaren Merkmalen wie Vernetzung oder Interaktion, können subjektive Merkmale wie z. B. Zugehörigkeitsempfinden Gemeinschaft charakterisieren.

Im sozialen Kontext dieser Gemeinschaften formieren sich soziale Einflüsse. Diese können kreative Prozesse erleichtern oder hemmen. Mögliche Gründe zur Erklärung solcher Effekte sind Bewertungserwartung und sozialer Vergleich. Mögliche Auswirkungen können z. B. konformes Handeln sein. Konformität ist dabei ein mögliches Szenario, jedoch nicht zwingend. Einflussfaktoren wie z. B. Motive der Person, bestimmen, ob und inwieweit sie eine Mehr- oder Minderheitsmeinung vertritt und durchsetzen will.

Welche Rolle genau Bewertung und sozialer Vergleich in diesem Zusammenhang spielen ist noch offen. Ebenso ungeklärt ist, wie genau plattform- und personenbezogene Faktoren in diesem Konstrukt einwirken. Die theoretische Aufarbeitung ermöglicht es dennoch, einen Bezugsrahmen zu konstruieren, welcher für die Untersuchung der offenen Aspekte Orientierung bietet. Dieser Bezugsrahmen wird in Kapitel 5 vorgestellt. In Kapitel 4 werden Ergebnisse einer Voruntersuchung vorangestellt, welche in erster Linie auf ein tieferes Verständnis des kreativen Prozesses im Bereich Online-Ideenfindung abzielte und damit die theoretischen Ausführungen ergänzt.

4 Vorstudie: Das Prozessmodell in der Online-Ideenentwicklung

Kreative Produkte bzw. Leistungen sind das Ergebnis kreativer Prozesse (siehe Kapitel 3.1.2). Wie genau sich kreative Crowdsourcing-Prozesse abbilden lassen, ist Ziel einer der empirischen Hauptuntersuchung vorangestellten Voruntersuchung. Im Rahmen einer universitären Lehrveranstaltung[136] wurden Interviews mit insgesamt sieben Gewinner*innen bzw. Moderator*innen auf den Plattformen InnoCentive und IdeaConnection durchgeführt (siehe Tabelle 4). Die Transkripte wurden für die vorliegende Arbeit von der Autorin für eine qualitative Inhaltsanalyse verwendet. Konkretes Ziel dieser Analyse war es, das Verhalten von Ideengeber*innen im Kontext der Online-Ideengenerierung als kreativen Prozess abzubilden und zu verstehen. Zudem stellte sich die Frage, inwiefern *wissensintensive* Problemlösungen als *kreative* Prozesse zu beschreiben und abzubilden sind (vgl. dazu auch Kapitel 2.1. sowie 3.1.).

Tabelle 4: Interviewübersicht der Vorstudie

Interviewter	Plattform	Interviewlänge
Int_1	IdeaConnection	33 Minuten
Int_2	IdeaConnection	18 Minuten
Int_3	IdeaConnection	27 Minuten
Int_4	IdeaConnection	35 Minuten
Int_5	IdeaConnection	34 Minuten
Int_6	IdeaConnection/InnoCentive	17 Minuten
Int_7	InnoCentive	45 Minuten

[136] Die Durchführung der Interviews inkl. Leitfadenerstellung wurde von der Autorin maßgeblich angeleitet. Die praktische Ausführung erfolgte durch Master-Studierende im Rahmen eines Seminars, die Analyse erfolgte ausschließlich durch die Autorin.

Die Ergebnisse sind aufgrund der qualitativen Vorgehensweise nicht repräsentativ. Das kleine Sample von sieben Interviewten bezieht sich zudem lediglich auf zwei Plattformen.

Diese enthalten zum Teil Kollaborationsmechanismen und weisen dank ihrer Fokussierung auf Innovationen im wissensintensiven Bereich einen hohen Expertisegrad der Teilnehmer auf (siehe Kapitel 2.3.3.), weshalb die Ergebnisse immer vor diesem Hintergrund zu bewerten sind (siehe auch Kapitel 4.1.3.).

> "There are really a lot of intelligent people that compose the teams and no one idea belongs to one person. I might have added something to a solution but the invention itself is not my own. [...] You know/ we basically/ we break up the work and each person does their own thing and then we review and then we come together with a final solution." (Int_1, Z. 34)

4.1 Phasen des kreativen Prozesses

Die Ergebnisse der strukturierenden Inhaltsanalyse zeigen, dass sich der kreative Prozess in den untersuchten Fällen sehr gut anhand der definierten Phasen (siehe Kapitel 3.1.2) abbilden lässt. Alle zuvor definierten Phasen konnten abgebildet werden. Die in den Interviews identifizierten Phasen sind[137]:

- Problemwahrnehmung
- Vorbereitung
- Inkubation und Illumination[138]
- Verifikation
- Ausarbeitung

[137] Die Auflistung ist stark vereinfacht; weitere Phasen sind möglich, so wurde beispielsweise auch eine Projektabbruchphase identifiziert, welche ggf. im weiteren Sinne zu ergänzen wäre.
[138] Illumination ist weniger als einzelne Phase zu begreifen, als mehr als positives Ergebnis der Inkubationsphase.

Tabelle 5: Auszug aus dem Analysedokument

Inter-view	Segment	Kategorie	Subkategorie
Int_5	"So being able to probably go to that fast and foremost, of course, we all use the searching apart from that. We probably can use library, then you know online journal and many of the published information. That is very important." (ebd., Z. 148)	Vorbereitung	Online-Recherche
Int_1	"For myself I learned very early on that if I focus on something else, my mind is left to work on other things in the background." (ebd., Z. 139)	Inkubation	Ablenkung

Alle relevanten Textsegmente wurden dabei den entsprechenden Hauptkategorien zugeordnet; ferner wurden induktiv aus dem Material heraus Subkategorien zur detaillierten Beschreibung gebildet (siehe Tabelle 5).

Die **Problemwahrnehmung** ist i. d. R. bereits Aufgabe der Ideensuchenden. Trotzdem müssen Nutzer*innen das Problem verstehen, aus ihrer Sicht betrachten und selbst formulieren können (vgl. Int_3, Z. 126; Int_1, Z. 89; Int_4, Z. 63). Int_3, Teilnehmer auf IdeaConnection, beschreibt diese Phase als bewusste Aufgabe im kreativen Prozess. Ein anderer Teilnehmer und Facilitator[139] auf IdeaConnection erklärt den Sinn dahinter mit der Möglichkeit, das Problem so in seine Kernelemente zerteilen zu können (vgl. ebd.).

[139] So genannte ‚Facilitators' werden auf IdeaConnection damit betraut, Teams erfolgreich durch den Prozess der Ideenfindung zu führen und anzuleiten. Facilitators kommen für ca. eine Stunde pro Woche über Think Space (spezielle Software) in insgesamt zehn Wochen zusammen, moderieren und erleichtern die Kollaboration unter den Teammitgliedern (URL: https://www.ideaconnection.com/interview/nicole.html [28.03.2018]).

> "[…] one of the very first things they do, is they ask us to prepare what they call a reiteration. Reiteration is for us to give back what we think the problem is." (Int_3, Z. 126)

> "So we will take a challenge apart, discuss it for a week or so and then regenerate it in own words with specific stipulation. So, it is not just a reiteration but also a condensation. We break the idea down to its base [elements]." (Int_1, Z. 89)

Zudem ist es notwendig zu evaluieren, ob die Aufgabe mit den eigenen Fähigkeiten zu bewerkstelligen ist (vgl. Int_7, Z. 172).

Bereits in der Phase der Problemwahrnehmung kann eine Idee generiert werden, was die Phase der Vorbereitung verkürzt oder hinfällig werden lässt (vgl. Int_7, Z. 37-38). In anderen Fällen gaben die Interviewten an, sich in einer Phase der **Vorbereitung** intensiv mit der Problematik zu befassen. Hierzu greifen sie auf Informationen zurück, die sie vor allem im Internet finden, darunter auch Datenbanken zu Patenten oder wissenschaftliche Beiträge (vgl. Int_5, Z. 148; Int_7, Z. 169; Int_6, Z. 89; Int_3, Z. 168; Int_1, Z. 89). Diese Recherche hilft Nutzer*innen auch und vor allem dann, wenn sie nach eigener Einschätzung noch keine Expertise auf einem bestimmten Gebiet haben.

> "I always start on the Internet. I see what has been done before and see if there is an obvious solution out there and then as you start doing that you get lead into different areas and you generate some background data and then I let that sort of just percolate in my head and things go from there." (Int_6, Z. 89)

> "So you might choose a problem when you have no real expertise in […] so you start reading all you can to gain knowledge about the subject matter." (Int_3, Z. 168)

Als weitere Bezugsquellen von Informationen nannten die Befragten neben Expert*innen vor allem die Ideensuchenden, welche die Anforderungen an die

Problemlösung am besten kennen und präzisieren können (vgl. Int_7, Z. 180; Int_6, Z. 141; Int_4, Z. 135). Offenbar hat der Nutzen der Idee bereits am Anfang einen hohen Stellenwert. Hierfür scheint es wichtig, die Forderungen und Ansprüche des Ideensuchenden zu kennen.

> "The first thing I look for is that if there are any pre-conditions the seeker is trying to put on to it." (Int_6, Z. 141)

> "[…] the very first action that we take is to reiterate that problem. So we have to write a [form] with what we think the problem is and once we do, we resubmit that to the person who submitted the problem […]." (Int_3, Z. 126)

> "Occasionally we talk to other experts. We will go to someone in industry, to someone in university and ask them 'Is this possible? Have you worked with this?'" (Int_1, Z. 109)

Schließlich beurteilen Ideensuchende immer subjektiv nach eigens definierten und geordneten Kriterien, die über klassische Attribute wie Originalität oder Kundennutzen hinausgehen (vgl. dazu Kapitel 2.2) Ob und inwiefern Nutzer*innen der Plattformen bereits am Anfang des Ideenprozesses Anforderungen an die Idee geklärt haben wollen, hängt dabei offenbar auch von ihrer Erfahrung sowie ihrer Rolle im Prozess ab. Es kann, wie im Beispiel von IdeaConnection, Aufgabe von Moderator*innen sein, andere Nutzer*innen oder Teams im Prozess zu lenken:

> "I mean, they want to go and create ideas right away. I want to pull them back and say 'Let's think about this challenge. What do you need to know? How can you look at it differently?'" (Int_4, Z. 135)

An die intensive Auseinandersetzung mit dem Problem kann sich eine Phase der **Inkubation** anschließen, aus welcher Ideen in Folge von **Illumination** hervorgehen. Diese Phasen treten gewöhnlich jenseits der Onlineplattform auf. Die Interviewten berichten von unbewusster Problemlösung, die als Geistesblitze verstanden werden können (vgl. Kapitel 3.1.2.) Die Ideenfindung passiert eher unerwartet und plötzlich (vgl. auch Int_3, Int_3, Z. 269.)

> "I think I was driving at that time when I certainly had this analogy to the problem and I realized that there was something totally disparate." (Int_6, Z. 193)

> "I went to bed saying I got to find better way so next year when I compete I blow them away and I should be first, and I woke up at 2 a.m. with an idea […]. So I turned on the computer and from 2 to 9 in the morning wrote the background summary of the invention […]." (Int_7, Z. 220)

Mitunter sind sich die Interviewten bewusst, dass sie Ideen eher in Momenten der vielmehr unbewussten Auseinandersetzung generieren. In diesen Fällen können Phasen der Inkubation sogar initiiert werden, in denen zumindest nicht bewusst mit dem Problem umgegangen wird (vgl. Int_4, Z. 290; Int_2, Z. 87; Int_7, Z.257).

> "I often read. Or what I do if I got a problem that needs to be solved, I will put it in the back of my mind and go do something else. And quite often the solution will come to me, when I wake, often I wake in the night with the solution or it comes to me when I am doing something very mundane, something repetitive like walking or chopping vegetables, something that is not using very much brain power, I suppose." (Int_2, Z. 87)

> "I have all the hobbies and interests that can take my mind off of my day job and then allow me to refocus when I get done after I have a chance to unwind, I think that works for a lot of people." (Int_7, Z. 257)

Inkubation kann Illumination also auch in der Online-Ideenentwicklung bedingen, gleichwohl muss diese Phase nicht zwingend durchlaufen werden. Nutzer*innen können je nach Aufgabenstellung Probleme auf Plattformen identifizieren, wofür sie ohne große Anstrengung bereits eine Lösung parat haben oder

Gedanken geistesblitzartig zusammenfügen (vgl. Int_7, Z. 37-38). Wie häufig solche Fälle in Relation zu Vorbereitungs- und Inkubationsphasen auftreten kann aus der qualitativen Studie nicht abgeleitet werden; von den sieben Interviewten berichtete davon lediglich eine Person (vgl. ebd.). Es ist aber davon auszugehen, dass die Lösungen insoweit ‚auf der Hand lagen', dass der kreative Prozess stark verkürzt war bzw. schon vorher in einem anderen Kontext und Umfeld stattgefunden hatte.

> "I was scrolling through the problems and I saw the problem that ended up solving. I said I know how to do that... that's going to be easy." (Int_7, Z. 37)

Schließt sich an eine intensive Vorbereitung keine Eingebung an und die Fortführung des Prozesses ist blockiert, kann dies zum *Prozessabbruch* führen (vgl. Int_1, Z. 226; Int_7, Z. 168).

> "If they don't feel that they can perform the challenges, usually they drop out by week one or two." (Int_1, Z. 226)

Die **Verifikation** der eigenen Idee erfolgt schließlich auf Basis der eigenen Einschätzung sowie final auf Basis der Einschätzung des Ideensuchenden. Eigene Tests können stattfinden, sind aber, basierend auf der Art des kreativen Produktes, eher die Ausnahme:

> "I have done somewhat chemistry in my garage and my kitchen and I have proven some concepts at some stage but as an independent scientist without a research lab you are limited at what you do." (Int_7, Z. 345ff.)

> "I might share the idea with somebody else, just talk about it and see whether they like it, but usually I use my own judgment." (Int_6, Z. 244)

Bezüglich der Beurteilung durch Ideensuchende scheint es nicht nur entscheidend für Kreative zu sein, ‚die richtige' Idee vorzustellen, sondern auch zügig mitzuteilen (vgl. Int_6, Z. 162) sowie verständlich bzw. überzeugend zu präsentieren (vgl. Int_4, Z. 348; Int_6, Z. 218, Int_5, Z. 133).

> "[…] what I'm doing is not just evaluating the problem itself but also evaluating how well we write the problem, the right solution. So that it is easily understood by the seeker and that they see how we have addressed each of their issues." (Int_4, Z. 348)

> "[…] I sort of focus in pretty quickly on what I think of a solution is then I just try and flesh it out and make sure it's as convincing as possible. So, I look for supporting data from where I can and put it together." (Int_6, Z. 218)

Es erscheint logisch, warum es für Kreative wichtig ist, Ideensuchende von der eigenen Idee zu überzeugen. Diese bestimmen letztlich, welche Lösung umgesetzt wird. Zudem gibt es bei heuristischen Aufgabenstellungen kein richtig und falsch, sondern viele mögliche Antworten (vgl. Kapitel 3.1.). Die Überzeugungsarbeit richtet sich darauf, die eigene Idee als beste Alternative vorzustellen (vgl. Int_6, Z. 218; Int_4, Z. 348). Auch die Nutzen-Kosten-Abschätzung begründet den Stellenwert der Ideenpräsentation:

> "You have to put your best ideas on the table at all risk and all cost. Because it's likely that someone else is right there with the idea that you advance." (Int_3, IdeaConnection)

Zusammenfassend zeigt sich, dass sich der kreative Prozess in der Online-Ideenentwicklung durchaus anhand der vordefinierten Phasen (vgl. Kapitel 3.1.2) abbilden lässt. Wie genau sich diese Denkprozesse im Kern gestalten, konnte keiner der Interviewten beschreiben; ein Interviewter drückte es kurz und präzise aus mit den Worten: „I wish I knew. It just comes" (Int_6, Z. 105). Das Zusammenspiel bewusster sowie unbewusster Prozesse erschwert eine umfassende Analyse der Ideenfindung des Einzelnen.

4.2 Strukturelle Besonderheiten

Neben den relevanten Prozessphasen konnten in der Analyse Faktoren identifiziert werden, welche sich zusammenfassen lassen als:[140]

- Ressourcen (v. a. personengebunden, konzeptionell, technisch)
- Regeln bzw. Konditionen (v. a. konzeptionelle Regeln und Anforderungen, technisch bedingte Konditionen, soziale Einflüsse)

Zu den **personengebundenen Ressourcen** (auf Nutzerseite) lassen sich v.a. Aussagen bzgl. der Motivation zählen, wie z. B. das Vorhandensein von Neugier, Interesse oder die Leidenschaft für Ideenentwicklung (vgl. z. B. Int_3, Z. 160; Int_5, Z. 33 u. 256 ff.; Int_7, Z. 35). Ferner zählen dazu (Vor-)Wissen (vgl. z. B. Int_7, Z. 28; Int_6, Z. 72; Int_1, Z. 81; Int_5, Z. 31) und Fähigkeiten (vgl. z. B. Int_5, Z. 45) bzw. die Anwendung spezifischer Techniken bei der Auseinandersetzung mit der Aufgabenstellung (vgl. z. B. Int_4, Z. 99).

Hinzufügen lassen sich auf Basis einzelner Aussagen weitere fallspezifische Ressourcen, wie beispielsweise die persönliche Ausstattung für das Erarbeiten oder Testen von Lösungsvorschlägen (vgl. Int_7, Z. 372).

> "Because my answer was based on my knowledge and practice in the industry […]." (Int_7, Z. 28)

> "I feel I'm not an innovator or an inventor, because I'm forced to do that – I love this process. Because from my childhood on I started enjoying anything come up with other stuff that is not possible that I wanted to say that's possible." (Int_5, Z. 256)

---

[140] Diese werden in den Interviews eher angerissen und wurden nicht weiter ergründet, da der Fokus der Vorstudie vor allem auf der Phasenabbildung lag.

Zu ergänzen sind persönliche Regulierung z.B. durch Zeitmanagement bzw. den Umgang mit Blockaden (vgl. Int_1, Z. 226; Int_7, Z. 168), politische Einstellungen (vgl. Int_4, Z. 213), oder auch individuelle Arbeitsweisen wie z. B. gezielte Ablenkung durch alternativen Zeitvertreib (vgl. z. B. Int_4, Z. 274).

Als **technisch basierte Ressource** kann in erster Linie der Zugang zu Informationen über externe Internetplattformen identifiziert werden (vgl. Int_6, Z. 89 u. 97; Int_7, Z. 196; Int_1, Z. 108; Int_5, Z. 348). Die computervermittelte Suche nach relevanten Informationen kann in allen Phasen des Prozesses stattfinden, scheint jedoch vor allem in der Phase der Vorbereitung relevant zu sein (vgl. ebd.; siehe Kapitel 5.1.1).

> "[…] the advent of internet has allowed an individual to do a lot more than they could before. […] now you can get abstracts for a lot of these things and then go off to your local university and look up for the full paper" (Int_6, Z. 89).

Als technische Regulierungen können Konditionen betrachtet werden, welche sich beispielsweise aufgrund von technischen Möglichkeiten, wie z. B. die grenzüberschreitende, globale Vernetzung ergeben (vgl. Int_2, Z. 73). Zudem sind technisch bedingte Restriktionen, wie z. B. durch computervermittelte Kommunikation, gemeint. Auch wenn die Interviews hierzu nicht im Detail Auskunft geben, so lassen sich mindestens Indizien dafür finden:

> "I really encourage them to have a little bit of fun. Sometime I make them virtual tea, virtual coffee and have a little bit of fun with it." (Int_4, Z. 147)

Als **konzeptionelle Ressourcen** lassen sich beispielsweise Vorabinformationen oder Feedback, bereitgestellt durch Ideensuchende, identifizieren (siehe oben: Phase Vorbereitung). Dazu gehören beispielsweise Informationen, welche Anforderungen insoweit präzisieren, dass sie den Kreativen aufzeigen, in welche

Richtung die Lösung gehen sollte (vgl. Int_1, Z. 94). Ferner ist hier ebenfalls der Einsatz von Moderator*innen einzuordnen, welche wiederum spezifische Fähigkeiten bzw. Techniken in den Prozess einbringen (vgl. z. B. Int_1, Z. 161; Int_3, Z. 126; Int_4, Z. 98ff.).

> "My job is to form a team and keep them together as a team working towards the goal of finding a solution or solutions for the problem that we have been given." (Int_2, Z. 63)

> "As a facilitator I am not actually a scientist myself. But the advantage that I have is that I can often ask questions, they might sound like stupid questions for a scientist to ask but help to stimulate the thought." (Int_4, Z. 75)

Konditionen, welche von Ideensuchenden vorgegeben werden (vgl. Int_5, Z. 212), gehören zwar auch zum Bestand der Aufgabe, sind dennoch eher als Regeln zu verstehen und lassen sich deshalb den **konzeptionellen Regeln bzw. Konditionen** zuordnen. Dazu gehören außerdem Zeitrestriktionen, an die sich Nutzer*innen und Moderator*innen gebunden fühlen (vgl. Int_1, Z. 199; Int_2, Z. 132; Int_5, Z. 297), Arbeitsweisen der Plattform, wie z. B. die vorgegebene Zusammenstellung von Teams (vgl. Int_5, Z. 320; Int_3, Z. 99), (konzeptuell-rechtliche) Vertraulichkeitsbestimmungen (vgl. Int_1, Z. 123 u. 129) sowie Arbeitsweisen der Moderator*innen im Einzelnen. Letztere können beispielsweise bestimmte Handlungsschritte oder Stimuli vorgeben:

> "The first thing I do is try to get them focus on the problem and looking at it from different angles […] And I also like the 'Trees-Method'" (Int_4, Z. 98f.)

> "We start a brainstorm. And the brainstorming we start with everybody trying to put the ideas on the table." (Int_3, Z. 126)

Der Einfluss durch Moderator*innen und Teamarbeit ist einerseits konzeptionell vorgegeben, andererseits als **sozialer Einfluss** zu verstehen. Erkennbar ist dies auch am manipulativen Charakter, veranschaulicht durch z. B. folgendes Zitat:

> "When the ideas coming from the others, I tell them 'sorry don't mistake me, I'm going to play a devil side'. [...] I will simply put all the negative ideas. Not for the sake of it, but I will do." (Int_5, Z. 177)

Indizien für soziale Einflüsse lassen sich in den Interviewaussagen insbesondere auf die Teamarbeit zurückführen. Die Arbeit in Teams kann beispielsweise zur Teilnahme motivieren (vgl. Int_3, Z. 173) oder als inspirierend oder kompetenzerweiternd wahrgenommen werden (vgl. Int_2, Z. 79; Int_3, Z. 73, 173). Sie kann hingegen auch hemmenden Einfluss haben, wenn beispielsweise einzelne Teammitglieder unproduktiv werden (vgl. Int_4, Z. 201).

> "I am inspired by experts who are in the field and I am also inspired by the fact that a group of technical people have come together with a like-mindedness that we believe we can solve a very good challenge that's very, very exciting." (Int_3, Z. 173)

> "Sometimes team members become unproductive because they don't self-value in a team. Which is another part of my job as a facilitator." (Int_4, Z. 201)

Schließlich wird auch deutlich, wie das physische und konzeptionelle Umfeld der Plattform Voraussetzungen für soziale Prozesse schafft. Interviewte nahmen in ihren Aussagen Bezug auf die Aspekte Co-Aktion mit anderen sowie Bewertung durch andere.

> "[...] someone is very close to where you are – that is always in the inventor's mind. Someone is very close to where I am and I have to outdo him." (Int_3, Z. 297)

"Sometimes it is when I am talking with good friends, that I can just let all my ideas spill out with, people who don't judge me." (Int_2, Z. 175)

4.3 Fazit der Vorstudie

Die Voruntersuchung ermöglichte eine modellhafte Strukturierung des Ablaufs kreativer Lösungsprozesse auf Crowdsourcing-Plattformen, und gab überdies Einblick in den Prozess, einschließlich die ihn bedingenden Faktoren. Diese sind zum einen in der Person, aber auch im Umfeld des Kreativen, v. a. im technischen (physikalischen) und konzeptionellen sowie sozialen Umfeld der Plattform zu finden (mehr dazu in Kapitel 5). Auf Basis eines strukturierenden Ansatzes war es ferner möglich, eine Unterteilung dieser Faktoren in Regeln bzw. Konditionen einerseits sowie Ressourcen andererseits vorzunehmen.

So wie die Vorstudie bereits erste wichtige Faktoren erkennen ließ, so ist sie dennoch mit Limitationen ihres Informationsgehalts behaftet. Die besagten Plattformen zeichnen sich durch Kollaborationsmechanismen aus, setzen Teamarbeit mitunter voraus bzw. unterstützen sie. Ferner sind die besagten Plattformen im wissensintensiven Bereich einzuordnen, d. h. die Aufgabenkomplexität ist deutlich erhöht und der Expertisegrad der Teilnehmer*innen entsprechend ausgeprägt. Demnach kann beispielsweise angenommen werden, dass der Rechercheaufwand aufgrund des erhöhten Schwierigkeitsgrades sowie der detaillierten Anforderungen der Ideensuchenden größer ist. Zudem impliziert der hohe Grad an Teamarbeit, dass soziale Einflüsse auf den Plattformen folglich vor allem darauf gründen.

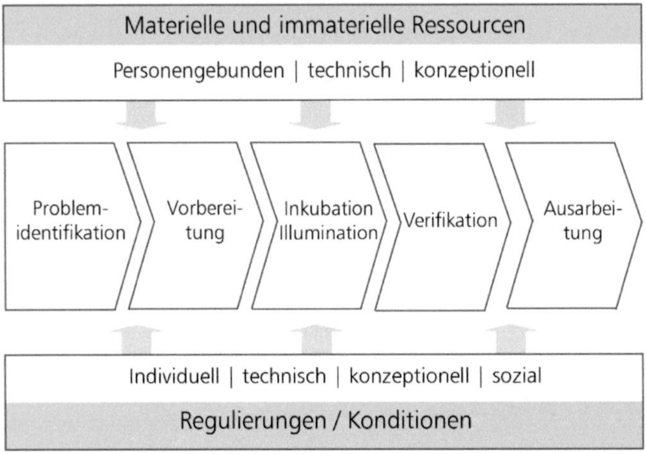

Abbildung 8: Prozessmodell in der Online-Ideenentwicklung einschl. Regeln und Ressourcen (eigene Darstellung)

Es kann angenommen werden, dass sich mittels einer Ausweitung des Untersuchungsradius und unter Einbezug von Plattformen in anderen Bereichen bzw. mit anderen Anforderungen und Mechanismen, weitere strukturelle Faktoren identifizieren lassen.

5 Zusammenfassung und Konzeptioneller Bezugsrahmen

Es lassen sich auf Basis der theoretischen Vorarbeit und der Vorstudie diverse Faktoren zusammentragen, die bei der Beantwortung der Frage, welche Rolle der soziale Kontext in der webbasierten Ideenentwicklung spielt, relevant sind. Diese lassen sich modellhaft in einen Bezugsrahmen einordnen (siehe Abbildung 9), welcher für die empirische Untersuchung Orientierung bietet.

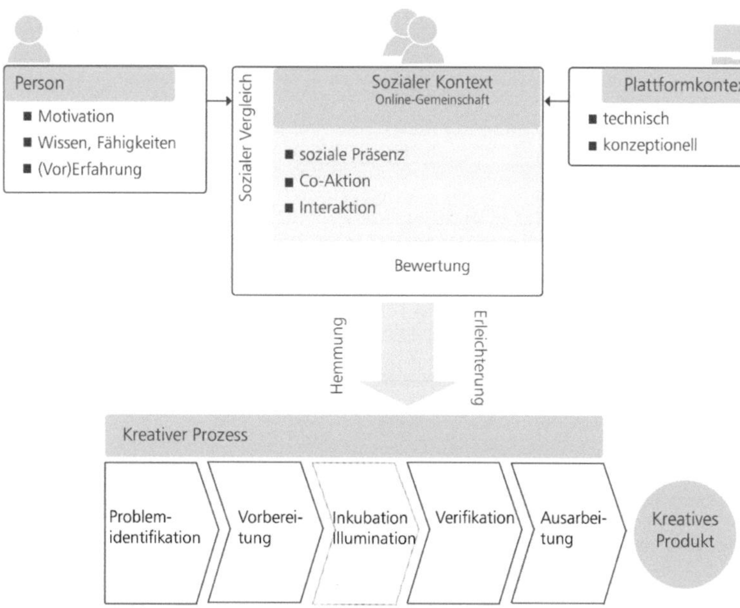

Abbildung 9: Forschungsleitender Bezugsrahmen (eigene Darstellung)

Überblicksartig fasst dieser Bezugsrahmen die herausgearbeiteten Ansätze zur Klärung der forschungsleitenden Unterfragen aus Kapitel 1.2 zusammen und versucht sie entlang der zuvor definierten Unterfragen in Beziehung zu setzen:

- Wie formiert sich sozialer Kontext?
- Welche relevanten Größen bestimmen sozialen Kontext?
- Wie stehen diese Größen in Beziehung zueinander und welche Mechanismen können die Wirkung des sozialen Kontextes auf kreatives Verhalten beschreiben?

Der soziale Kontext formiert sich grob als soziale Präsenz, Co-Aktion oder Interaktion und wird geprägt durch Komponenten der Person und der Plattform, welche ermöglichend bzw. regulierend[141] auf den kreativen Prozess einwirken und zugleich auch die Wahrnehmung des sozialen Kontextes bestimmen. Die Wahrnehmung und Interpretation dieses sozialen Kontextes impliziert Selbstbewertung durch sozialen Vergleich sowie Bewertungserwartung. Diese wurden als wichtige Mechanismen zur Erklärung sozialer Einflüsse in der Online-Ideenfindung herausgearbeitet. Konkrete Effekte spiegeln sich in Form von Erleichterung und Hemmung wider, können z. B. in Form von Konformität auftreten und prägen damit das kreative Verhalten des Individuums in den verschiedenen Prozessphasen.

Die Zusammenhänge des konzeptionellen Rahmens werden nachfolgend genauer erläutert. Zudem wird deutlich, wo sich Lücken bzw. Detailfragen ergeben,

[141] Auf eine Aufgliederung in Ressourcen und Regulierungen (wie in Abb. 8) wurde für die weitere Untersuchung verzichtet. Es erfolgte (auf Basis der theoretischen Vorüberlegungen) im Gegenzug eine Unterscheidung in personengebundenen, plattformspezifischen und sozialen Kontext. Abbildung 9 knüpft in diesen Punkten an die modellhafte Darstellung in Abbildung 8 an, welche Ressourcen und Regulierungen in eben diese Arten unterteilt.

welche die Forschungsfragen aus Kapitell 1.2. erweitern und damit die Basis für die empirische Analyse bilden.[142]

5.1 Person und Umfeld

Die Auslagerung der Ideenentwicklung hat im Wesentlichen zum Ziel, unternehmensexterne Akteur*innen auf Online-Plattformen mit netzwerkartiger Struktur kreative Problemlösungen bzw. Ideen generieren zu lassen. Kreatives Verhalten in der ausgelagerten Ideenentwicklung beschreibt dabei nicht nur das Produzieren, sondern auch das Evaluieren von Ideen, einschließlich Kommentare von Nutzer*innen, welche z. B. zur Ergänzung oder Verbesserung von Lösungsinformationen beitragen bzw. zu Verbesserungen anregen sollen. Das Verhalten im kreativen Prozess ergibt sich aus dem Zusammenspiel von Person und Umwelt; hierbei steht die Komponente der Motivation deutlich im Vordergrund. Sie wird weitestgehend durch die Umwelt beeinflusst.

Bereits mit Blick auf die Crowdsourcing- bzw. Kundenintegrationsforschung finden sich schwerpunktmäßig die wichtigsten **Komponenten kreativer Persönlichkeit** wieder:

- Motivation
- Wissen
- (kognitive) Fähigkeiten
- Vorerfahrungen

142 Die Zusammenfassung ergibt sich auf Grundlage der theoretischen Vorarbeit sowie der Vorstudie. Die entsprechenden Quellen sind den jeweiligen vorgelagerten Kapiteln zu entnehmen.

Um das Verhalten der Ideengebenden zu verstehen, soll analysiert werden:

> ***Wie können Plattformnutzer*innen auf Online-Plattformen für Ideenfindung als potenzielle Ideengebende auf Individualebene beschrieben werden?***
>
> - Was motiviert Nutzer*innen von Online-Plattformen zu ihrer Teilnahme?
> - Welche Rolle spielt Wissen bei der Aufgabenbewältigung,
> - auf welche kognitiven Fähigkeiten wird zurückgegriffen und wie schätzt das Individuum seine eigenen Fähigkeiten ein, kreative Produkte zu erschaffen?

Kreative Produkte in Form von Ideen, Konzepten oder sogar Prototypen sind das Ziel von Ideen-Communities, vor allem von innovationsbasierten Vorhaben. Ihre Generierung ist personengebunden, d.h. Kreative handeln kreativ entsprechend ihrer Fähigkeiten, ihres Wissens und ihrer Motivation innerhalb eines spezifischen Umfelds. Das **Umfeld** bietet die Grundlage für den Kontext und umfasst technische Gegebenheiten, insb. charakterisiert durch Besonderheiten computervermittelter Kommunikation, konzeptionelle bzw. gestalterische Elemente (u. a. festgelegt von Plattformverantwortlichen) sowie Aspekte des sozialen Kontextes auf Basis des ‚In-Gemeinschaft-seins' (siehe Tabelle 6).

In ihrem Zusammenspiel schaffen diese Komponenten einen Rahmen, welcher die grundlegenden Bedingungen der Situation des kreativen Schaffens vereint, d. h. den Kontext für kreatives Schaffen prägt. Sowohl technische als auch konzeptionelle Bedingungen bestimmen den sozialen Kontext mit. Die Besonderheiten computervermittelter Kommunikation wie asynchrone Kommunikation schaffen andere Voraussetzungen für Interaktion als reale Umgebungen.

Tabelle 6: Umfeldarten und ihre Merkmale

Umfeld	Merkmale
Technisch/ Physikalisch	z. B. computerbasierte Kommunikation, virtuelle Kommunikation, Anonymität bzw. Pseudonymität, Online-Identität, räumliche Distanz, asynchrone Kommunikation, Telepräsenz, Egalisierung, Online-Community, Online-Zugang zu Informationen
Konzeptionell	z. B. Interaktionsmechanismen, Belohnung, Gamification-Elemente Bewertung, Rankings, Informationsmechanismen (z.B. Dashboards), Aufgabenspektrum, Anforderungen, Feedbackmechanismen, Kollaborationsmechanismen, Wettbewerbsmechanismen, Moderation (s.u.), Regulierungen (z. B. Vertraulichkeitsvereinbarungen)
Sozial	z. B. Gemeinschaft, Kollaboration, Teamarbeit, Bewertung, Wettbewerb, Co-Aktion, Vergleich mit anderen Nutzer*innen, Brainstorming

Im **konzeptionellen Bereich** ist es vor allem die Aufgabe bzw. das Aufgabenspektrum, deren Art auch maßgeblich für das Verhalten des Kreativen ist. Ist die Problemstellung weitestgehend offen und die Anforderungen nur vage formuliert, fehlt ggf. die Orientierung an objektiven Maßstäben. Eine kontroverse Problemstellung schafft andere Bedingungen im sozialen Kontext als eine triviale Aufgabe.

Weiterhin sind es funktionale Mechanismen der Plattform, welche den Rahmen schaffen für das Zustandekommen und die Ausgestaltung des sozialen Kontextes. Angaben zu anderen Nutzer*innen, ihr Profil aber auch ihre Handlungen sind grundlegende Elemente. Kommentarfunktionen oder Votingfunktionen schaffen Möglichkeiten zur Interaktion.

Prinzipiell zu unterscheiden sind bloße Anwesenheit, Co-Aktion und Interaktion durch z. B. Kommentare, Bewertung oder andere Formen der Kommunikation (siehe Tabelle 7).

Tabelle 7: Formen von Gemeinschaft auf Online-Plattformen für Ideenfindung

Gemeinschaftsform	Merkmale
Bloße Anwesenheit/soziale Präsenz	andere Nutzer*innen, Ideensuchende, Moderator*innen, beobachtende Plattformbetreiber als Publikum
Co-Aktion	andere Nutzer*innen, projekt- bzw. aufgabenbezogene Konkurrent*innen im Speziellen als Ideengebende
Interaktion/Kommunikation	Plattformnutzer*innen, Ideensuchende und andere Akteure als Kommunikatoren (mittels Kommentarfunktion aber auch durch Bezugnahme auf Leistung anderer durch Votings, Gefällt-mir-Angaben, o.ä.)

Die **Anwesenheit anderer Personen** ist Voraussetzung für soziale Einflüsse. In Online-Gemeinschaften kann Anwesenheit, wenn auch nicht physisch und synchron, angenommen werden: Ideen oder Kommentare können online gestellt bzw. ‚Likes' vergeben werden, welche automatisch abgespeichert und demnach für andere Nutzer*innen zugänglich sind. Das heißt, Plattformnutzer*innen stellen ihre Ideen online mit der Voraussicht, dass auf diese zugegriffen werden kann, auch wenn sie selbst nicht mehr online sind.

Diese Wechselbeziehung kann ferner als **Interaktion** deklariert werden. Sie ist jedoch nicht zwingend erforderlich; maßgeblich ist eher die Erwartung von Interaktion, genauer die Erwartung bzw. das Empfinden, dass das eigene Handeln ‚wahrgenommen' und bewertet wird. Das heißt im konkreten Fall, dass Nutzerinnen beispielsweise nicht erst dann sozialem Einfluss unterliegen, wenn ihre gepostete Idee oder ihr Kommentar, etc. gelesen wird. Bereits die Erwartungshaltung wirkt auf die ersten Schritte im Kreativprozess ein.

Die Anwesenheit „Anderer" meint hier nicht unbedingt nur die virtuelle, (a-)synchrone Präsenz von Communitymitgliedern, auch andere Beteiligte, wie z.B.

Plattformmoderator*innen, Ideensuchende sowie Beobachter*innen können damit gemeint sein (siehe „Umwelt").

In dieser Online-Gemeinschaft positionieren sich Nutzer*innen, ordnen sich in ihrer Vorstellung in die **Gemeinschaft** ein oder grenzen sich ab. Es ist anzunehmen, dass aufgrund des angenommenen gemeinsamen Interesses eher eine Identifikation mit der Online-Gemeinschaft stattfindet. Besonders für Plattformen, auf denen aufgrund ähnlich komplexer Aufgabenanforderungen recht homogene Nutzertypen in Bezug auf Wissen und Know-how zu finden sind, ist dies anzunehmen.

Nutzer*innen bauen innerhalb dieser Communities mehr oder minder starke Beziehungen zu anderen Nutzer*innen auf. Schwache Bindungen können die Kreativität der Nutzer*innen mitunter steigern, vorausgesetzt, dass sie der kreativen Person Zugang zu mehr Informationen verschaffen und zugleich Autonomie zulassen. In Online-Netzwerken mit asynchroner Kommunikation und Möglichkeit anonymisierter Kommunikation, d. h. mit vielen potenziellen und dennoch schwachen Verbindungen könnte entsprechend dieser Auslegung angenommen werden, dass das Risiko für Konformität geringer ist.

Wie diese Verbindungen aufgebaut werden, ist abhängig u. a. von den jeweiligen Plattformbedingungen. Auf Plattformen, wo Kollaboration vorgegeben wird, ist Interaktion mutmaßlich stärker ausgeprägt und Beziehungen unter den Nutzer*innen können sich ggf. schneller aufbauen bzw. intensivieren. Gleichwohl muss man auf diesen Plattformen nicht von ‚starken' Bindungen ausgehen. Zudem ist davon auszugehen, dass die persönliche Bereitschaft des Individuums bestimmt, zu wem es welche Verbindung zulässt. Voraussetzung dafür ist zunächst die Wahrnehmung anderer Akteur*innen auf der Plattform.

Inwieweit andere auf der Plattform wahrgenommen und als Teil der Gemeinschaft interpretiert werden, hängt nicht nur von der Konzeption der Plattform, sondern auch der persönlichen Wahrnehmung des Individuums ab. Ein Ziel ist deshalb zu verstehen, inwieweit sich Nutzer*innen als Teil der Online-Community sehen, ob sie Beziehungen aufgebaut haben, inwieweit sie sich mit anderen identifizieren und welche Faktoren dafür ausschlaggebend sind. Zu fragen ist:

Wie nehmen Plattformnutzer*innen ihren sozialen Kontext in der Online-Ideen-Community wahr?

- Wie werden andere Akteur*innen auf der Plattform wahrgenommen?
- In welcher Beziehung sehen sie sich zu anderen Nutzer*innen?
- Inwieweit sehen sich Nutzer*innen als Teil der Community?
- Wie positionieren sie sich auf der Plattform?

5.2 Externe Bewertung und Selbstbewertung

Kreative auf Ideenplattformen geben u. a. an, durch Feedback und die Aussicht auf Belohnung motiviert zu sein. Diese Aussage steht im Spannungsfeld zu Erkenntnissen aus der Kreativitätsforschung, wonach die Aussicht auf Belohnung und die damit einhergehende Bewertung nicht zwangsläufig zu kreativeren Ideen führen.

Die Kreativitätsforschung hat diesbezüglich grundlegende Studien vorgenommen, die Wirkung von Anwesenheit anderer, Co-Aktion und Kollaboration auf kreative Leistung eines Individuums bzw. einer Gruppe untersucht. Auch wenn die Ergebnisse zu keinem einheitlichen Schluss kommen, so wird deutlich, dass **Bewertung durch andere** sowie **Vergleich mit anderen** wichtige Grundlagen für soziale Einflüsse sind. Es lässt sich feststellen:

- *Leistungsbewertung durch andere* ist ein wichtiger Bezugspunkt für Kreative, ihre eigene Leistung einschätzen zu können und damit auf ihre Fähigkeiten zu schließen.

- *Selbstbewertung durch sozialen Vergleich* ist ein wichtiger Prozess um kreative Leistung einschätzen zu können, v. a. wenn keine objektiven Maßstäbe vorhanden sind.
- In *Situationen mit anwesenden Beobachter*innen wird Bewertung durch andere erwartet* und kann damit potenziell das eigene Verhalten beeinflussen. Als Orientierung gelten angenommene Werte, Normen und in Bezug auf kreative Leistung auch angenommene Standards.
- In *Situationen der Co-Aktion erfolgt Selbstbewertung durch Vergleich* mit anderen anwesenden Akteur*innen als soziale Stimuli. Bezugspunkt zur Orientierung kann das kreative Verhalten anderer bzw. deren kreative Leistung (Idee, Beitrag) sein.

Die Phase der Verifikation bzw. eigenen Bewertung ist im kreativen Prozess als letzter Schritt vor der Ideenausarbeitung vorgesehen. Es ist jedoch davon auszugehen, dass die Selbstbewertung bereits weitaus früher, wenn auch nicht immer ganz bewusst, stattfindet, wie z. B. in Kosten-Nutzen-Abwägungen für das eigene Handeln.

Genauso ist die externe Bewertung zwar erst nach der Ausarbeitung einer Idee möglich, dennoch ist sich das Individuum der Bewertung durch andere i. d. R. bereits zu Beginn des Prozesses bewusst. Inwieweit dies reflektiert wird, ist v. a. abhängig von personenspezifischen Faktoren (z. B. Wissen, Vorerfahrung) und von Kontextbedingungen (z.B. Komplexität der Aufgabenstellung[143]).

Insbesondere bei Ausarbeitung der Idee ist Bewertungserwartung anzunehmen. Nachdem die Idee, d. h. das kreative Produkt, ausgearbeitet wurde, wird es der Plattformöffentlichkeit zugänglich gemacht Dies kann in Form von schriftlichen Erläuterungen oder Kommentaren geschehen, die in Länge und Inhalt stark variieren, ggf. durch Visualisierungen ergänzt werden.

---

[143] Besonders bei weniger komplexen Sachverhalten, wie z. B. der Suche nach neuen Geschmacksrichtungen für Kaugummis auf Atizo, ist eine solche Prozessverkürzung denkbar.

Sowohl die Communitymitglieder als auch Plattformverantwortliche, Ideensuchende, Moderator*innen und andere Beteiligte bzw. Beobachter*innen haben Zugriff auf die Idee und können sie damit beurteilen. Sie können, wenn möglich, Ideen mittels bestimmter Funktionen (z. B. Likes', Punktevergabe) bewerten oder ggf. prämieren.

Dabei ist sowohl entscheidend, welche Idee die vorgegebenen objektiven Kriterien erfüllt als auch subjektiv gefällt. Fest steht zudem, dass Ideen nicht allein nach ihrem Kreativitätsgrad bewertet werden. Denn es fließen in der wirtschaftlich initiierten Online-Ideenentwicklung andere, v. a. wirtschaftlich orientierte Kriterien in die Beurteilung ein: Anders als in Kreativitätsstudien, wo Expert*innen angehalten sind, Ideen u. a. anhand der Dimensionen Neuartigkeit oder Nützlichkeit zu bewerten, sind bei der Online-Ideenentwicklung Aspekte wie z.B. technische Realisierbarkeit, Kosten oder Strategie-Fit relevant (siehe Kapitel 2.2.).

Kreative können diese Anforderungen zur Einschätzung ihrer Idee heranziehen, jedoch können sie aufgrund der heuristischen Natur der Aufgabe nicht davon ausgehen, bei ‚Planerfüllung' auch die beste Idee zu liefern. Kreative Produkte, darunter v. a. Designs, sind nicht an objektiven Maßstäben zu bewerten, hier ist sozialer Vergleich notwendig. Es kann ferner nicht davon ausgegangen werden, dass Teilnehmende auf Innovationsplattformen wie z. B. InnoCentive über eigene Ausstattungen verfügen, um ihre Ideen experimentell zu überprüfen.

Letztlich ist es vom kreativen Produkt abhängig, inwieweit Vergleiche an physikalischen Standards überhaupt möglich sind. Geht man davon aus, dass Menschen ohnehin bestrebt sind eher soziale Vergleiche vorzunehmen, ist davon auszugehen, dass sich Nutzer*innen von Ideenplattformen mit anderen vergleichen.[144] Zu fragen ist, welche Beweggründe für sozialen Vergleich zu finden sind, wie sich sozialer Vergleich konkret darstellt.

Theoretisch anzunehmen ist, dass sich Kreative hinsichtlich ihrer Fähigkeiten mit solchen Personen vergleichen, welche über ähnliche leistungsbezogenen Merkmale verfügen. Welche Merkmale in der Online-Ideenentwicklung relevant sind, ist zu fragen. Hierbei ist offen, welche Merkmale überhaupt in Profilen vorgesehen oder eingestellt werden, damit sie von Nutzer*innen wahrgenommen werden können.

> ***Welche Rolle spielt sozialer Vergleich in der Online-Ideenentwicklung?***
>
> - Welche objektiven Kriterien ziehen Nutzer zur Einschätzung ihrer Ideen heran? Wann wird sozialer Vergleich relevant?
> - Was wird verglichen (z.B. Ideen, Meinungen, Fähigkeiten, etc.)
> - Anhand welcher Attribute wird verglichen und welche Richtung schlägt der Vergleich ein?

Kreative sind auch unabhängig davon, dass sie durch das Erbringen einer Leistung per se Bewertung zu erwarten haben, bestrebt, ihre Leistung einzuschätzen. Vor der Bewertung durch andere steht die Selbstbewertung der eigenen Leistung. Trotzdem, Selbstbewertung ist nicht immer hinreichend möglich, vor allem dann, wenn die Leistung anderer ebenso wenig mit Standards verglichen werden kann. Umso wichtiger wird die externe Bewertung in Form von Feedback. Dieses kann im Prinzip durch jeden erfolgen, wer Zugang zur Idee und zu entsprechenden

---

[144] Plattformnutzer*innen können ihre eigenen Fähigkeiten hoch einschätzen im Vergleich zu anderen Nutzer*innen auf der Plattform; die Einschätzung ist dabei variabel und kann sich beispielsweise ändern, indem am anderen Tag oder im Rahmen einer anderen Challenge andere vermeintlich bessere Nutzer*innen identifiziert werden.

Feedbackmechanismen hat. In diesem Zusammenhang stellen sich folgende zentrale Fragen:

> ***Welche Rolle spielt die Bewertung und Bewertungserwartung von Plattformnutzer*innen in der kreativen Ideenentwicklung?***
>
> - Inwiefern wird Bewertung erwartet?
> - Wie relevant ist Bewertung für das kreative Handeln des Individuums?
> - Wessen Bewertung steht im Vordergrund und warum?
> - Wie wird mit Bewertung umgegangen?

Der Wunsch nach Anerkennung der eigenen Leistung kann Kreativität beflügeln und gleichermaßen einschränken. Die Erwartung, bewertet zu werden, kann im Extremfall in Angst vor Bewertung übergehen, was Kreativität einschränkt. Der Anspruch, ‚das Gesicht nicht zu verlieren' steht dabei gängigen Online-Community-Mechanismen, wie Anonymisierung durch Nutzernamen gegenüber. Bewertungserwartung, wie sie z. B. im Falle Brainstormings untersucht worden ist, ist deshalb schwer vergleichbar mit Online-Communities für Ideenfindung.

Bewertungserwartung muss sich nicht, wie bereits bemerkt, auf andere Nutzer beschränken. Auch die Bewertung durch Ideensuchende oder ggf. eine Jury ist ausschlaggebend. Schließlich liegen in Ideen-Communities Bewertung und Belohnung eng beisammen. Diese Belohnung kann sich in Anerkennung der Leistung widerspiegeln oder auch durch ganz reale Anreize gegeben sein. Eine künstliche Verschärfung durch Wettbewerbsbedingungen mit Aussicht auf Belohnung kann diese Erwartungshaltung unterstreichen, wodurch extrinsische Motivation in den Vordergrund rücken kann.

5.3 Formen sozialen Einflusses

Nachdem insbesondere Bewertungserwartung und soziale Vergleichsprozesse als Grundvoraussetzungen für sozialen Einfluss identifiziert wurden, bleibt zu fragen, welche konkreten Einflüsse auftreten können. Sowohl wahrgenommene Erleichterung als auch Hemmung sind denkbar in Online-Communities für Ideenentwicklung.

Besonders der Vergleich mit anderen Nutzer*innen kann Kreativen wichtige **Orientierung** zur Einschätzung der eigenen Leistung geben. Inwieweit dieser Vergleich tatsächlich kreative Ideenfindung erleichtert ist fraglich, schließlich ist konformes Verhalten auch im Sinne einer Leistungsanpassung, ähnlich wie denen in Brainstorming-Gruppen, möglich. Gleichwohl ist die Nähe zur Einflussquelle weder physisch noch zeitlich mit Kleingruppensituationen vergleichbar. So ist fraglich, inwieweit **Konformität** auf Online-Plattformen mit entsprechender Nutzerzahl begünstigt wird.[145]

Weitere Effekte sind denkbar (siehe Kapitel 3.2.2). Um Hinweise auf konkrete soziale Einflüsse und ihre Ursachen zu finden, ist zu fragen:

> ***Wie äußern sich soziale Einflüsse in kreativem Verhalten von Nutzer*innen auf Online-Plattformen für Ideenfindung?***
>
> - In welchen Phasen des kreativen Prozesses spiegelt sich sozialer Einfluss wider
> - Inwiefern fühlen Nutzer*inne ihre Leistung erleichtert oder gehemmt innerhalb der Online-Community?
> - Inwiefern passen Nutzer*innen ihre Ideen an einen angenommenen bzw. wahrgenommenen Standard an oder heben ihn davon ab?

---

[145] Durch die reine Analyse von kreativen Produkten ist Konformität kaum feststellbar, da vermeintlich konforme Äußerungen im Prinzip auch auf funktionale Gebundenheit zurückzuführen sein können (siehe dazu auch Kapitel 3.1.3.2.).

Um Antworten auf diese Fragen zu erhalten, wurde ein exploratives Vorgehen angestrebt. Hierfür wurden die dargelegten Kernfragen in einen Leitfaden überführt (siehe Anhang). Informationen zum methodischen Vorgehen folgen in Kapitel 6.

5.4 Erläuterungen zentraler Begriffe

Die nachfolgenden Begriffe werden zum besseren Verständnis des anschließenden empirischen Teils nochmals gesondert erläutert.

Nutzer*innen | Plattformnutzer*innen: Als solche werden im Folgenden Plattformnutzer*innen in ihrer Rolle als potenzielle Ideengeber*innen bezeichnet. Auch wenn Ideensuchende in ihrer Funktion ebenfalls Nutzer*innen der Plattform sind, so hat sich im Sprachgebrauch (wie sich auch in den Interviews zeigt) die Bezeichnung „Nutzer*in" für die im Kern adressierten Akteure der Plattformgemeinschaft durchgesetzt. Alternativ werden Bezeichnungen wie „Kreative" oder „Ideengeber*in" verwendet.

Idee | Entwurf |Konzept | Lösungsvorschlag: Ziel der Auslagerung von Ideenprozessen ist die Einbindung extern entstandener kreativer Produkte bzw. Leistungen; diese können noch abstrakt und einfach formuliert als (ungeschützte) Idee gehandelt werden. Sie können ferner detailliert als Entwürfe oder Lösungskonzepte in die Ideenfindung des Ideensuchers (als Idee) eingehen. In der Arbeit werden je nach Plattformkontext (insb. im empirischen Teil) alle drei Begriffe verwendet.

Beitrag: Neben Ideen, Entwürfen oder Konzepten bestimmen weitere Formen von Beiträgen, wie z. B. Kommentare die Teilnahme von Plattformnutzern.

Diese können unter Umständen eine bestehende Idee oder einen Gedanken aufgreifen oder auch erweitern.

Kollaboration | kollaboratives Verhalten: Als Kollaboration wird im Folgenden die Zusammenarbeit von Plattformnutzern betrachtet, d.h. das gemeinsame Erarbeiten von Ideen bzw. Beiträgen. Im empirischen Teil wird ferner Kollaboratives Verhalten und Teamarbeit unterschieden. Kollaboratives Verhalten beschreibt eine eher abgeschwächte Form der Kollaboration, welche nicht auf die gemeinsame Beitragserstellung abzielt, aber Unterstützung bietet. Das kann beispielsweise der Fall sein, wenn Ideen konstruktiv kommentiert oder auch per Like-Funktion gefördert werden.

Plattformgemeinschaft | Online-Community: Als Plattformgemeinschaft (engl.: online community) werden Nutzer*innenschaften von Online-Plattformen bezeichnet, welche mind. interessensbezogen zusammenkommen. Im Kontext der Arbeit werden solche Plattform-Nutzer*innenschaften als Gemeinschaft bzw. Community verstanden, welche mit dem Ziel der Ideenentwicklung entsprechende Onlinedienste nutzen. Der „Gemeinschaftsgrad" ist abhängig u. a. von objektiven Kriterien wie Vernetzung der Mitglieder und Interaktion der Mitglieder sowie dem subjektiven Gemeinschaftsempfinden.

In Gemeinschaft | gemeinschaftlich: ‚In Gemeinschaft' zu agieren setzt mindestens die angenommene Anwesenheit einer anderen Person voraus. Die Plattformgemeinschaft suggeriert die (soziale) Anwesenheit anderer Nutzer. ‚Gemeinschaftlich zu agieren' impliziert hingegen mind. kollaboratives Verhalten (s. o.)

6 Empirische Untersuchung

Ziel der Arbeit ist es, die Rolle des sozialen Kontextes in der internetbasierten Ideenentwicklung zu ergründen und mögliche soziale Einflüsse auf das kreative Verhalten von Nutzern in Online-Communities für Ideenentwicklung zu identifizieren.[146]

In die Methodenwahl muss neben der Forschungsfrage auch die Reife des konzeptionellen Bezugsrahmens einbezogen werden. Bereits die Erstellung dieses Rahmens hat deutlich werden lassen, dass eine explorative Vorgehensweise sinnvoll erscheint, um das Modell weiter auszubauen und durch Verständnis relevanter Merkmale und ihrer Beziehungen zueinander mehr Halt zu geben und Annahmen zu generieren.

Zur Beschreibung des Gegenstandsbereichs ‚sozialer Kontext in Online-Ideengemeinschaften' mit dem Ziel der Theoriebildung wurde ein qualitativer Forschungsansatz gewählt (vgl. Bortz u. Döring 2016: 184). Mit Blick auf den in der Arbeit zuvor entwickelten Bezugsrahmen wird nachfolgend das explorative Forschungsdesign zur Beantwortung der Forschungsfrage erläutert und die Ergebnisse thesengeleitet zusammengefasst.

6.1 Methode und Untersuchungsdesign

Explorative qualitative Forschung kann helfen, relevante Größen und Wirkmechanismen zu identifizieren. In der sozialpsychologisch orientierten Kreativitätsforschung haben insbesondere qualitative Daten offenlegen können, welche Stellung das soziale Umfeld in kreativen Prozessen hat (vgl. Amabile 1996: 6). „First-

[146] Der Begriff „Verstehen" wird hier aus Sicht der Heuristik als Vorstufe zur Erklärungsarbeit begriffen (vgl. dazu Fischer u. Wiswede 2002: 33). Zusammenhänge müssen dementsprechend erst verstanden worden sein, um sie erklären zu können.

person-reports“ eignen sich als legitime Datenquelle, da sie Einsicht geben können in die Wahrnehmung sozialer Einflüsse auf Kreativität und so helfen, Hypothesen aufzustellen (vgl. ebd.: 6).

Nicht selten finden sich in der Kreativitätsforschung Fallbeispiele (vgl. ebd.) und Fallstudien (vgl. z. B. Weisberg 2006: 7ff.)[147] sowie empirische Analysen mittels Interviewstudien (z. B. Csikszentmihalyi 1997; Amabile u. Gryskiewicz 1987)[148] Qualitative Vorgehen dieser Art generieren vor allem Flexibilität in der Analyse und gewährleisten eine Antwortbreite, welche für explorative Vorgehen notwendig ist (vgl. auch Amabile u. Grskiewicz 1987: 6) Auch die vorliegende Arbeit stützt sich auf ein exploratives Vorgehen mittels qualitativem Design.

Um erklären zu können, welche Rolle das soziale Umfeld in der kreativen Online-Ideenentwicklung einnimmt, wurde eine Interviewanalyse gewählt. Die Durchführung der Interviews erfolgte im Rahmen eines Forschungsseminars unter Leitung der Autorin dieser Arbeit mit insgesamt dreißig Studierenden im Bachelor-Studiengang Angewandte Medienwissenschaft der Technischen Universität im Sommersemester 2014. Die Studierenden, welche bereits durch ihr Studium mit sozialpsychologischen Grundlagen vertraut waren, widmeten sich in Gruppen insgesamt zehn Plattformen, auf welchen Sie Teilnehmer*innen für fernmündliche Interviews akquirierten.

---

[147] Weisberg (2006) unterstreicht mithilfe von Fallstudien aus Kunst und Wissenschaft (z. B. Mozart, Picasso, Doppelhelix) den Zusammenhang von Expertise und kreativem Handeln (vgl. ebd.: 7ff.).

[148] Csikszentmihalyis (1997) Interviewstudie schloss 91 „exceptional individuals“ ein, die sich in den Bereichen Kunst, Wirtschaft, Politik oder Wohltätigkeit hervorgetan haben. Amabiles und Gryskiewicz (1987) führten bereichsspezifische Interviews mit 120 F&E-Mitarbeitern. Letztere beschreiben Flexibilität und Antwortbreite als wichtige Vorteile ihres qualitativen Vorgehens (vgl. ebd.).

Das Sample entspricht einem Gelegenheitssample. Die Auswahl der Online-Plattformen erfolgte im Vorfeld durch die Autorin. Anpassungen wurden in Rücksprache mit den Studierenden vorgenommen, wenn Plattformen u. a. keine kritische Zahl an Usern aufwiesen, nicht mehr oder nicht regelmäßig aktiv waren oder keine Teilnehmer für die Studie akquiriert werden konnten.

Ziel war es, verschiedene etablierte Plattformen entlang des Spektrums alltagskreativ bis wissensintensiv in die Analyse einzubeziehen. Der Schwerpunkt lag dabei auf solchen Plattformen, welche eher im Mittelfeld anzusiedeln sind, d. h. entsprechend bestimmter Anforderungen kreative Prozesse insoweit anregen, dass sich Ideengebende mit dem Problem auseinandersetzen müssen, um originelle als auch nützliche Ideen zu generieren. Besonders Tüftlerplattformen aber auch explizite Designplattformen waren hier zu vermuten – beide Bereiche sollten entsprechen repräsentiert werden. Die Sample-Auswahl folgte dementsprechend der Anforderung, durch das weite Spektrum einerseits Kontraste zwischen den Interviewten zu erhöhen (alltagskreativ vs. wissensintensiv) und andererseits im Mittelfeld (Professionelle und Semi-Professionelle) einen zahlenmäßigen Schwerpunkt mit minimaler Kontrastierung der Interviewten zu setzen.[149]

Die Online-Plattformen sollten etabliert sein und demnach seit mind. einem Jahr bestehen und ein sowohl seriöses als auch regelmäßiges Angebot unterbreiten. Um dieses Spektrum ausreichend abzudecken, wurden sowohl deutschsprachige (in Deutschland bzw. der DACH-Region agierende Plattformen) als auch international agierende, englischsprachige Plattformen ausgewählt.

---

[149] Bzgl. Kontrastierung von Fällen siehe z. B. Kelle u. Kluge 2010 (S. 42ff.)

Zudem wurden Online-Plattformen in das Sample einbezogen, welche spezifische Charakteristika aufwiesen, wie z. B. OpenIDEO mit Fokus auf gesellschaftliche Probleme, LEGO Ideas mit Markenbezug oder Quirky mit User-Innovation-Ansatz (siehe auch Samplebeschreibung).

Die Auswahl sollte Online-Plattformen enthalten, welche Interaktion unter den Teilnehmenden ermöglicht; in welchem Maß diese Interaktion tatsächlich stattfand, spielte für die Auswahl keine Rolle. Um den Einfluss auf die Ideenentwicklung zu untersuchen, erschien es sinnvoll, Interviewpartner*innen zu akquirieren, welche mind. eine Idee auf einer Plattform beigetragen hatten, d.h. den Prozess der Ideengenerierung, Selbstbewertung und Ideen-Posting erlebt hatten.

Eine Fallkontrastierung ergab sich bereits durch den Einbezug unterschiedlicher Plattformen mit verschiedenen Anforderungen und Themenschwerpunkten (siehe Stichprobenbeschreibung). Eine weitere Kontrastierung innerhalb der Plattformfälle war nicht vorgesehen. Zwar wurde den Interviewenden zunächst nahegelegt, jeweils mind. zwei bis drei Fälle zu akquirieren, welche sich in Merkmalen wie Beteiligung oder Gewinn unterschieden; schließlich wurde sich für ein offenes Vorgehen entschieden.[150]

Als feste Auswahlkriterien hingegen galten die Beteiligung auf der Plattform durch das Einreichen von mind. einer Idee und/oder die überdurchschnittliche Beeinflussung anderer Ideen. Dies sollte v. a. gewährleisten, dass die Interviewpartner*innen den Ideenprozess bzw. die Funktionen der Plattform ausreichend reflektiert hatten.

[150] Es wird angenommen, dass auch zwei Fälle, in denen beispielsweise Beteiligung oder Gewinnstatus gleich sind andere Merkmale aufzeigen können, welche beide Fälle kontrastieren können.

In Vorbereitung auf die Interviews wurden die Studierenden in mehreren Seminarsitzungen zu den Themen Crowdsourcing, kreative Ideenentwicklung sowie sozialer Einfluss geschult und lernten Online-Plattformen für kreative Ideenentwicklung kennen. Damit sollte gewährleistet werden, dass die Studierenden genügend Vorwissen akquirieren, um die Interviews zu leiten sowie relevante Aspekte ad-hoc zu identifizieren und entsprechend reagieren zu können.

Zusammen mit dem Leitfaden erhielten die Interviewenden in Vorbereitung auf die Interviews eine Zusammenfassung der wichtigsten Kernaussagen sowie eine Verschriftlichung der zuvor im Seminar kommunizierten Interview-Hinweise. Die Interviewenden wurden zudem im Vorfeld angehalten, sich ausführlich mit der Plattform zu beschäftigen, um ggf. Fragen an den konkreten Sachverhalt anzupassen bzw. langwierige Erklärungen zur Plattform zu umgehen.

Die Interviews wurden in Englisch und Deutsch gehalten; ein Interview wurde aus Gründen der Praktikabilität (Muttersprache beiderseits) in Russisch gehalten und im Transkript ins Englische übersetzt. Alle Interviews wurden im Audioformat aufgezeichnet.

6.2 Interviewleitfaden

Zur Beantwortung der Forschungsfrage wurde ein teilstandardisierter, problemzentrierter Interviewleitfaden auf Basis der in der Zusammenfassung (siehe Kapitel 5) konzipierten Teilfragen erstellt. Diese Teilfragen repräsentieren das in der Studie einfließende Vorwissen, welches in Form von Themen eine Grundstruktur sowohl für die Befragung als auch spätere Analyse vorgibt (vgl. auch Kuckartz 2016: 55 u. 63ff.)

Neben einleitenden Fragen, welche auf die Erfahrung mit der Plattform, Aufgabenspektrum, Selbstkonzept und Motivation zielen sollten, wurden vor allem

Fragen zur Wahrnehmung des sozialen Kontextes, zum Vergleich mit anderen Nutzer*innen sowie zur Bewertungseinstellung in den Leitfaden aufgenommen. Der Leitfaden wurde anhand der zusammenfassenden Fragestellungen in Kapitel 5 konstruiert.

Des Weiteren wurden konkrete Szenarien wie Kooperation oder Ausbleiben von Interaktion thematisiert. Der Interviewleitfaden gab eine grobe Struktur mit *narrativ angelegten Hauptfragen, wie z. B.: „Inwiefern interessieren Sie sich eigentlich dafür, was andere Nutzer auf der Plattform machen?"* vor. Darüber hinaus wurde er mit optionalen Unterfragen ergänzt, welche sowohl für Interviewer und Interviewpartner als Gesprächsstütze dienen sollten – z. B.: *„Wie gut, würden Sie sagen, kennen Sie die Profile von anderen Nutzern?", „Was interessiert Sie an den anderen Nutzern am meisten?", „Was bewegt Sie denn dazu, Beiträge anderer zu lesen?"*

Ziel der eher narrativ orientierten und dennoch problemzentrierten Ausrichtung durch komplexere Hauptfragen war es, eine Grundstruktur an relevanten Aspekten vorzugeben und dennoch an das Erlebte der Befragten anzuknüpfen. Dies sollte einen Spielraum bei der Beantwortung gewähren, um das Gespräch auch aus Sicht der Interviewten auf relevante Gesichtspunkte zu lenken. Daneben dienten die Unterfragen als erläuternde Anhaltspunkte für die Gesprächspartner*innen sowie als Stütze für die Interviewenden.[151]

Für englische Interviews wurde zudem ein Leitfaden auf Englisch erstellt und auf Basis einer Korrektur durch eine Muttersprachlerin überarbeitet. Die Leitfäden sind einsehbar im Anhang.

---

[151] Die Kombination wurde bewusst gewählt, um den unterschiedlichen Voraussetzungen der Studierenden, welche die Interviews führten, gerecht zu werden. Dadurch wurde einerseits Spielraum gewährleistet, andererseits auch der mitunter fehlenden Erfahrung in der Interviewführung versucht Rechnung zu tragen.

6.3 Datenaufbereitung- und -analyse

Die Interviews wurden von den Interviewenden selbst entsprechend zuvor von der Autorin festgelegter einheitlicher Transkriptionsregeln transkribiert. Die Transkripte wurden im Anschluss von der Autorin stichprobenartig mit den Audio-Dateien abgeglichen, um die Daten auf Korrektheit und Vollständigkeit zu prüfen. Zusätzliche stichprobenartige Überprüfungen wurden zudem bei der Analyse vorgenommen. Im Ergebnis waren nicht alle Interviews mit der entsprechenden Sorgfalt durchgeführt und aufbereitet. Wenige Transkripte wiesen Mängel auf, wie v. a. fehlende Time Codes oder zu wenig Orientierung am gesprochenen Wort. Die Interviews wurden deshalb in Teilen korrigiert oder vollständig überarbeitet.

Als Einstieg in die Analyse diente eine initiierende Textarbeit mit Memos und Fallzusammenfassungen, wie sie Kuckartz (2016: 55ff.) vorschlägt. Neben einer stichpunktartigen Zusammenfassung, welche sich streng am Gesagten orientierte, wurde eine losere Kurzzusammenfassung in Textform generiert, wobei erste Einschätzungen in Bezug auf die Thematik eingeflossen sind. Die Fallzusammenfassungen dienten nicht als Material für weitere Analysen, sondern lediglich dazu, das Material zu ordnen, einen Gesamtüberblick über die Fälle und ihren jeweiligen Beitrag zur Klärung der Forschungsfrage zu erhalten und erste Gemeinsamkeiten bzw. insbesondere erste Unterschiede zwischen den Fällen zu erkennen, um Anhaltspunkte für weitere Analysen zu liefern.

Um das Sample zu beschreiben, wurde **eine qualitative Inhaltsanalyse anhand der Hauptkategorie Erfahrung** vorgenommen. Ziel war es, das Erfahrungslevel der Interviewpartner*innen bezüglich des Sachverhalts Ideengenerierung auf der Plattform einschätzen zu können. Zunächst wurden thematische Kategorien am Material gebildet; dabei wurden die Texte sequentiell bearbeitet und direkt am

Text im Programm MaxQDA Kategorien gebildet. Diese wurden dann systematisiert und in ein Kategoriensystem eingeordnet.[152]

Anhand dieser Kategorien zur Samplebeschreibung wurden **Fallzusammenfassungen bezüglich des Erfahrungslevels** formuliert und teilweise unter Hinzuziehen von Sekundärdaten (Informationen der jeweiligen Profile) ergänzt. Allein die sekundären Daten auf der Plattform geben keinen Aufschluss über die Erfahrung der Interviewten, da beispielsweise Ideen, welche nicht weiter vorangetrieben wurden auch gelöscht werden können, der Fortschritt auf der Plattform im Zeitraum zwischen Erhebung und Analyse nicht immer nachvollziehbar ist (z. B. Anzahl der Follower, Anzahl der Beiträge), Profildaten nicht immer vollständig sind, Kommentare in ihrer Vielfalt unterschiedlich einzuschätzen und nicht rein quantitativ zu betrachten sind oder letztlich auch Profile, wie im Fall der Plattform ‚unserAller', nicht mehr abrufbar sind. Auch der Beitrittszeitraum von Nutzer*innen ist kein aussagekräftiges Kriterium, da die Beteiligung auf der Plattform aussetzen oder prinzipiell niedrig sein kann. Ebenso kann sich Gewinn verschieden ausdrücken – z. B. eine Idee wird tatsächlich umgesetzt, ein Preisgeld wurde gewonnen. Zudem können Ideengebende als Top-Entwickler*innen deklariert werden, wenn sie besonders aktiv sind oder in die finale Auswahl einbezogen werden. Beispielsweise erreichen Nutzer*innen auf ‚LEGO Ideas' bereits eine wichtige Gewinnstufe, wenn sie 10.000 Unterstützer akquiriert haben, auch wenn die Idee nach Begutachtung von LEGO selbst nicht umgesetzt werden muss.

[152] Das Vorgehen beruht auf dem Vorschlag von Kuckartz (2016) zur Kategorienbildung am Material (vgl. ebd.: 83ff.).

Ziel der zentralen Analyse des Materials war weniger eine dichte Beschreibung als mehr die Konstruktion von theoretischen Annahmen. Zum einen sollten relevante Merkmale des sozialen Kontextes in der Online-Ideengenerierung identifiziert, zum anderen sollte die Rolle dieses Kontextes näher ergründet werden. Hierfür war es notwendig, relevante Größen zu identifizieren, in Beziehung zu setzen sowie Mechanismen ihres Zusammenwirkens herzuleiten.

Dafür wurde im ersten Schritt eine **inhaltlich strukturierende Inhaltsanalyse** vorgenommen, um das Material entlang der aufgestellten Hauptkategorien und mittels induktiver Kategorienbildung zu strukturieren. Ferner wurden damit wesentliche Merkmale und Merkmalsausprägungen identifiziert. Bei der Codierung anhand Themen wurde darauf geachtet, das Kategorienschema zunächst noch abstrakt zu halten, um es am Material zu dimensionalisieren bzw. mit Subkategorien (siehe Tabelle 8) zu ergänzen (vgl. Kelle u. Kluge 2010: 108). Diese Themen wurden derart in Hauptkategorien klassifiziert, dass sie die Identifizierung von Kausalmechanismen, d.h. „[…] Sequenzen von kausal miteinander verbundenen Ereignissen, die unter bestimmten Bedingungen wahrscheinlich auftreten und von spezifischen Ausgangsbedingungen zu spezifischen Ergebnissen führen […]“ (Gläser u. Laudel 2010: 247) erleichtern sollten.[153]

Die Codierung des Materials erfolgte entlang der thematischen Hauptkategorien auf Basis des konzeptionellen Zwischenfazits[154]:

---

[153] Die in den Interviews berichteten Kausalitäten wurden durch Analyse rekonstruiert (vgl. auch Gläser u. Laudel 2010: 248).

[154] Es wurden Sinneinheiten codiert (mind. Satzlänge bis mehrere Absätze, Interviewfragen wurden sofern für Verständnis notwendig mitcodiert (vgl. Kuckartz 2016:103).

Tabelle 8: Thematische Hauptkategorien der empirischen Untersuchung

Kürzel	**Thematische Hauptkategorie**
P	Person Motivation, Kreatives Selbstkonzept, individuelle Merkmale/Besonderheiten), Vorerfahrung (z. B. durch Studium, Beruf)
TKK	Technischer/konzeptioneller Kontext (einschl. Aufgabe) Funktionen, Mechanismen auf Basis computervermittelter Kommunikation; konzeptionelle Besonderheiten wie Aufgabenspektrum bzw. Aufgaben (-anforderungen), Mechanismen zur Interaktion, etc.
WG	Wahrnehmung der Plattformgemeinschaft Wahrnehmung anderer innerhalb der Gemeinschaft; Ideensuchende, Moderator*innen, beobachtende Plattformbetreiber*innen, sonstige Besucher*innen der Plattform, Ideengebende (anderer Contests innerhalb Plattform), Wahrnehmung von Profildaten anderer
Int	Interaktion mit anderen in der Plattformgemeinschaft Wahrnehmung anderer in Interaktion (Bezugnahme auf Leistung anderer bzw. von anderen auf eigene Leistung mittels Kommentar, Voting, Gefällt-mir-Angaben, o. ä.); umfasst zudem Wahrnehmung anderer in Co-Aktion
PG	Positionierung innerhalb der Plattformgemeinschaft Zugehörigkeitsgefühl sowohl intern (plattformgebunden) als auch extern (über Plattformgrenzen hinweg), Abgrenzung bzw. Nicht-Identifikation
SV	Sozialer Vergleich Vergleich hinsichtlich Fähigkeiten mit Personen mit ähnlichen leistungsbezogenen Merkmalen, einschl. Vergleichsmotivation, Vergleichsobjekt, Vergleichsrichtung
BH	Bewertungshaltung Haltung zu Bewertung der eigenen Ideen durch andere, einschl. Bewertungsquelle, Bewertungskriterien, allg. Aussagen zu Bewertungsrelevanz (pos., negat, ausbleibend), Bewertungsarten (einschl. Kommentare, Votings, Punktevergabe, o. ä.), Verhalten in Bezug auf Bewertung,
KH	Kreatives Handeln Handeln ausgerichtet auf das Schaffen von Ideen, unterschieden insb. nach Identifikation, Vorbereitung, Selbstbewertung, Anpassung, Ausarbeitung/Präsentation.

Im darauffolgenden Schritt wurde eine **Einzelfallanalyse** vorgenommen. Ziel war es zu verstehen, inwieweit Merkmale der Person und des Umfelds (v. a. technisch, konzeptionell, sozial) auf das kreative Verhalten einwirken.[155] Um den Prozesscharakter zu berücksichtigen, wurde der Versuch unternommen, relevante Aussagen in Kausalketten zu überführen (in Anlehnung an Gläser u. Laudel 2010: 246ff.). Die Kausalketten wurden zudem zur Prüfung hergeleiteter Zusammenhänge herangezogen. Zuletzt wurden auffällige Konstellationen identifiziert und in Typen zusammengefasst (in Anlehnung an Kuckartz 2016: 146ff.).[156]

6.4 Beschreibung des Samples

27 Interviews mit Nutzer*innen in ihrer Rolle als Ideengebende wurden im Rahmen des Seminars geführt und ausgewertet. Das kürzeste Interview zählte ca. 18 Minuten, das längste ca. 105 Minuten; die Interviewdauer betrug im Mittel rund 38 Minuten.

Die 27 Interviews sind insgesamt zehn Plattformen zuzuordnen. In Anlehnung an die Typologisierung[157] von Hallerstede et al. (2010: 1237) lassen sich die betrachteten Plattformen anhand der Parameter Ausarbeitungsgrad und benötigtes Fachwissen (hier ergänzt durch Fähigkeiten) systematisch in Etwa wie folgt einordnen:[158]

---

[155] Ziel der Analyse war demnach nicht, eine vollständige Typenbildung im Querschnitt zu erreichen. Auf Basis des ausgewählten Samples kann kein Anspruch auf Vollständigkeit der Typenbeschreibung erhoben werden.

[156] Während die typenbildende Inhaltsanalyse mitunter als eigenständiges Verfahren beschrieben wird (vgl. z. B. Kuckartz, 2016: 152), ist sie in dieser Arbeit (gemäß Schreier 2014: o. A.) eher als möglicher Folgeschritt der Inhaltsanalyse zu verstehen, da das Verfahren der Inhaltsanalyse an sich nicht im Ablauf verändert wird, sondern eher eine Rekontextualisierung der Ergebnisse ermöglicht, um Zusammenhänge identifizieren zu können (vgl. ebd.)

[157] Siehe dazu auch Kapitel 2.3.3.

[158] Die Schwierigkeit der Zuordnung ist u.a. damit begründet, dass Hallerstede et al. (2010) Innovationsplattformen betrachten, in der hier gezogenen Stichprobe jedoch auch Designplattformen Anwendung finden, welche i. d. R. über ein Konzept hinausgehen – das Design ist in diesem Fall als Lösung zu betrachten.

- **Typ 1:** *alltagskreative Aufgaben mit einem weiten Themenspektrum* ohne Anspruch an besonderes Fachwissen oder besondere Fähigkeiten. Als Ergebnis werden i.d.R. Ideen oder eher unspezifische Konzepte erwartet – Bsp.: Neue Nagellackfarben, Geschmackssorten für Kaugummi, Anwendungsmöglichkeiten für neue Technologien (Atizo, unserAller).
- **Typ 2a:** *wissensintensivere Aufgaben für Tüftler*innen bzw. Semi-Professionelle* mit dem Anspruch der vertieften Auseinandersetzung der Materie; Fachwissen oder spezifische Fähigkeiten können von Vorteil sein. Als Ergebnis werden detaillierte Konzepte erwartet, der Ausarbeitungsgrad kann variieren und das Testen der Idee beinhalten – Bsp.: neue Produktideen mit spezifischer Produktbeschreibung, detaillierte Konzepte zur Lösungserarbeitung konkreter Problemstellungen, wie z. B. Umweltprobleme (Quirky, LEGO Ideas, OpenIDEO).
- **Typ 2b:** *Designaufgaben für Semi-Professionelle und Professionelle mit Anforderung an besonderes Fachwissen* im Design- und Grafikbereich hinsichtlich der künstlerischen und technischen Umsetzung mit bestimmter Soft- und Hardware. Als Ergebnis werden i. d. R. fertige Lösungen erwartet, welche im Falle einer erfolgreichen Finalauswahl mitunter in spezifischer (z. B. hochauflösender) Form nachgeliefert werden (Threadless, 99designs, Audiodraft, Jovoto)
- **Typ 3:** *wissensintensive Aufgaben für Expert*innen* (oft mit akademischer Laufbahn) mit spezifischer Fragestellung und Anspruch an erhöhtes Fachwissen in Spezialgebieten. Erwartet werden i. d. R. Ergebnisse, welche getestet wurden bzw. Prototypen oder fertige Lösungen (InnoCentive)

Die Einteilung der Plattformen liefert einen Überblick, ist jedoch stark vereinfacht. Plattformen wie Jovoto, welche ein großes Aufgabenspektrum von Design bis hin zu Marketingkonzepten abdecken, oder OpenIDEO, wo der Prozess vom Sammeln von Initialideen bis hin zu ausgearbeiteten und getesteten Ideen reicht, lassen sich in diesem Spektrum praktisch eher schwer einordnen – sind dennoch eher im Mittelfeld anzusiedeln.[159]

Prinzipiell weisen auch die Plattformen im Mittelfeld des Samples Charakteristika auf, welche sie deutlich voneinander unterscheiden: Threadless ermöglicht es Kreativen, eigene Designs anzubieten, Plattformen wie 99design oder Audiodraft erfordern maßgeschneiderte Lösungsvorschläge im Grafik bzw. im Audiobereich.[160] OpenIDEO fokussiert gesellschaftliche Probleme, Quirky beruht auf User-Innovation, LEGO Ideas ist markenbezogen und Jovoto vereint, wie bereits beschrieben ein breites Spektrum an Aufgaben im Bereich Marketing. InnoCentive erfordert mitunter die Ausarbeitung von Ideen in getesteten Lösungskonzepten. Damit sind die Plattformen auch innerhalb der benannten Typen als heterogen einzustufen – eine Falldifferenzierung liegt also über alle Fälle hinweg vor.

159 Einordnung von Jovoto eher im Designbereich, da Interviewte hauptsächlich in diesem Bereich aktiv waren. Einordnung von OpenIDEO im ‚Mittelfeld', da Aufgabenbereiche der Befragten nicht in einem wissensintensiven Fachbereich lagen.

160 Die Ideenerstellung auf Design-Plattformen kann mit der Prototypenerstellung gleichgesetzt werden, weshalb tatsächlich der gesamte Trial-and-Error-Prozess ausgelagert werden kann.

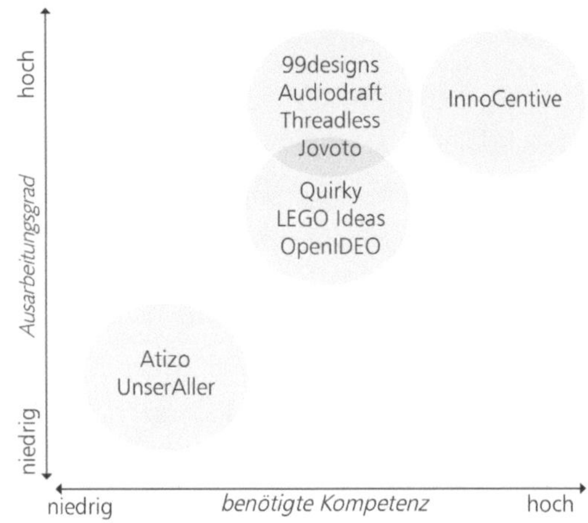

Abbildung 10: Einordnung der Plattformen nach Plattformtypen (in Anl. an Hallerstede et al. 2010: 1237)

Betrachtet wurden 27 konkrete Einzelfälle (siehe Tabelle). Diese Einzelfälle beziehen sich auf die interviewten Personen, welche auf der jeweiligen Plattform aktiv sind oder waren (siehe Tabelle 9).

Tabelle 9: Einordnung der Interviewfälle nach Plattformtypen

	Typ 1	Typ 2a	Typ 2b	Typ 3
Interviewfälle nach Plattform	unserAller_A, B, C Atizo_A, B, C	LEGO_A, B, C Quirky_A, B, C OpenIDEO_A, B	Threadless_A, B, C 99designs_A, B Audiodraft_A, B, C Jovoto_A, B, C	InnoCentive_A, B
	n=6	n=8	n=11	n=2

Die inhaltliche Analyse des Erfahrungslevels der einzelnen Befragten[161] ließ keine evaluative bzw. quantifizierte Einschätzung des Erfahrungsniveaus zu. Trotzdem konnten auf Basis von zentralen Kategorien vergleichbare Profile der Interviewten zusammengestellt werden. Ein Beispiel hierfür wird in Tabelle 8 gegeben.

Tabelle 10: Beispielhafte Kurzbeschreibung eines Interviewfalls

Audiodraft_A	**Dauer: ca. 48 Minuten**
Interviewter Audiodraft_A ist ungefähr seit den Anfängen der Plattform als Nutzer aktiv. Er kennt die Arbeitsweise der Plattform und hat Veränderungen im Konzept im Vergleich zu den Anfängen feststellen können. Er hat Routinen im Umgang mit der Plattform, u.a. bzgl. der besseren Ausrichtung an Ideensuchern entwickelt. Er verfügt über professionelle Erfahrung im Aufgabenbereich. Er ist vernetzt, gibt an befreundet zu sein mit anderen Nutzern.	

[161] Angaben zu Alter oder Herkunft wurden in der Fallbeschreibung ausgelassen, da sie nicht in die Analyse eingeflossen sind, sowie um Rückschlüsse auf die Person zu verhindern; auch Angaben zu Produktideen wie z. B. Titel oder ausführliche Beschreibungen wurden aus diesem Grund vermieden.

7 Ergebnisauswertung

Die Analyse der Interviews zielte im Kern darauf ab, zu erklären, welche Rolle sozialer Kontext in der onlinebasierten Ideenentwicklung spielt. Um dieser Frage nachzugehen, wurde v. a. ermittelt, wie und auf welcher Basis sozialer Kontext von den Nutzer*innen wahrgenommen wird.

Um die Frage zu klären, inwieweit dieser Kontext für das eigene Handeln wahrgenommen und interpretiert wird, wurde der Fokus in der Analyse auf zwei wesentliche Aspekte gelenkt: die Bewertungshaltung der Person sowie sozialer Vergleich. Die Ergebnisse der strukturierenden Inhaltsanalyse zeigen, inwieweit beide Aspekte in den Interviews relevant sind und wie sie sich konkret darstellen. Die Einzelfallanalyse offenbart, wie sich beide Aspekte im kreativen Prozess einordnen lassen, insbesondere, auf welche Ursachen sie zurückzuführen sind.

Die Ergebnisauswertung konzentriert sich zunächst auf die Merkmalsbeschreibung sozialen Kontextes, einschließlich der Aspekte Bewertungshaltung sowie sozialer Vergleich. Es werden diesbezüglich Gemeinsamkeiten und Unterschiede in den Interviews identifiziert und gegenübergestellt. In einem weiteren Schritt werden, analog zum Bezugsrahmen, Merkmale der Person sowie des technischen und konzeptionellen Umfelds betrachtet und im Ursachenfeld kreativer Prozesse verortet. Final werden auffällige Ergebnisse der Studie in Form einer Typisierung anhand dieser Merkmale zusammengefasst.

7.1 Kategorien im Überblick

Während der Leitfaden bereits zentrale Themen für die Hauptkategorien vorgab, wurden mittels einer strukturierenden Inhaltsanalyse über alle 27 Interviews hinweg induktiv Kategorien innerhalb der vorgegebenen Hauptkategorien gebildet.

Die nachfolgende Tabelle 11 fasst diese zusammen und vermittelt für eine bessere Einschätzung deren Tragkraft den Grad ihrer ungefähren Abdeckung in den Texten.[162] Die genauen Erläuterungen sind dem Kategoriensystem zu entnehmen.

Die Zahlen in der Tabelle vermitteln einen Eindruck zur Verteilung der Codings, lassen jedoch keine Schlüsse auf die Relevanz der einzelnen Aspekte zu. Der hohe Anteil einiger Kategorien, wie z. B. gemeinschaftliches Handeln (n=46 Codings) oder die Relevanz von Bewertung (n=68 Codings) ist im Wesentlichen durch deren Präsenz im Leitfaden begründet. Analog dazu lassen sich Fragen zur Motivation im Leitfaden wiederfinden, wenngleich diesbezüglich die Transkripte aufzeigen, dass der Aspekt der Motivation wiederkehrend im Gespräch aufgegriffen wurde.

Interessant ist dennoch die Präsenz der Kategorie TKK (Technischer u. konzeptioneller Kontext), welche im Leitfaden lediglich mit der Frage nach typischen Aufgabenstellungen bedacht wurde. Hier konnten diverse weitere Aspekte des technisch-konzeptionellen Rahmens offengelegt werden, welche immerhin fast ein Zehntel der Codinganzahl einnehmen. Die Ergebnisse der Analyse zeigen dennoch, dass die Aussagen hierzu sehr vielfältig und plattformspezifisch sind.

Die Kategorie kreativer Prozess wurde bis einschließlich der Phase Ausarbeitung definiert (vgl. Vorstudie in Kapitel 4). Aufgrund der Aussagen aus den Interviews der Hauptstudie wurde eine Erweiterung um die Folgeschritte Anpassen, Verwerfen sowie Bewerben vorgenommen.

---

[162] Die Tabelle dient lediglich zur groben Orientierung; quantifizierte Aussagen zur Relevanz einzelner Themen sind mit Vorbehalt zu treffen, u. a. da den Gesprächen ein Leitfaden zu Grunde gelegt wurde.

Tabelle 11: Codings (n=1279)

Obercode	Code	Codings	% Codings	Dokumente
Person	Motivation zur TN allg.	123	9,51	27
	Selbstkonzept	86	6,65	27
	Vorerfahrung	37	2,86	18
Technischer u. konzeptioneller Kontext	Aufgabe	38	2,94	20
	Interaktionsmechanismen	36	2,87	19
	Regulierungen	20	1,55	13
	Anreizmechanismen	15	1,16	10
	sonstige TKK	15	1,16	11
Wahrnehmung der Plattformgemeinschaft	Klassifizierung	39	3,02	19
	Fokus	25	1,93	14
	Wahrnehm. durch andere	11	0,85	10
	sonstige	13	1,01	9
Positionierung in/zur Plattformgemeinschaft	Zugehörigkeit	42	3,25	22
	Selbstdarstellung	21	1,62	15
Interaktion	Kollaboration	49	3,79	19
	Interaktionszweck	32	2,47	16
	Co-Aktion	26	2,01	18
	Kanäle außerhalb	24	1,86	15
	sonstiges	5	0,39	3
Bewertungshaltung	Umgang mit Bewertung	74	5,65	26
	Bewertungsrelevanz	69	5,34	23
	Bewertungskriterien	56	4,33	22
	Bewertungsquelle	51	3,94	20
	Bewertungsverhalten	35	2,71	22
	wahrg. Bewertungspraxis	33	2,55	17
Sozialer Vergleich	Vergleichsmotivation	42	3,25	21
	Vergleichsrichtung	17	1,31	13
	Vergleichsobjekt	12	0,93	8
	kein Vergleich	3	0,23	3
Kreatives Verhalten	Problemidentifikation	49	3,79	22
	Vorbereitung	46	3,56	19
	Selbstbew. u. Testen	46	3,56	19
	Ausarbeitung	38	2,94	18
	Anpassen	37	2,86	18
	Verwerfen	19	1,47	13
	Bewerben	5	0,39	4
	Inkubation u. Illumination	5	0,39	2

Die Phasen Inkubation und Illumination kommen lediglich in den zwei Interviews auf der wissensintensiven Plattform InnoCentive zur Sprache, wobei anzumerken ist, dass Fragen nach dem Prozess im Allgemeinen nicht vordergründig in den Interviews waren. Schlüsse auf die Relevanz einzelner Phasen lassen sich deshalb nicht ziehen.

Die dargestellten Kategorien sind Ergebnis des Strukturationsprozesses der Transkripte auf Basis eines groben konzeptionellen Rahmens. Nicht alle aufgeführten Kategorien gehen gleichermaßen in die nachfolgende interpretative Auswertung ein.

7.2 Merkmale sozialen Kontextes

7.2.1 Wahrnehmung der Plattformgemeinschaft

Wie in Kapitel 3.2.2 beschrieben wurde, ist das Gefühl, sich in Gemeinschaft zu befinden, eine Grundvoraussetzung für sozialen Kontext und soziale Einflüsse. Die Ergebnisse der Analyse zeigen, dass die Interviewten eine Gemeinschaft an Akteur*innen auf den jeweiligen Plattformen wahrnehmen und mitunter anhand diverser Merkmale klassifizieren können, wie z.B. Rolle (z. B. Moderation), Alter, Fähigkeiten.

> “Yeah, I think I was really young compared to the others.” (Audiodraft_C, Abs. 56)

> “Also, jeder hat so seine Spezialgebiete, und dann musst du noch ganz klar unterscheiden zwischen tatsächlichen Designern, also Leuten wie ich, die das professionell machen, und dann gibt es noch Leute die gut sind, aber es eher nebenher machen. Und dann gibt es noch ganz, ganz viele die einfach nur wirklich schlecht sind, keine Ahnung haben was sie tun und der Meinung sind, das sei leicht verdientes Geld.“ (99designs_A, Abs. 17)

> „Ich habe das Gefühl, wenn ich das so angucke, dass da sehr viele junge Leute dabei sind. Sehr viele junge Leute, die sage ich mal, gute Arbeit machen, aber wenig Erfahrung von dem Beruf haben – noch." (Jovoto_A, Abs. 28)

In Bezug auf die Wahrnehmung der Plattformgemeinschaft, unterscheiden die Interviewten vor allem zwischen Ideensuchenden auf der einen Seite und Ideengebenden auf der anderen. Ideensuchende werden von den Interviewten unterschiedlich bezeichnet, mitunter als „Unternehmen" oder „Kunde" (vgl. z. B. 99designs_A, Abs. 13). Die Begriffe Kund*in, Klient*in bzw. Client bezeichnen in den Interviews oft Ideensuchende, welche eine Problemstellung auf der Plattform an die Crowd abgeben (vgl. ebd.; Audiodraft, Abs. 54; Jovoto_A, Abs. 67). Sie können ferner als Endabnehmer*innen bzw. Konsument*innen betrachtet werden (vgl. Threadless, Abs. 77 u. 101).[163]

Ideengebende werden in den Interviews auch als andere Nutzer*innen, Kreative oder je nach Plattformfokus als Designer*innen, Komponist*innen, Erfinder*innen, Problemlösende („solver") oder Künstler*innen bezeichnet (vgl. 99designs_A, Abs. 45; Audiodraft_A, Abs. 8; Quirky_B, Abs. 32; InnoCentive, Abs. 67). Daneben werden Moderator*innen genannt, die Ideensuchende und ihre Anforderungen auf der Plattform vertreten sollen (vgl. Atizo_B, Abs. 77; unserAller_A, Abs. 125). Dazu gesellen sich je nach Plattform weitere Akteur*innen wie z. B. Beobachter*innen oder Fans (vgl. Quirky_B, Abs. 20; LEGO_B, Abs. 76). Quirky_B unterscheidet beispielsweise aufgrund des wahrgenommenen Verhaltens Nutzer*innen in Erfinder*innen und Implementierende, welche selbst

[163] Ausnahme Quirky: Hier agiert eher die Plattform selbst ideensuchend; ggf. sind Unternehmen involviert, um Ideen nachzufragen, welche bereits auf der Plattform eingestellt wurden (vgl. Quirky_C, Abs. 102).

keine Ideen liefern, sondern an der Umsetzung von Ideen interessiert seien (vgl. ebd., Abs. 32)

Über alle untersuchten Plattformtypen hinweg scheint das Interesse der Erzählenden für andere Plattformnutzer*innen eher gering auszufallen. Auf die Frage, inwieweit sich Nutzer*innen für die Profile anderer interessieren, sagten einige der Interviewten, sie würden sich eher für die Beiträge, v. a. die Idee an sich interessieren, als für die Person, die hinter der Idee steht (vgl. z. B. LEGO_A, Abs. 139; LEGO_B, Abs. 63; LEGO_C, Abs. 93; unserAller_B, Abs. 123f.; Quirky_A, Abs. 40-42; Quirky_C, Abs. 76; Jovoto_C, Abs. 90)

> "Uh, I don't really have a ton of interest in the users, I stay more with the idea that they have." (Quirky_C, Abs. 76)

Selbst wenn diese Nutzer*innen aus Interesse dazu verleitet werden, sich das Profil einer Person anzuschauen, so sind dennoch die Ideen, also die anderen Projekte, der Person vordergründig (z. B. LEGO_A, Abs. 139), so z. B. auch die Art und Weise, wie die Ideen auf der Plattform präsentiert werden (ebd., abs. 153).

> "Sometimes if they are really good I want to find their personal blog […] they post photos of everything they build. […] it's just to see more of their work." (LEGO_A, Abs. 139)

Trotzdem, wenige Interviewte gaben an, sich dafür zu interessieren, wie andere Ideengebende arbeiten (Jovoto_A), was sie z. B. beruflich machen bzw. mit welchen Themen sie sich sonst beruflich auseinandersetzen (Atizo_B, Abs. 67; Atizo_C, Abs. 47), bzw. ganz allgemein wie sie „leben“ (OpenIDEO_B, Abs. 70-74).

> „Das beschränkt sich dann oft auf eins, zwei, drei Leute. Einfach mal um zu gucken, wo ist denn der beschäftigt, wenn man mal eine Firma liest, die man

> kennt. Manchmal ist es eine Ortschaft, die mich reizt, auch mal ein Facebook-Profil oder eine Homepage. ‚Was macht der, wie arbeitet der sonst, was hat der für eine Firma?' Aber sehr sporadisch und eigentlich nur, wenn es ein für mich auffallender Ideengeber ist." (Atizo_C, Abs. 47)

Dieses Interesse ist besonders dann gegeben, wenn Ideen ausgefallen oder herausragend sind, mitunter auch durch Originalität auffallen (vgl. Jovoto_A) oder durch viele positive Bewertungen (vgl. LEGO_A, Abs. 155) und ggf. wider Erwarten prämiert wurden (vgl. Atizo_C, Abs. 49).

> „Und wenn ich da jetzt einen sehe, der da echt, der virtuose Arbeiten abliefert, dann interessiert mich das, ob der weiter so arbeitet und wie der da arbeitet." (Jovoto_A, Abs. 52)

Wenn Plattformnutzer*innen neu auf der Plattform sind, kann das Bedürfnis, sich zurechtzufinden oder die Community kennenzulernen, dazu führen, dass sie sich für andere Nutzer*innen auf der Plattform interessieren (vgl. z. B. Quirky_B, Abs.: 30). Nichtsdestotrotz sind auch hier die Beiträge der Ideengebenden relevanter als deren Profilangaben, um ihre Fähigkeiten einschätzen zu können (vgl. ebd., Abs. 34).

Wiederkehrende Nutzer*innen, z. B. solche, die wiederholt an ähnlichen Aufgabenstellungen arbeiten, oder prinzipiell durch hohe Beteiligung auf der Plattform auffallen, können wiedererkannt werden (vgl. Jovoto_A, Abs. 46; Atizo_C, Abs. 75). Ideengebende können zudem über gewisse Merkmale wie z. B. Ort, Firmenname oder Verlinkungen zu beispielsweise Blogs oder Facebook-Seiten Aufmerksamkeit anderer Nutzer*innen auf sich lenken (vgl. Atizo_C, Abs. 47). Zudem kann die gemeinschaftliche Arbeit innerhalb eines Projekts dazu veranlassen, mehr über Mitstreiter*innen erfahren zu wollen:

> "The most active users […] because they were active all the time and when you join a project with these people you also want to know who they are,

> from which country, what they do, what is their profession." (OpenIDEO_B, Abs. 70)

Ferner können Ideengebende Kontakt zu anderen Mitstreiter*innen suchen (vgl. Atizo_A, Abs. 57; Jovoto_A, InnoCentive_A, Abs. 61).

Auch wenn das Interesse an Personenprofilen nach Aussage einiger Interviewter eher gering auszufallen scheint, nehmen sie andere Ideengebende auf der Plattform wahr, bilden sich mitunter Werturteile, klassifizieren Plattformnutzer*innen. Sie klassifizieren mitunter auf Basis von Wissen und Erfahrung zwischen Amateur*in, Semi-Professionelle und Professionelle (vgl. 99designs_A, Abs. 17; LEGO_C, Abs. 67) unterscheiden im konkreten Fall z. B. zwischen Designer*innen und Designstudierenden (vgl. Threadless_C, Abs.: 32) bzw. Professionellen und Anfänger*innen, welche „gute Arbeit" leisten (vgl. Jovoto_A) Professionelle und Gelegenheitsnutzer*innen (vgl. Threadless_A, Abs. 57), oder auch Erfinder*innen vs. Implementierenden (vgl. Quirky_B, Abs. 32).

Als Professionelle werden von den Interviewten v. a. solche Nutzer*innen bezeichnet, die ein entsprechendes Hintergrundwissen bzw. Erfahrung besitzen; einige identifizieren darüber hinaus solche Nutzer*innen, welche monetäre Belohnung vordergründig sehen:

> „Es gibt Personen, denen geht es natürlich schon sehr sehr stark um das Geld und das merkt man dann auch schnell." (Atizo_B, Abs. 51)

> „Gibt aber vielleicht durchaus Leute, die das als reines, fast nur das machen, die davon wirklich leben. Also, ist schon ein bisschen abgefuckter Beruf, sage ich mal." (Threadless_A, Abs. 57)

Ferner nehmen einige der Interviewten andere Nutzer*innen als Top-Entwickler*innen auf der Plattform wahr (unserAller_A, Abs. 69; Threadless_A, Abs. 113, Atizo_C, Abs. 75, Atizo_B, Abs. 63), darunter auch solche, die sie als eine

Art elitäre Klasse ansehen, welche über entsprechendes Know-how verfügt und übermäßig Ideen generiert (vgl. v.a. LEGO_B, Abs. 19 u. 65).

> "Wow, he has a project that reached 10000 votes. He is in review. I mean, say he kind of made it.' But on top of that, he's got a lot of projects. …] you have to scroll down his profile page to see all of his projects, because he has diversified the concepts to kind of reach out to a lot of different fan bases and try and gain interests. So, he seems like a power-user to me and also a nice guy […]." (LEGO_B, Abs. 65)

Als Top-Entwickler*innen werden je nach Plattformschwerpunkt solche Nutzer*innen identifiziert, welche sich durch Ideen, mitunter durch eine Vielzahl an Ideen hervortun und in Rankings wiederkehrend auftauchen (vgl. Atizo_C, Abs. 75, Atizo_B, Abs. 63), bzw. solche die auf Basis ihres Könnens aus der Masse hervorstechen (vgl. Threadless_A, Abs. 47, 133; Jovoto_A, Abs. 46). Die Einschätzung ist dennoch subjektiv. Während beispielsweise Threadless_A meint, Nutzer*innen auf der Plattform Threadless zu erkennen, welche in der Szene nahezu „Berühmtheiten" seien (vgl. ebd., Abs. 47), glaubt Jovoto_B, dass auf der Plattform Jovoto eher die Mittelklasse der Designer*innen vertreten, und Top-Designs eher die Ausnahme seien (vgl. ebd.: 313ff.).

7.2.2 Positionierung innerhalb der Plattformgemeinschaft

Inwieweit die Darstellung der eigenen Person auf den Plattformen relevant ist, stufen die Interviewten verschieden ein. Drei Interviewte äußern die Vermutung, das Interesse für personenbezogene Daten sei gering (vgl. LEGO_B, Abs. 58, InnoCentive_A, Abs. 163; Quirky_A, Abs. 37). Andere legen ausdrücklich Wert auf die eigene Selbstdarstellung (vgl. Audiodraft_C, Abs. 58; Quirky_B, Abs. 14).

Quirky _B meint diesbezüglich, dass er Aufmerksamkeit erzeugen muss, um auf der Plattform wahrgenommen zu werden (vgl. ebd., Abs. 14). Auch OpenIDEO_B ist der Meinung, in der wettbewerbsorientierten Umgebung der

Plattform dafür sorgen zu müssen, sichtbar für andere zu sein (vgl. ebd., Abs. 123). Zudem glaubt sie, mit einer offenen Darstellung ihrer Person, inkl. Hobbys, eher Zugang zu anderen Plattformnutzer*innen zu bekommen, sie positiv auf sich einzustimmen (vgl. ebd., Abs. 148-151). Sie selbst schaut sich die Profile anderer Plattformnutzer*innen an, bevor sie auf deren Kommentare antwortet (vgl. ebd., Abs. 155) und schätzt es, wenn Nutzer*innen Informationen zu ihrer Person preisgeben (vgl. ebd.).

> "[…] if somebody believes that […] this information is not required for this platform, fair enough, I can delete it, but then I think everybody should know me as an individual, right. I mean, I definitely have been a humanitarian professional but why should I restrict myself to list my personal hobbies. […] So, why not my friends on this platform should also know about it, perhaps they will feel positive about me and my work." (OpenIDEO_A, Abs. 151)

Auf Plattformen, welche sich v. a. an Professionelle richten, kann es wichtig sein, über vollständige sowie offene und auch aussagekräftige Profildaten, die Wiedererkennung im Internet zu fördern (vgl. Audiodraft_A, Abs. 42; Audiodraft_C, Abs. 58-62), um z. B. Aufträge zu erhalten (vgl. ebd.). Auch wenn die Vernetzung mit anderen Nutzer*innen ein wichtiger Faktor für die Teilnahme ist, ist es sinnvoll, entsprechende Profildaten einzustellen, bzw. auch über bestimmte Angaben, wie z. B. Hobbys, einen persönlichen Zugang zu schaffen (vgl. OpenIDEO_A, Abs. 151).

Das Gefühl, Teil der Gemeinschaft zu sein, kann sich entwickeln oder bereits ein Anreiz zur Teilnahme sein (vgl. Quirky_C, Abs. 74; Jovoto_B, Abs. 43; LEGO_B, Abs. 22).

> "It was pretty much just Cuusoo[164] that I got on and posted things. But I did really enjoy that because I knew there was a fan community out there and this is kind of my way of getting involved with it." (LEGO_A, Abs. 97)

So kann die Teilnahme auf der Plattform auch als Zugang zu einer größeren Community sein. Hierbei stellt sich die berechtigte Frage, was genau die Community ist. Im Kontext der vorliegenden Arbeit wurde Community allgemein als Plattformgemeinschaft verstanden, die Analyse der Interviews zeigte jedoch auf, dass das Verständnis der Interviewten hier auseinanderdriftete. Im Wesentlichen wurde ‚Community' in den Interviews wie folgt interpretiert:

- als **Gemeinschaft der Plattformnutzer** (vgl. Atizo_B, Abs. 49; Jovoto_B, Abs. 329; LEGO_A, Abs. 83; Threadless_A, Abs. 34; Atizo_B, Abs. 39)
- als **bestimmte Nutzergruppe einer Plattformgemeinschaft** welche sich durch besondere Merkmale (z. B. Expertise) auszeichnen (z. B. Jovoto_B, Abs. 47f.; unserAller_C, Abs. 50) oder zu welcher regelmäßiger Kontakt besteht z. B. mittels kollaborativem Austausch (vgl. LEGO_A, Abs. 86)
- als **plattformübergreifende Nutzergruppe** (z. B. Künstlercommunity, LEGO-Fancommunity), zu welcher über die Plattform ein Zugang ermöglicht wird (vgl. LEGO_A, Abs. 97; LEGO_C, Abs. 124; Threadless_A, Abs. 36ff.; 99designs_B, Abs. 29 u. 34)

Ein Zugehörigkeitsgefühl kann entstehen, wenn andere als Gleichgesinnte wahrgenommen werden (vgl. z. B. Threadless_A, Abs. 36-38), wenn sie neben vielen Unterschieden dennoch wichtige Gemeinsamkeiten verbindet, wie im Allgemeinen der Wille etwas Neues entstehen zu lassen (vgl. Quirky_C, Abs. 50, LEGO_A, Abs. 86). Gleiches Interesse kann das Gemeinschaftsgefühl unterstützen, z. B. wenn die Begeisterung für ein Produkt (vgl. LEGO_A, Abs. 109), der

[164] „Cuusoo" war der ursprüngliche Name der Plattform, bevor sie 2014 zu ‚LEGO Ideas' wurde.

gemeinsame professionelle Hintergrund (vgl. unserAller_C, Abs. 50; Threadless_A, Abs. 36) oder eine gemeinsame Ideologie (vgl. OpenIDEO_B, Abs. 44) gegeben ist.

Alleine gemeinsame Merkmale oder persönliche Kontakte auf der Plattform rufen nicht zwangsläufig ein Zugehörigkeitsgefühl hervor. Die Online-Plattform kann auch lediglich als virtueller Raum verstanden werden, in welchem sich Nutzer*innen zufällig oder organisiert zusammenfinden:

> „Also als Community empfinde ich es eigentlich gar nicht. Weil es wird halt immer neu zusammengewürfelt, es gibt halt Leute, die sind wirklich immer da und machen jedes Projekt mit, aber so wirklich kommunizieren mit denen tut man persönlich nicht wirklich." (unserAller_A, Abs. 57)

Wenn persönliche Beziehungen bzw. persönlicher Austausch fehlen, ist das Gemeinschaftsgefühl weniger bis gar nicht ausgeprägt (vgl. unserAller_A, Abs. 57; unserAller_B, Abs. 134; Jovoto_A, Abs. 28; Jovoto_C, Abs. 50), gleichwohl kann es durch persönliche Beziehungen oder regelmäßige Interaktion auf der Plattform entstehen (vgl. Threadless_A, Abs. 34; LEGO_A, Abs. 86 u. 97 Atizo_B, Abs. 39; Audiodraft_A, Abs. 30).

Ein ‚Community-Empfinden' kann entstehen oder gestärkt werden, wenn regelmäßige Interaktion stattfindet (vgl. Atizo_A, Abs. 45; Atizo_B, Abs. 39; Atizo_C, Abs. 107), um beispielsweise Ideen anderer zu unterstützen oder Hilfestellung zu geben (vgl. LEGO_A, Abs. 223; Quirky_A, Abs. 27-28 u. 32; OpenIDEO_B, Abs. 42). Einen Beitrag zum Bestehen der Community zu leisten, kann ebenso die Zugehörigkeit zu ihr erklären:

> "I feel like I'm just a little part of it, because I've influenced up to a hundred and fifty or sixty products." (Quirky_C, Abs. 74)

Das Empfinden von Gemeinschaft kann auf plattformspezifischen Merkmalen beruhen, wie z. B. der Notwendigkeit der Bewertung durch andere Nutzer*innen (vgl. z. B. LEGO_A, Abs. 89) oder sonstige interaktions- oder kollaborationsförderliche Strukturen (vgl. OpenIDEO_A u. B).

Nicht zwangsläufig ist der konzeptionelle Kontext ausschlaggebend. Während beispielsweise unserAller_B keine persönlichen Beziehungen auf der Plattform wahrnimmt und eher kein Interesse an der Gemeinschaft der anderen Nutzer*innen zeigt (vgl. ebd., Abs. 70 u. 134) sieht sich unserAller_C eher als Teil einer Gemeinschaft, sieht sich als Teil einer plattformungebundenen Gemeinschaft an Blogger*innen und Produkttester*innen und identifiziert einen kleineren Kreis Gleichgesinnter innerhalb der Plattformgemeinschaft (vgl. ebd., Abs. 48ff.). Auch unserAller_B sieht die gemeinsame Nutzung der Plattform als verbindendes Merkmal, fühlt sich auf persönlicher Ebene jedoch nicht zugehörig, sondern betrachtet die plattformspezifischen Beziehungen als unpersönlich und „geschäftlich“ (vgl. ebd., Abs. 70).

Atizo_A hingegen empfindet den Wettbewerb um Prämien als das, was die Gemeinschaft auf der Plattform ausmacht und fühlt sich der Community zugehörig eben aufgrund des gemeinsamen Wettbewerbs (vgl. Atizo_A, Abs. 46f.).

Für andere Interviewte ist das Wir-Gefühl ausgeprägter, wenn die gemeinsame Interaktion auf ein gemeinsames Ziel gerichtet ist (vgl. OpenIDEO_B, Abs. 44; LEGO_A, Abs. 86). Interaktion kann in diesem Kontext auf Unterstützung beruhen; auf Plattformen wie LEGO Ideas, wo der Bewertungsprozess an Nutzer*innen ausgelagert wird, kann dadurch ein Gefühl des Miteinanders im Sinne von ‚Geben und Nehmen‘ entstehen (vgl. LEGO_A, Abs. 89; unserAller_C, Abs. 42; Audiodraft_A, Abs. 30ff.).

> "I think it's mostly that a sense of community like we are here because you want people to support your project and have it become real […]" (LEGO_A, Abs. 89)

Das Miteinander auf der Plattform kann als eher neutrale Co-Aktion empfunden werden, wobei andere Ideengebende nicht als direkte Konkurrent*innen wahrgenommen werden (Threadless_A, Abs. 54; Audiodraft, Abs. 44). Beispielsweise empfindet der Interviewte OpenIDEO_B das Miteinander nicht als Wettbewerb, sondern als Gemeinschaft bzw. Kollaboration (vgl. ebd., Abs. 46). OpenIDEO_A hingegen glaubt als Projektinitiatorin, dass man auf der Plattform um Aufmerksamkeit konkurriere (vgl. ebd., Abs. 123).

Tabelle 12: Zusammenfassung relevanter Gemeinsamkeiten und Unterschiede bzgl. Wahrnehmung der Plattformgemeinschaft, Positionierung und Interaktion[165]

Merkmal	Identifizierte Ausprägung	
Interesse für andere	Gegeben *(Person / Idee)*	Nicht gegeben
Selbstdarstellung	wichtig	unwesentlich
Gemeinschafts-empfinden	(eher) vorhanden *(Plattformgemeinschaft / Teilgemeinschaft / andere)*	(eher) nicht vorhanden
Sozialverhalten auf der Plattform	Co-Aktion *(neutral / wettbewerbsorientiert)*	Interaktion *Kollaboratives Verhalten / Teamarbeit)*

Daneben kann Co-Aktion Wettbewerbscharakter entfalten – Co-Akteur*innen werden in diesem Fall als Konkurrent*innen wahrgenommen (vgl. v. a. Atizo_A,

[165] Die in der Tabelle dargestellten Merkmale und ihre Ausprägungen wurden aus den Interviewaussagen zusammengefasst und spiegeln lediglich die Bewertungshaltung der interviewten Ideengebende wider.

Abs. 46f.; Jovoto_C, Abs. 34), wobei Konkurrenzdruck einem eher friedlichen Miteinander weichen kann (vgl. unserAller_A, Abs. 71). Ferner können Wettbewerb und kollaboratives Verhalten in Kombination auftreten (vgl. Audiodraft_A, Abs. 32; Audiodraft_B, Abs. 43; OpenIDEO_A, Abs. 99; Quirky_A, Abs. 32; Quirky_C, Abs. 104; unserAller_A, Abs. 71; unserAller_C, Abs. 40 u. 42).

Interaktion mit anderen Nutzer*innen kann sich verschieden ausdrücken, so z. B. über das Bewerten anderer Beiträge, über Kommentieren oder auch über spezifische Communitymechanismen, welche Zusammenarbeit im Sinne von Teamarbeit unterstützen; im weiteren Sinne findet sie auch über externe Kanäle wie E-Mail oder Foren statt (vgl. z. B. InnoCentive_A 179-181 u. InnoCentive_B, Abs. 87; unserAller_B, Abs. 134; 99designs_A, Abs. 13).

> „Ich muss sagen, die befreundeten Designer sind eher vernetzt über Facebook, als auf der Plattform selber." (99designs_A, Abs. 13)

Interaktion unter Plattformnutzer*innen (auch plattformübergreifend) kann zum Beispiel dazu dienen:

- **neue Kontakte zu knüpfen, um das eigene Netzwerk zu erweitern** (vgl. Threadless_A, Abs. 69), sich **kurzweilig über persönliche Themen auszutauschen** (vgl. z. B. Atizo_C, Abs. 107; Quirky_C, Abs. 70; Threadless_A, Abs. 105)
- **Hinweise oder Ratschläge zu erbeten bzw. Ratschläge zu erteilen** (vgl. Quirky_A, Abs. 32, unserAller_B, Abs. 134; unserAller_C, Abs. 58ff.; Jovoto_B, Abs. 85; 99designs_B, Abs. 19; Atizo_C, Abs. 87) zu **diskutieren** (Atizo_C, Abs. 37; unserAller_B, Abs. 214)
- Bewerter*innen bzw. Befürworter*innen der eigenen Idee zu akquirieren (vgl. Jovoto_B, Abs. 269; LEGO_B, Abs. 67)
- **Beiträge anderer zu bewerten, um die eigene Meinung kundzutun** (vgl. Threadless_B, Abs. 104, unserAller_A, Abs. 123), oder **Beiträge zu unterstützen** (unserAller_C, Abs. 40; LEGO_B, Abs. 89)

- **Ideen weiterzuentwickeln** im Rahmen kollaborativen Verhaltens (vgl. unserAller_A, Abs. 129 u. 143, Quirky_C, Abs. 74 u. 104; Atizo_A, Abs. 103; unserAller_C, Abs. 42)
- Kollaboration im Sinne von **Teamarbeit anzubahnen bzw. durchzuführen** (vgl. InnoCentive_A, Abs. 19, Abs.; Jovoto_B, Abs. 73ff.)
- anderen Ideengebenden **Erfolg zu wünschen oder zum Erfolg gratulieren** (vgl. Quirky_C, Abs. 68 u. 108; InnoCentive_A, Abs. 135)
- Sonstige, wie z. B. sich über Funktionalitäten der Plattform zu informieren bzw. auszutauschen (vgl. InnoCentive_A, Abs. 179-181)

Der gemeinsame Austausch über Ideen kann als plattformspezifische Normalität betrachtet werden (vgl. unserAller_A, Abs. 9, unserAller_B, Abs. 144, 162 u. 198; OpenIDEO_B, Abs. 46; Atizo_B, Abs. 53). Hingegen kann der Austausch von der Plattform sogar unterbunden werden, um z. B. die Vertraulichkeit von Informationen zu gewährleisten (vgl. InnoCentive_A, Abs. 133). [166]

> „Also in allererster Linie denke ich 'tue ich das, was ich beim ersten darüber Nachdenken für gut empfinde, erst einmal posten? ' Und ich meine, das ist ja dann der Sinn der Sache, dass man als Gruppe diesen Vorschlag überarbeitet." (UnserAller_B, Abs. 144)

Zu unterscheiden ist zudem die **Ebene der Interaktion**, welche **plattform- bzw. projektbezogen** oder auch **persönlich** sein kann. Interviewte gaben an, andere Nutzer*innen der Plattform privat zu kennen, sich mit ihnen auch plattformextern auszutauschen (vgl. z. B. Threadless_A, Abs. 65-69). Wiederum andere Ideengebende haben kein Bedürfnis sich mit anderen Nutzer*innen auf eine persönliche Ebene zu begeben: UnserAller_B betrachtet Interaktion auf der Plattform als rein „geschäftlich", zwar sei der Austausch mit anderen plattformspezifische Normalität, dennoch schließt sie einen Austausch auf privater und

[166] Nicht immer können Ideengebende Ideen bzw. Konzepte anderer einsehen, mitunter auch nicht nach Abschluss eines Wettbewerbs bzw. Projektes (vgl. InnoCentive_A, Abs. 133).

persönlicher Ebene für sich aus (vgl. ebd., Abs. 86 u. 88), gleichwohl sie Mitstreiter*innen als gleichgesinnt und ähnlich situiert wahrnimmt (vgl. ebd., Abs. 208).

Auch das Folgen anderer Nutzer*innen stellt Interaktion mit deren Profil dar. Nutzer*innen folgen anderen, um beispielsweise mehr Ideen dieser Person zu sehen und um sich dadurch inspirieren zu lassen (vgl. Threadless_B, Abs. 112 u. 150), Aufmerksamkeit auf sich zu ziehen (vgl. Quirky_B, Abs. 30; Quirky_C, Abs. 46), um das eigene Netzwerk zu vergrößern (vgl. Threadless_A, Abs. 149) und auf diesem Wege Ratings oder eine Einschätzung der eigenen Idee einzuwerben (vgl. Jovoto_B, Abs. 269ff.).

Der persönliche Austausch mit vormals fremden Nutzer*innen kann mitunter in gemeinsamer Kollaboration in plattformexternen Projekten münden (Threadless_A, Abs. 69) oder lediglich kurzfristig bestehen und beispielsweise Inspiration liefern (vgl. Atizo_C, Abs. 85).

Zweck einer direkten Kontaktaufnahme kann im projektbezogenen oder auch privaten Austausch liegen. Mitunter kann sich eine Zusammenarbeit daraus entwickeln (vgl. InnoCentive_A, Abs. 125 u. 219), die nicht zwangsläufig auf der Plattform, sondern auch über externe Kanäle stattfinden kann (vgl. Threadless_A, Abs. 149; Atizo_A, Abs. 57).

Kollaboration stellt eine Sonderform der Interaktion dar. Die Abgrenzung ist schwierig, da mitunter auch Hilfestellung als **kollaboratives Verhalten** interpretiert werden kann (vgl. Quirky_C, Abs. 104).[167]

> “I've taken their suggestions, but no one has said, "Hey, that's part of my idea now". Or if I give someone a suggestion, I don't feel I'm part of their idea. I would offer a suggestion with no recourse.” (Quirky_C, Abs. 104).

[167] Zur Unterscheidung siehe v. a. Kapitel 6.3.4.

Kollaboration meint in diesem Kontext jedoch eher die **teambasierte Erarbeitung** von Ideen, Entwürfen bzw. Konzepten. Nicht immer wird Kollaboration in den Interviews als Option betrachtet, vor allem dann nicht, wenn allgemein Vorbehalte bestehen, was die direkte Kommunikation mit anderen Plattformnutzer*innen betrifft (siehe oben).

Aussagen über plattformbedingte Ursachen für die Ablehnung von teambasierter Zusammenarbeit gehen aus den Interviews lediglich ansatzweise hervor. Nicht alle Interviewten erklären ihre Ablehnung gegenüber der Zusammenarbeit mit anderen. Audiodraft_A glaubt nicht an den Nutzen von Kollaboration auf der Plattform im Allgemeinen (vgl. ebd., Abs. 64), InnoCentive_B deutet an, dass eine grenzüberschreitende Zusammenarbeit über große Distanzen schwierig sei (vgl. ebd., Abs. 89.). Zudem kann ein ausgeprägtes Konkurrenzdenken dazu veranlassen, Kollaboration im Sinne von Hilfestellung zu verweigern (vgl. Jovoto_C, Abs. 34 u. 56).

Kollaboration kann auch dann abgelehnt werden, wenn Plattformgegebenheiten eine Zusammenarbeit noch nicht fördern oder begrenzen bzw. Ideengebende bis dato noch nicht mit anderen zusammengearbeitet haben. So kann beispielsweise die Bereitschaft bestehen, Ideen anderer auf Anfrage zu unterstützen, aber die Initiative dazu fehlen (vgl. LEGO_B, Abs. 36). Konzeptionelle Hindernisse können bestehen, wenn die Rechte von Urheber*innen eines Entwurfs oder Konzeptes nicht eindeutig geklärt sind (vgl. Quirky_C, Abs. 66), oder wenn Ideengebende die Idee im Rahmen der Plattform nicht ausreichend als eigene deklarieren können (vgl. ebd., Abs. 66).

> "One of the problems I think everyone's afraid of is who is going to get credit with the so-called invention or the idea […] like I have a couple of games right now that I've been testing. I can't explain it well enough. […] everyone is afraid that […] it's an exciting enough game that somebody else will take

> the idea. So for sure on that one, I have to come up with an alternate method or I'll have to wait 'til Quirky comes up to a collaboration." (Quirky_C, Abs. 66 u. 92)

Auch InnoCentive_B meint, er würde gern mehr mit anderen Ideengebenden zusammenarbeiten, findet eine länderübergreifende Zusammenarbeit zwar per se interessant, dann aber eher in analoger Umgebung (vgl. ebd., Abs. 141-143). Online-Kollaboration ist für ihn keine Option (vgl. ebd., Abs. 89). Zudem glaubt er, dass die Weiterverwendung von Ideen für andere Projekte nicht abgesichert sei (vgl. ebd., Abs. 51). So spricht zwar nichts dagegen, abgelehnte Ideen, welche aus vorherigen Projekten hervorgegangen sind, für andere Aufgaben zu nutzen (vgl. ebd.). Entspringen diese jedoch einer gemeinschaftlichen Arbeit, dann könne die Weiterverwendung die Urheberrechte der anderen Teammitglieder verletzen (vgl. ebd.).

7.2.3 Bewertungshaltung

Die Bewertungshaltung spiegelt sich vor allem in den induktiv herausgebildeten Kategorien **Bewertungsrelevanz, Bewertungskriterien, Bewertungsquelle** wider. Hierunter fallen insbesondere Aussagen zur Wichtigkeit von Bewertung durch Kommentare oder Ratings (einschließlich ausbleibende Bewertung), Aussagen zu Kriterien, anhand welcher Ideen, Entwürfe oder Lösungskonzepte bewertet werden, Aussagen zur Relevanz der Person oder Institution, welche die Bewertung abgibt als auch Aussagen zur Form der Bewertung (durch z. B. Rating oder ausführliches Kommentar). Darüber hinaus wurden Aspekte wie **empfundene Bewertungspraxis, Umgang mit Bewertung sowie eigenes Bewertungsverhalten** ausdifferenziert.

Der Bewertung ausgesetzt sind in der Regel die Ideen der Nutzer*innen. Diese manifestieren sich als bloße ungeschützte *(Kern-)Ideen* (vgl. Threadless_A, Abs. 93

InnoCentive_A, Abs. 143), in *Entwürfen oder Konzepten*[168] (vgl. ebd.; 99designs, Abs. 34ff., Audiodraft, Jovoto_A, Abs. 69) oder als *(teil)-verifizierte Lösungsvorschläge* (vgl. z. B. InnoCentive_A, Abs. 53 u. 63).[169]

Interviewte nehmen auf ihr Schaffen unterschiedlich Bezug, bezeichnen es ferner z. B. als „Projekt" oder themenspezifisch z. B. als „sound" oder „music", wie im Fall von Audiodraft_A (vgl. ebd., Abs. 69).

Bewertung manifestiert sich unterschiedlich auf Ideenplattformen, muss nicht zwangsläufig über Kommentare oder Ratings erfolgen. Auch der erzielte Gewinn stellt Feedback dar, ebenso können Follower(zahlen) als solches interpretiert werden:

> "When you receive an award or prize you see it can be done." (InnoCentive_A, Abs. 149)
>
> "More followers who can follow me and see my work. It's like feedback." (Threadless_B, Abs. 61)

In erster Linie werden von den Interviewten jedoch Bewertungen durch Ratings oder in Form von Kommentaren angesprochen. Dabei wird deutlich zwischen Feedback durch Ideensuchende, Moderator*innen oder anderen Nutzer*innen unterschieden. Die Plattformmechanismen sind diesbezüglich deutlich unterschiedlich. Während beispielsweise der Leitgedanke von OpenIDEO im gemeinsamen Austausch besteht, steht auf 99designs das Feedback der Ideensuchenden

---

[168] Der Terminus Entwurf kann hier verstanden werden als visualisierte Idee. Die Akzeptanz des Entwurfs basiert einerseits also auf der grundlegenden Idee, d.h. z. B. dem Lösungsansatz oder der Botschaft, sowie andererseits auf der v.a. grafischen Umsetzung. Der Fokus wird hierbei verschieden gelegt.

[169] Vor allem wenn Ideenprozesse ausgelagert werden, ist davon auszugehen, dass Entwürfe oder Lösungskonzepte nichtsdestotrotz als „Idee" in den unternehmensinternen Prozess eingehen.

im Mittelpunkt und der Austausch unter den Nutzer*innen wird nicht gefördert:[170]

> "Yeah. Without collaboration, this platform won't survive. (OpenIDEO_B, Abs. 142)"

> „Ich krieg die Kommentare ja nicht von den Designern […], sondern ich krieg die Kommentare, die krieg ich ja von Kunden." (99designs_A, Abs. 53)

7.2.3.1 Bewertungsrelevanz und -quelle

Feedback durch Ratings oder in Kommentaren wird in allen untersuchten Fällen mindestens als interessant, oft als motivierend und hilfreich eingeschätzt (vgl. Atizo_B, Abs. 97 u. 122; Audiodraft_B, Abs. 71; Jovoto_A, Abs. 91; LEGO_A, Abs. 248; LEGO_B, Abs. 115; Threadless_A, Abs. 173; UnserAller_C, Abs. 135).

Konstruktives Feedback kann helfen, Ideen, Entwürfe oder Lösungskonzepte zu konkretisieren oder neue Projekte anders anzugehen (vgl. Atizo_B, Abs. 99). Auch negatives Feedback kann, sofern es konstruktiv ist, informativ sein, aufklärend, insbesondere wenn eine Idee abgelehnt worden ist (Atizo_C, Abs. 71; InnoCentive_A, Abs. 141 u. 161ff.; LEGO_A, Abs. 226 u. 245; LEGO_B, Abs. 103; Quirky_C, Abs. 58; unserAller_B, Abs. 168).

Lediglich in einem der Fälle wurde Feedback als unwichtig eingestuft: Quirky_A gibt an, Feedback als interessant aber nicht unbedingt relevant zu empfinden:

> "I just put it out there, and whatever they say, they say. Whatever happens, happens." (Quirky_A, Abs. 60)

[170] vgl. z. B. https://99designs.de/profiles/aspera/about [25.01.2018]. Es handelt sich bei dem Beispiel um ein willkürlich gewähltes Nutzerkonto, um keine Rückschlüsse auf die interviewten Personen zu ermöglichen.

Feedback in Form von Kommentaren kann einen Beitrag als wertvoll erscheinen lassen, die Aufmerksamkeit anderer Plattformnutzer*innen darauf lenken (vgl. OpenIDEO_A, Abs. 115). Feedback kann ferner dieser Ausnahme als positiver Treiber verstanden werden, wie u. a. auch Atizo_B beschreibt:

> „Es ist einfach spannend, Feedback zu bekommen. Das macht das Ganze interessant, irgendwie zu einem Spiel. Das ist wie, wenn man einen Brief sendet an seine Brieffreundin und nie einen zurückkriegt. Wenn man Spaß hat am Briefe schreiben, dann ist das okay. Aber wenn man nie einen zurückkriegt, verliert man vielleicht einfach irgendwann den Spaß." (Atizo_B, Abs. 97)

Zudem gibt es dem Ideengebende die Möglichkeit die Erfolgswahrscheinlichkeit der eigenen Idee einzuschätzen, wobei **Feedback von Ideensuchenden oder ihren Vertreter*innen** (v. a. Moderator*innen) hierbei besonders wichtig erscheint (vgl. 99designs_A, Abs. 13 u. 47; Atizo_A, Abs. 89; Atizo_B, Abs. 77 u. 116; Audiodraft_A, Abs. 54ff.; Audiodraft_B, Abs. 61 u. 79; InnoCentive_A, Abs. 145; Jovoto_A, Abs. 67 u. 79; Jovoto_B, Abs. 207 u. 213ff.; unserAller_A, Abs. 88; unserAller_C, Abs. 147).

Einige dieser Interviewten schätzen, wenn auch mitunter eher nachrangig, das ***Feedback der anderen Plattformnutzer*innen*** (vgl. 99designs_A, Abs. 47; Atizo_B, Abs. 102f.; Audiodraft_B, Abs. 79; Jovoto_B, Abs. 119, 207; unserAller_C, Abs. 151).

> „Andererseits ist es für mich persönlich [...] wichtiger, dass andere Designer meine Arbeit gut finden [...] Also gerade wenn ein Entwurf dann hinterher gewonnen hat, ist er ja auf der Liste mit Recent Winners und da gibt es dann ja immer dieses ‚Daumen hoch' [...] Da gibt es eine persönliche Genugtuung, wenn ein von mir gewonnener Entwurf ganz, ganz viele Likes von anderen Designern bekommt. Also das ist ja dann fast noch wichtiger als gute Kundenkommentare." (99designs_A, Abs. 47)

> „Die Frage ist immer: Wer kommentiert und bewertet? Die Community, das sind 18000-20000 Leute die können alle sagen: ‚Das ist die beste Idee, die ich je gelesen habe!' Und der Moderator/die Moderation findet ‚nein' […] dann bringt es auch nichts. Das heißt, es ist zwar schön, wenn 18 Leute finden ‚das ist eine super Idee', aber wenn sie dann nicht prämiert wird, war sie wahrscheinlich doch nicht so super und hat in dem Moment einfach nicht gepasst." (Atizo_B, Abs. 116)

In weiteren Interviews wurde das Feedback anderer Plattformnutzer*innen von den Interviewten als wichtig empfunden (vgl. LEGO_A, Abs. 223 u. 228; LEGO_B, Abs. 22, 101 u. 105; LEGO_C, Abs. 97, 155; OpenIDEO_A, Abs. 177ff.; Quirky_C, Abs. 58; Threadless_C, Abs. 52, 71).

> "But for instance like there is a guy […] that does a lot of posting about like what projects are doing well and like generally has some good advice on how to make your project better. And when I first started on Cuusoo[171] I didn't really know everything there was to know about it so after I posted my project he kind of gave me some hints and that was really nice of him, definitely well received." (LEGO_A, Abs. 223)

Ausbleibendes Feedback scheint auf Plattformen mit entsprechend hoher Beitragsquote eher ein normales Szenario zu sein (vgl. unserAller_A, Abs. 135; Atizo_A, Abs. 109; Abs. 88; Threadless_B, Abs. 144; Quirky_C, Abs. 46). Es kann hingegen als Signal interpretiert werden, der Beitrag sei irrelevant (vgl. unserAller_C, Abs. 129; LEGO_A, Abs. 245), was wiederum demotivierend wirken kann (vgl. Innocentive_A, Abs. 37). Hierbei spielt offenbar der Zeitaufwand eine wichtige Rolle – wenn auch Plattformen für alltagskreative Ideen viele Gedanken zu einem Thema geteilt werden können, dann ist zu erwarten, dass nicht sämtliche dieser Ideen gelesen, beachtet, geschweige denn kommentiert oder bewertet

[171] „Cuusoo" war der ursprüngliche Name der Plattform, bevor sie 2014 zu ‚LEGO Ideas' wurde.

werden. (vgl. Atizo_A, Abs. 109; OpenIDEO_A, Abs. 181; unserAller_C, Abs. 129).

Hingegen ist anzunehmen, dass mit steigender Komplexität und erhöhtem Aufwand (bezüglich Ausarbeitungsgrad) auch die Erwartung von Feedback größer wird. So beschreiben beide Interviewte auf InnoCentive ausbleibendes oder auch generalisiertes Feedback als demotivierend: InnoCentive_B erzählt, dass er das regelmäßige Feedback auf der Plattform schätze, und bezieht sich dabei insbesondere auf seine negative Vorerfahrung auf einer Konkurrenzplattform (vgl. ebd., Abs. 15-19). Dahingegen empfindet InnoCentive_A das Feedback auf der Plattform eher als unzureichend, ärgert sich über ausbleibendes Feedback insbesondere wenn eine Einreichung abgelehnt wurde und sich kein Lerneffekt für Folgeprojekte einstellen kann (vgl. ebd., Abs. 141). Auch generalisiertes Feedback in Form von Seriennachrichten empfindet er als frustrierend:

> "Or they will give you a very general feedback with a mass mailing message. That's frustrating." (InnoCentive_A, Abs. 143)

Generalisiertes Feedback, meint Innocentive_A, nehme keinen Bezug auf seinen Entwurf, zeige ihm keine Schwachstellen auf, ferner gebe es ihm das Gefühl, dass sich niemand Zeit für seinen Vorschlag genommen hätte (vgl. ebd., Abs. 167). Fehlendes Feedback setzt er damit gewissermaßen mit fehlender Wertschätzung gleich. Andererseits scheint er mittlerweile diese Konditionen akzeptieren zu lernen und resümiert, dass man weniger enttäuscht sei über fehlendes Feedback, wenn man auch keines erwarte (vgl. ebd., Abs. 149).

Die **(Zwischen-)Bewertung durch Ideensuchende** scheint am relevantesten – zum einen dort, wo komplexe Lösungen für Problemstellungen (z. B. InnoCentive) angestrebt werden und entsprechenden Aufwand erfordern[172], aber auch wo die letztliche Belohnung von der Bewertung der Ideensuchenden abhängt (z. B. auf Designplattformen).

> "It is very important, because they can give you directions to work on to get a closer result to what they want." (Audiodraft_A, Abs. 56)

> „[…] ich meine, die Kommentare und die Sterne, das ist ja nur der Kunde. Das heißt das ist schon extrem wichtig, weil das ist das was mir das Geld im Endeffekt nachher verdient. Es nützt mir nix, wenn alle Designer meinen Entwurf genial finden und der Kunde sie nicht kauft.“ (99designs_A, Abs. 47)

Auf Plattformen, wo Einschätzungen durch andere Nutzer*innen elementar sind (z. B. LEGO Ideas; Threadless), ist die Einschätzung durch diese folglich wichtig (vgl. z. B. Threadless_C, Abs. 6), wenngleich auch hier finale Kriterien immer im Raum schweben. Dies wird vor allem mit Blick auf die Interviews mit Nutzern von LEGO Ideas deutlich, wo das Erreichen der kritischen Support-Anzahl immer noch eine finale Bewertung durch LEGO selbst nach sich zieht. Aspekte wie Lizenzproblematiken können dann bereits die Nutzerbewertungen und -kommentare beeinflussen:

> "Once in a while I get like a negative comment, someone saying like 'Nintendo would never licence this to LEGO' and I am like 'Yeah I know that' but I am just here to see what the reaction is." (LEGO_C, Abs. 57ff.)

[172] Anmerkung, dass keine Bewertung durch andere Nutzer möglich, da Wettbewerbe eher abgeschottet

Prinzipiell erscheinen die Anforderungen der Ideensuchende besonders relevante Bewertungskriterien zu sein; gesamt betrachtet, ziehen die Interviewten folgende Bewertungskriterien in Betracht:

- **Anforderungen der Ideensuchenden** (LEGO_B, Abs. 69; OpenIDEO_A, Abs. 165; Atizo_A, Abs. 67 u. 72; Atizo_B, Abs. 73; 99designs_A, Abs. 35; Innocentive_C, Abs. 189; Quirky_A, Abs. 46f.; Audiodraft_B, Abs. 51; InnoCentive_B, Abs. 189)
- **Antizipierte Akzeptanz der Konsument*innen** (LEGO_B, Abs. 76; LEGO_C, Abs. 116; OpenIDEO_B, Abs. 52) bzw. Anknüpfungspunkte an Bekanntes (LEGO_B, Abs. 78 u. 87; LEGO_C, Abs. 114; Threadless_C, Abs. 6)
- **Präsentation, Ausarbeitung** (LEGO_B, Abs. 44; Quirky_C, Abs. 90; Threadless_A, Abs. 169; Threadless_B, Abs. 119)
- **Nützlichkeit und Realisierbarkeit** (Quirky_B, Abs. 38; Quirky_C, Abs. 44; unserAller_B, Abs. 138; LEGO_C, Abs. 104; InnoCentive_B, Abs. 95; 99designs_A, Abs. 35)
- **Originalität** (unserAller_B, Abs. 142; Threadless_A, Abs. 169; Innocentive_A, Abs. 99; InnoCentive_B, Abs. 91; 99designs_A, Abs. 35)
- **Subjektives Empfinden** (unserAller_A, Abs. 51ff. u. 88; Audiodraft, Abs. 48; Threadless_A, Abs. 145; LEGO_B, Abs. 117)[173]

Auf Plattformen, wo der Lösungsrahmen weiter gefasst ist (z. B. LEGO Ideas, Threadless) scheint die Bekanntheit bzw. antizipierte Akzeptanz des umgesetzten Themas relevant zu sein (siehe Auflistung oben).

Daneben ziehen einige Interviewte wahrscheinlich entsprechend ihres eigenen professionellen Hintergrundes auch die technische Umsetzung in ihre Bewertung ein. Quirky_A, selbst erfahrener Produktdesigner, unterscheidet beispielsweise in Idee als Lösungsvorschlag einerseits und das adressierte Problem andererseits

[173] Es handelt sich streng betrachtet bei subjektivem Empfinden um kein Kriterium; es sei der Vollständigkeit halber dennoch an dieser Stelle ergänzt.

(vgl. ebd., Abs. 40ff.). Dies ist nachvollziehbar vor dem Hintergrund, dass auf Quirky User-initiierte Innovationen im Zentrum stehen, d.h. Ideengebende Ideen für eigens formulierte Problemstellungen einstellen. Eine Kernidee wird also in einem Entwurf oder in einem Lösungskonzept ausgearbeitet (vgl. Quirky_C. Abs. 90; siehe auch InnoCentive_A, Abs. 87 u. 65; LEGO_C, Abs. 101

Auch auf Plattformen, welche eher künstlerisch orientiert sind, steht neben der grafischen Umsetzung auch die Idee zur Diskussion. Threadless_A beispielsweise unterscheidet bei der Bewertung von Grafikentwürfen ebenso zwischen der grundlegenden Idee sowie der grafischen Umsetzung (Ästhetik) und meint, auch schon mal „Sympathiepunkte" zu vergeben, wenn ihn die technische Umsetzung beeindruckt, obwohl ihm die Idee an sich nicht gefällt (vgl. ebd., Abs. 93). Auch LEGO_B legt Wert auf die technische Ausarbeitung bzw. Präsentation der Idee:

> "I'm not just going to vote for it because I like the idea, the whole presentation kind of has to be of a certain level for me to engage with it." (LEGO_B, Abs. 44)

In den Interviews lassen sich ferner Indizien dafür finden, dass der kreative Akt immer im **Spannungsfeld zwischen Orientierung an externen sowie eigenen Maßstäben** stattfindet (vgl. v.a. Audiodraft_B, Abs. 51, Audiodraft_A, Abs. 54; 99designs_A, Abs. 47; Jovoto_A, Abs. 89; Atizo_A, Abs. 81; Atizo_B, Abs. 73)

> "What is a good idea? I don't know. Maybe if you analyse the client's brief well enough and the best idea is always to actually connect your music to what the client actually wants in their company and in their product. This is the best idea maybe for me." (Audiodraft_B, Abs. 51)

> “Ich kann so durch mein Portfolio gehen bei 99designs und kann dir sagen auf welche Entwürfe ich stolz bin, und bei welchen das Geld im Vordergrund stand.“ (99designs_A, Abs. 47)

Auf Basis der Kausalkettenanalyse von Interview LEGO_C spiegelt sich dieses Spannungsfeld auch in der Ereignissequenz wieder: Während LEGO_C anfänglich eine Idee auf der Plattform einstellte, um seine Fähigkeiten zu demonstrieren und offenbar wusste, dass die Idee (insb. aufgrund von der Lizenzproblematik) nie von LEGO umgesetzt werden würde, arbeitet er mittlerweile an einem Projekt, von welchem er sich mehr Akzeptanz in der LEGO-Ideas-Community erhofft (vgl. ebd., Abs. 58ff u. 117).

Ein Interviewpartner auf Jovoto beschreibt, wie er noch bevor der Ideensuchende seine Anforderungen bekannt gab, begann eine Idee auszuarbeiten. Als mit Bekanntgabe der Kriterien dann klar wurde, dass seine Idee nicht den Erwartungen entsprechen würde, fühlte er sich gezwungen, seine Idee anzupassen (Jovoto_A, Abs. 89). Rückblickend meint er dazu:

> „Also das heißt das […], was ich beim ersten Entwurf hatte, gefiel mir viel besser, als das, was ich nachher hatte, aber ich musste es ändern, weil die Basis […] stimmte nicht.“ (Jovoto_A, Abs. 89)

Dass strikte Orientierung an vorgegebenen Kriterien nicht immer ausschlaggebend ist, wird im Interview mit Atizo_A klar. Er beschreibt, dass er eine Idee zu einer Fragestellung hatte, welche jedoch ein ganz anderes Kernproblem adressierte und trotzdem diese Idee veröffentlichte (vgl. ebd., Abs. 85). Ferner meint er:

> „[…] aber, wenn man dann nochmal so über die Anforderungen für die Idee geht, dann sucht das Unternehmen gar nicht in diese Richtung. Da gibt es so eine Grenze wo ich sage „ja die ist jetzt so gut, die muss ich jetzt einfach

> mitteilen". Das gibt es zwischendurch manchmal. Ich hatte auch schon Erfolg damit." (Atizo_A, Abs. 81)

Neben der eigenen Meinung und der von Ideensuchenden kann auch die Einschätzung durch andere Nutzer*innen der Plattform eine Rolle spielen, auch wenn die finale Belohnung nicht davon abhängt. Die Akzeptanz anderer Nutzer*innen kann auf Plattformen mit einem breiten Publikum Kundenorientierung widerspiegeln, wie eine Interviewte auf unserAller meint:

> „Ja, zum Teil schon, weil ich die anderen ja als mögliche Konsumenten sehe. Da interessiert es mich natürlich, was sagt XY zu meinem Vorschlag." (unserAller_C, Abs. 151)

Daneben kommen Aspekte wie Anerkennung, aber auch ‚mithalten zu können', zur Sprache.

> „Und ja, deswegen achtet man da schon drauf - was könnten die anderen sagen, darüber zu der Idee […]." (Jovoto_B, Abs. 119)

> „Das finde ich schon persönlich sehr ansprechend, wenn er sagt „ja, das ist es" oder „das kommt schon in die Auswahl" oder „danke für die tolle Idee". Das spornt natürlich an, dass man alles richtigmacht und dass man wirklich ein kreativer Kopf ist." (unserAller_C, Abs. 147)

Vor diesem Hintergrund erscheint es logisch, dass vor allem die Bewertung ‚von oben', d.h. die Bewertung anderer, als vermeintlich erfahrenere Kreative oftmals höher gewertet wird:

> "I care about that. I think the feedback can be very important, more important when the people who give [it] are great musicians." (Audiodraft_C, Abs. 90)

> "Yeah, for example someone who has been in this platform from the beginning, someone who probably has been a winner for this challenge, anyone of

> these challenges, someone coming from IDEO, or somebody who is having an excellent profile, an experience profile […]" (OpenIDEO_A, Abs. 179)

Interviewter LEGO_B erklärt, dass nur diejenigen eine entsprechende Bewertung abgeben können, welche den Aufwand hinter einem Projekt aufgrund ihrer eigenen Erfahrung auf der Plattform einschätzen können (vgl. ebd., Abs. 105).

Zudem ist es für die Weiterentwicklung von Ideen wichtig, Feedback zu bekommen, damit von verschiedenen Seiten auf eine Idee geschaut werden kann (vgl. Quirky_C, Abs. 42; OpenIDEO_B, Abs. 140).

> "I think one person, especially I'm just a 'lay' person, that I really can't tell if it's a good idea or a bad idea, um...because it needs a little bit of time, it needs to get some legs and some other people have to look at it, and […] look at [it] from a different angle." (Quirky_C, Abs. 42)

Letztlich bedeutet das Bewerten von Ideen bzw. Entwürfen immer auch wahrgenommen zu werden und kann helfen, dass eigene Netzwerk zu erweitern, was wiederum die Wahrscheinlichkeit, wahrgenommen und bewertet zu werden erhöhen kann. Alle drei interviewten Nutzer der Plattform Threadless äußerten sich entsprechend (vgl. ebd.).

> "[…] there are people who follow each other, there are people who ask questions, read comments. But from what I've seen so far, most of those comments are quite meaningless. So people just come to your design you submitted and they just put Likes there and ask you to come and check the one that they submitted. So it's not really a fair discussion […]." (Threadless_C: Abs. 27)

Während Threadless_C kaum am Austausch mit anderen Nutzern teilnimmt (vgl. ebd., Abs. 27), ist Threadless_B noch mehr darauf bedacht, Follower zu akquirieren (vgl. ebd., Abs. 58-61, 78). Um die Wahrscheinlichkeit einer Bewertung zu erhöhen, setzt er allerdings auf die Akzeptanz seiner Entwürfe, geht davon aus, mehr Output erhöhe die Wahrnehmung (vgl. ebd.). Er hält nichts davon, jemandem auf der Plattform zu „folgen", damit er selbst wiederum mehr Follower erhält (vgl. ebd., Abs. 154). Nur so stellt er sicher, dass die Anzahl und Art seiner Follower auch die Akzeptanz seiner Arbeit widerspiegelt (vgl. ebd.).

> "I love that one of my favorite designers follows me or comments my design. (Threadless_B, Abs. 154)

7.2.3.2 Umgang mit Bewertung, Bewertungspraxis und -verhalten

An die Frage nach der grundsätzlichen Bedeutung von Bewertung, schließt sich die Frage nach deren Auswirkung an. Der **Umgang mit Bewertung** drückt sich vor allem aus:

1) im Verhalten auf erhaltene Bewertung zu eigenen Beiträgen in Form von Ratings oder Kommentaren sowie
2) im Verhalten auf *Bewertung fremder Beiträge*, v.a. in Form von Ratings.

Eine ausbleibende oder negative Bewertung von Beiträgen muss nicht zwingend eine Handlung oder eine eigene Wertung der eigenen Idee nach sich ziehen, z. B. dann wenn die Bewertung als deutlich subjektiv empfunden wird (vgl. 99designs_B, Abs. 52; Audiodraft_A, Abs. 60; Threadless_A, Abs. 209; unserAller_A, Abs. 88), oder wenn sich Ideengebende nicht im Stande sehen, etwas zu unternehmen, die Gründe ggf. nicht nachvollziehen können:

> "I often don't know. They only vote, so I don't know why they don't like it. Sometimes they say it's not interesting, and if they don't find it interesting, there's nothing we can do about that." (Quirky_A, Abs. 74)

Mitunter kann Kritik dazu führen, dass Ideengebende sich veranlasst sehen, ihren **Beitrag zu erklären** (vgl. Atizo_A, Abs. 92; LEGO_C, Abs. 57ff.; unserAller_A, Abs. 117) oder sogar, **Beiträge anzupassen bzw. zu ergänzen** (sofern die Plattform dies zulässt) oder Hinweise von anderen mindestens in Folgeprojekten berücksichtigen zu wollen (vgl. unserAller_B, Abs. 174; Threadless_B, Abs. 169; Jovoto_B, Abs. 195; LEGO_B, Abs. 80; unserAller_C, Abs. 165)

> "[…] I'm going to do some updates, because the website allows you to do updates and I will offer some suggestions for other possible expansions on this idea. And I'll include all those ones that other people have suggested as well." (LEGO_B, Abs. 80)

Bewertung oder Nicht-Bewertung kann Orientierung bieten; kann Nutzer*innen dazu bringen, Ideen mindestens zu hinterfragen (vgl. Atizo_B, Abs. 116; LEGO_C, Abs. 151; OpenIDEO, Abs. 161; LEGO_A, Abs. 234).

> "Like if they were trying to give me a negative comment because they thought they could make it better, then I would think 'Oh yeah, that's a good point'. And then I would consider changing it. But if it was just, like I said, something negative and unnecessary then I would just dismiss it and not worry about it." (LEGO_A, Abs. 234)

Die **Orientierung über Zwischenbewertungen bzw. Bewertung** von Beiträgen anderer Nutzer*innen ist vor allem dann relevant, wenn Ideensuchende ihre Vorstellungen selbst noch nicht konkret fassen und in Anforderungen übersetzen können.

> „Ich habe mal bei einem Projekt mitgemacht […] und da waren sicher, ich weiß auch nicht, zwanzig Ideen als interessant markiert und die zwanzig haben mir genau gezeigt, was die Moderatorin in diesem Fall will. Da konnte ich wirklich Ideen generieren, die da gepasst haben und die dann wirklich auch prämiert wurden." (Atizo_B, Abs. 77)

Es kann ferner das Bewertungsverhalten anderer Nutzer*innen beeinflussen und so beispielsweise die Diskussion über eine Idee zum Erliegen bringen, wie Quirky_C anhand eines von ihm beobachteten Falles schildert:

> “[…] I [got] one of my ideas into ‘Eval’ – was my first one, and the community was watching, talked about it back and forth, good - bad, like it - don't like it, work - don't work, until one person late into discussion said ‘I don't think that's a good idea’. It really turned the sentiment. He made one comment: ‘I don't think it's a good idea’, and it really turned everybody watching, it turned them down. So it was just really one comment from one person.” (Quirky_C, Abs. 42)

Dass der Umgang mit Bewertung auch vom eigenen **Bewertungsverhalten** beeinflusst sein kann, wird in einigen Punkten deutlich. Beispielsweise kann das Empfinden, ausbleibende Kritik bedeute, dass die eigene Idee nicht gut oder irrelevant sei, darauf zurückzuführt werden, wie Plattformnutzer*innen selbst bewerten oder kommentieren. Auch kann beispielsweise das Bedürfnis, eine Idee ansprechend zu präsentieren damit einhergehen, wie sehr Plattformnutzer*innen dieses Kriterium zur Bewertung anderer Ideen heranziehen (vgl. LEGO_B, Abs. 44)

> „Ich bin ja genauso. Wenn ich es langweilig finde, kommentiere ich gar nicht erst.“ (unserAller_C, Abs. 197)

> “So, usually if I am bored, I'll just zip through the main page and just see what's new. If anything looks good then I vote on it. If anything looks too amateurish or if it's been done a hundred times, like someone might suggest LEGO Pokémon, which they would never do […] I wouldn't even bother voting. Even though I'm a Pokémon fan, but I wouldn't even bother.” (LEGO_C, Abs. 67)

Auch wenn die Wertschätzung von Feedback erheblich ist, so ist das Bewertungsverhalten in einigen Fällen eher zurückhaltend. Einige Interviewte gaben an, selten bis gar nicht zu bewerten oder zu kommentieren und wenn, dann eher positiv. Negative Ideen werden eher ignoriert. Mitunter erscheint das Rating als weniger persönliche Form, auf die im Falle einer negativen Bewertung ausgewichen werden kann (vgl. z. B. Threadless_A, Abs. 89).

> “If it’ something that is just completely bad, it doesn’t make sense to ruin somebody’s day just because you think so.” (Threadless_C, Abs. 91)

Das eigene Bewertungsverhalten spiegelt sich letztlich auch in der **wahrgenommenen Bewertungspraxis** wider. Dies zeigt sich z. B. in Interviews mit Ideengebenden, welche zum einen eher ihre eigenen Entwürfe fokussieren und/oder aus Zeitmangel nicht auf die Entwürfe anderer eingehen oder aus ‚Nettigkeit‘ Entwürfe anderer nicht ‚schlecht machen‘ wollen (vgl. z. B. Quirky_A, Abs. 92; Threadless_A, Abs. 81, 89; Jovoto_A, Abs. 73; OpenIDEO_A Abs. 163). Im Umkehrschluss ist anzunehmen, dass die wahrgenommene Bewertungspraxis auch das Bewertungsverhalten von Einzelnen prägt.

> „Aber im Großen und Ganzen haben die Kommentare dort fast immer ein ziemlich ähnlichen/ ich sage mal 80 Prozent reduziert sich wirklich auf ‘Yeah, cool‘.“ (Threadless_A, Abs. 85)

> “If it’s Threadless the feedback is unfortunately not really helpful […] Just because people […] usually [leave] positive comments and they’re not really constructive.” (Threadless_C, Abs. 64)

Unterschieden werden muss prinzipiell zwischen den einzelnen Bewertungsformen. Kommentare erfordern zum einen mehr Zeit, zum anderen sind sie noch konkreter als Feedback durch Ratings wie z. B. in Form von Punktevergabe.

Threadless_A berichtet zwar von einem durchweg positiven Umgangston auf der Plattform und meint, Kommentare seien i. d. R. kurz und positiv wie z. B. Lob (vgl. ebd., Abs. 85). Andererseits bekommt er durchaus auch schlechte Bewertungen in Form von Punkten; bewertet nach eigener Aussage auch eher viel und sehr kritisch (vgl. Threadless_A, Abs. 89). Im Ansatz beschreibt es Quirky_A ähnlich: Er erhalte zwar positive Kommentare, in welchen andere Nutzer*innen erklären, warum sie seine Idee für gut befinden; negative Erklärungen sind nicht darunter – hier bleibt lediglich die Punktevergabe als Indiz (vgl. Quirky_A, Abs. 74).

Plattformmechanismen können also bestimmtes Bewertungsverhalten begünstigen, so z. B. auch auf unserAller, wo Bewerten und Kommentieren belohnt werden und einen vergleichbaren Stellenwert bekommen, wie das Einstellen von Ideen:

> „Genau, das ist einfach 'zack zack zack', schau, passt, gefällt mir, gefällt mir nicht, keine Ahnung, da Herzchen dort Herzchen." (unserAller_B, Abs. 66)

> „Naja, Lob hört jeder gerne. Das gebe ich auch zu. Aber als wie wenn bloß jemand sagt, ‚ja, das ist schön' … ja geht. […] das kommt bei mir dann so an, als wie wenn derjenige bloß für seine Kommentare irgendwelche Punkte will, damit er in diesem Projekt aktiver ist." (unserAller_C, Abs. 141)

Dementsprechend werden Bewertungen oder Kommentare von den Ideengebenden ausgelegt. So meinten alle drei der befragten unserAller-Nutzerinnen, dass sie knappe, positive Kommentare nicht sonderlich wertschätzen, da sie die Intention der Bewertenden aufgrund der vorherrschenden Gamification-Mechanismen eher in Frage stellen (vgl. ebd.).

Konstruktive oder ausführliche Kommentare werden mehr wertgeschätzt, allein schon, weil ihre Verfasser*innen sich offenkundig mit der Idee auseinandergesetzt und sich die Zeit genommen haben, diese zu kommentieren:

> "[…] because anyone who takes the time to sit down and make a comment, I'm going to respect the fact that they took the time to do that, even if at the end of the day they have a suggestion that I can't necessarily go forward with." (LEGO_B, Abs. 101)

Zusammenfassend lässt sich feststellen, dass Bewertung zumeist antizipiert wird, es aber auch Argumente gibt, ausbleibendes Feedback hinzunehmen. Feedback ist für viele der Befragten wichtig, ihre Leistung einzuschätzen und anzupassen, um so z. B. die Akzeptanz zu erhöhen. Dafür ist insbesondere das Feedback von Ideensuchenden oder Moderator*innen gefragt. Nichtsdestotrotz gibt es Gründe, Feedback anderer Nutzer*innen wertzuschätzen und darüber hinaus auch auf das eigene Werturteil zu vertrauen. Je nach Plattformtyp und Relevanz von Bewertung auf den Plattformen findet Ideengenerierung dabei in einem Kontinuum zwischen Orientierung und Abgrenzung statt, wobei der Wunsch nach Akzeptanz und Belohnung eine deutliche Verlagerung in Richtung Orientierung an Vorgaben und Wünschen der bewertenden Instanzen zu verursachen scheint.

Es lassen sich sowohl Gemeinsamkeiten als auch Unterschiede in der Bewertungshaltung zusammenfassen; die relevantesten sind in Tabelle 13 festgehalten.

Tabelle 13: Gemeinsamkeiten und Unterschiede in der Bewertungshaltung[174]

Kategorie	**Identifizierte Ausprägungen**		
Bewertungsrelevanz	Bewertung interessant	Bewertung wichtig	
Bewertungsquelle	Ideensuchende (u. ihre Vertreter*innen)	andere Nutzer*innen	eigenes Urteilsvermögen
Bewertungsverhalten	(eher) selten	mind. regelmäßig	
Umgang mit Bewertung	Ignorieren	Berücksichtigen (ggf. Anpassen)	

[174] Die in der Tabelle dargestellten Merkmale und ihre Ausprägungen wurden aus den Interviewaussagen zusammengefasst und spiegeln die Bewertungshaltung der interviewten Ideengebenden wider.

7.2.4 Sozialer Vergleich

Sozialer Vergleich ist auf den meisten der im Sample aufgeführten Plattformen in verschiedenen Formen gegeben. Lediglich in den Interviews auf InnoCentive scheint er eher irrelevant zu sein. Das mag vor allem darin begründet sein, dass es auf der Plattform **Vertraulichkeitsbestimmungen** gibt, weshalb der Austausch über Ideen oder Lösungskonzepte unter den Nutzer*innen (außer sie arbeiten in Teams) nicht möglich bzw. nicht gewollt ist (vgl. InnoCentive_A, Abs. 135). Ideen bzw. Lösungsvorschläge von Konkurrent*innen sind demnach nicht einsehbar (vgl. ebd.). Folglich kann zwar ein Interesse daran bestehen, mehr über Ideen anderer Nutzer*innen zu erfahren, Ideengebende wie z. B. InnoCentive_A das Fehlen von Vergleichsmöglichkeiten jedoch akzeptieren (vgl. ebd., Abs. 161 u. 171).

> "I provide the solution and I don't care what others are going to provide as a solution really. I have no idea what they are proposing. I can't do anything about it, so I don't really think about it." (InnoCentive_A, Abs. 161)

Ferner kann sozialer Vergleich dann irrelevant sein, wenn die Arbeitsweise den Vergleich nicht vorsieht, weil die Ideen beispielsweise bereits unabhängig von der Plattform gereift sind und Ideengebende diese nun auf der Plattform eher experimentell und ohne ausdrückliche Erwartung einstellen (vgl. Quirky_A, Abs. 54).

In allen übrigen Interviews spielt der Vergleich mit anderen eine Rolle. Er kann **personenbezogen** stattfinden und dabei vor allem auf den Vergleich von Fähigkeiten oder Voraussetzungen abzielen (vgl. LEGO_A, Abs. 184f.; unserAller_B, Abs. 38; Audiodraft_B, Abs. 45; Audiodraft_C, Abs. 44).

> "And I am interested as well. I am always checking out other peoples profiles to see what kind of software and hardware they work with. It's really interesting for me and of course for other people to just see what the others are

working with, what other people are using for their creative methods." (Audiodraft_B, Abs. 45)

Eher noch steht die **Idee bzw. der Entwurf im Vordergrund des Vergleichs** (vgl. Atizo_B, Abs. 87; Atizo_C, Abs. 61; Audiodraft_A, Abs. 24; Audiodraft_C, Abs. 82; LEGO_B, Abs. 44 u. 84; unserAller_C, Abs. 75ff. u. 212)

Zusammenfassend wurden folgende **Beweggründe für den Vergleich mit anderen Ideengebenden** genannt (Quellen und Ankerbeispiele nachfolgend im Text):

- Inspiration
- Orientierung, allg. z. B. an Erfolgsprojekten sowie im Detail in Phasen der Problemidentifikation, Vorbereitung und Selbstbewertung bzw. Ausarbeitung
- Einschätzung eigener Fähigkeiten und Lernen
- Sonstige, wie z. B. Dopplungen vermeiden, Regelbruch ahnden

Ideen anderer anzuschauen, kann allgemein im Interesse für das Wirken anderer begründet sein (vgl. Jovoto_B, Abs. 149; InnoCentive_A, Abs. 171; Audiodraft_B, Abs. 45). Wiederholt wurde darüber hinaus **Inspiration** als Beweggrund aufgeführt (vgl. Threadless_A, Abs. 149 u. 153; Threadless_B, Abs. 112; 99designs_A, Abs. 45; 99designs_B, Abs. 15; Atizo_B, Abs. 57; unserAller_B, Abs. 80).

> „Es gibt auch andere, mit denen man sich verknüpft und viele, die ich suche, wo man merkt, die haben gleiche oder ähnliche Ansätze und da finde ich das dann spannend, wenn die was eingeben. Und da gehe ich dann auch hin und schaue nach, was war das und das inspiriert mich dann auch wieder zu neuen Ideen." (Atizo_B, Abs. 57)

> „Also, ich habe da schon immer mal, sage ich mal, wenn ich irgendwo ein gutes Design sehe, hat man dann auch schnell selber eine Idee im Kopf oder,

> sage ich mal so, ich adaptiere auch gerne auch mal den Style von jemandem so ein bisschen.“ (Threadless_A, Abs. 149)

Ein zentraler Beweggrund ist **Orientierung**. Interviewte gaben an, sich an erfolgreichen Projekten zu orientieren (vgl. LEGO_B, Abs. 82 u. 139; LEGO_A, Abs. 268).

> “I guess you could say that I'm pretty good at observation. So I can see what projects are doing well and then I kind of try to think about okay well, how can I make a project that's along the same thing.” (LEGO_A, Abs. 268)

Noch konkreter kann Orientierung in bestimmten Phasen des kreativen Prozesses gefordert sein. In der Phase der Problemidentifikation kann sie bei der *Entscheidung für oder gegen die Teilnahme in einem Projekt* helfen (vgl. Atizo_A, Abs. 63; Jovoto_A, Abs. 67; 99designs_A, Abs. 43).

> „Und wenn ich jetzt zum Beispiel lesen würde, einer hat eine wirklich gute Idee, die wirklich richtig was kann, dann würde ich aufgeben. Dann würde ich auch sagen: ‘Hey weißt du was, dann lassen wir das. Das ist top!‘“ (Jovoto_A, Abs. 67)

> „Und dann geh ich noch in keine Wettbewerbe rein, wo ich sehe, dass andere Designer schon unglaublich gute Entwürfe eingereicht haben. Da muss ich dann auch nicht mehr/Ich kann nichts einreichen, was besser ist als das, was der Kollege gemacht hat.“ (99designs_A, Abs. 43)

Der Abgleich der Werke anderer mit dem eigenen Können ist gerade am Anfang eines Projekts eine Möglichkeit, *die eigenen Chancen einzuschätzen*, um das *Risiko zu minimieren*, Zeit aussichtslos zu investieren (vgl. ebd.) Das bedeutet schließlich auch, dass der soziale Vergleich, welcher auf dem kreativen Produkt, also der Idee, beruht, immer auch den Vergleich von Fähigkeiten beinhaltet, also in entsprechender Zeit etwas Wettbewerbsfähiges zu produzieren.

> „Also im Grafischen weiß ich, würde ich gar nicht erst mitmachen wollen, weil da sind so viele starke Leute, die da viel mehr Zeit hinein investieren können, die machen aufwändige Grafik. Ich mache mehr konzeptionell." (Jovoto_A, Abs. 14)

Dort wo eine Vielzahl an Ideen eingereicht wird, scheint eine Begrenzung auf bestimmte (v.a. projektbezogene) oder zeitlich nah eingereichte bzw. neue Ideen notwendig:

> „Also ich gehe jetzt die Liste nicht stundenlang durch und schaue nach Ideen. Aber ich schaue halt was tut sich um meinen Beitrag herum?'. Also, was weiß ich, fünfzig nach oben […], fünfzig nach unten." (unserAller_B, Abs. 212)

In der Vorbereitungsphase kann der Vergleich mit anderen ferner helfen, *Bewertungskriterien zu identifizieren* z. B. mit Hilfe von Ratings bereits eingereichter Ideen (vgl. Audiodraft_A, Abs. 44ff.)

> "[…] when you have like a very open brief it's good to check out others ideas, especially if those ideas have been rated by the contest holder, in the case of Audiodraft. Because it gives you a direction, a direction to go for. It really helps to check out other people's ideas." (Audiodraft_A, Abs. 50)

Schließlich kann Orientierung erzielt werden durch den Abgleich mit Ideen anderer Nutzer*innen, bevor die eigene Idee eingereicht wird, so z. B. um zu *überprüfen, ob relevante Kriterien erfüllt* worden sind (vgl. OpenIDEO_A, Abs. 169; Jovoto_C, Abs. 78ff.; unserAller_B, Abs. 32; LEGO_C, Abs. 122).

> "It is just you know constantly comparing my ideas to others. I am making sure that I did not miss anything." (Jovoto_C, Abs. 78)

OpenIDEO_A erläutert, wie sie über den Abgleich mit anderen Ideen ihre eigene Idee mehrfach anpasste (vgl. ebd., Abs. 173). Sie erzählt, dass sie ihre Idee zunächst, in Anlehnung an ihre gewohnte Arbeit in einem eher bürokratischen Umfeld, sehr umfassend ausformulierte (vgl. ebd.). Im Vergleich mit anderen Beiträgen merkte sie dann, dass es besser sei, ihre Idee auf der Plattform knapper zu formulieren (vgl. ebd.).

Interviewte gaben zudem an, über den Vergleich mit anderen, eigene **Fähigkeiten einzuschätzen** (vgl. LEGO_B, Abs. 84; 99designs_B, Abs. 86; Audiodraft_C, Abs. 88; Threadless_B, Abs. 181), zwei Interviewte meinten, aus dem Vergleich mit anderen, **dazuzulernen** (vgl. Threadless_A, Abs. 177; Threadless_C, Abs. 50).

> "Yeah, I compare myself. I am just a student, I was a beginner at that time, maybe I am still. So there were already some experienced composers, and are still some who are living for this. I knew that experience is very important and maybe I can compete with them." (Audiodraft_C, Abs. 88)

> "Of course I do, because this is how you learn. Uh, when I participate in a challenge I usually check the best submission from the same challenge. Just to compare my work against other people and maybe get some good ideas from them, maybe learn something, you know." (Threadless_C, Abs. 50)

Sonstige Beweggründe für Vergleich können sein, **Dopplungen zu vermeiden** (vgl. unserAller_C, Abs. 121; Atizo_A, Abs. 59) oder z. B. Regelverstöße anderer zu ahnden (99designs_A, Abs. 31).[175]

Auch der Vergleich von Meinungen kann eine Rolle spielen, wie ein Interviewter auf Audiodraft schildert:

> "I think if some music is not so great, I watch the comments because I want to know what other people think, if they have another opinion. So, maybe I

[175] Um die eigenen Gewinnchancen zu erhöhen, kann es dienlich sein, wie im Fall von 99designs_A andere Nutzer aus dem Wettbewerb zu drängen, indem Regelverstöße identifiziert und den Plattformbetreibern mitgeteilt werden (vgl. ebd., Abs. 31). Auch hierfür werden Ideen anderer abgeglichen – in dem Fall jedoch eher mit prinzipiellen Anforderungen an die Ideen (z. B. aus den AGB), d.h. die Vergleichsparameter sind weniger sozialer als konzeptioneller Art.

> compare my opinion with the other people's, that's why I read the comments." (Audiodraft_C, Abs. 64ff.)

Hinsichtlich des **Vergleichsmaßstabs** lassen sich schwer Aussagen aus den Textsegmenten herleiten. Ideen können beispielsweise aufgrund objektiver Merkmale eingeschätzt werden (vgl. Audiodraft_C, Abs. 82); mitunter kann auch eine Dritteinschätzung notwendig sein, so bedauert Jovoto_B beispielsweise, dass die Rankings der Nutzer*innen mittlerweile verborgen seien (vgl. ebd., Abs. 39). Tendenzen lassen sich bezüglich der Vergleichsrichtung treffen: Einige Interviewte vergleichen sich eher *‚auf dem gleichen Level'*, d. h. mit Personen, welche ihnen v. a. in Bezug auf Kompetenzen oder Verhalten auf der Plattform ähnlich sind (vgl. Atizo_B, Abs. 57 u. 85; unserAller_A, Abs. 87). Andere vergleichen sich eher *‚nach oben'* (vgl. 99design_A, Abs. 45; Audiodraft_C, Abs. 84; LEGO_B, Abs. 28).

> „Also die sind mir sicher in der Art und Weise, wie sie die Ideen formulieren, ähnlich. Ob sie ähnlich sind wie ich von der Person her, weiß ich nicht immer." (Atizo_B, Abs. 85)

> „Aber es gibt niemanden dem ich wirklich folge, am ehesten noch [Name anonymisiert], aber das kommt eher, weil sie in einem komplett anderen Bereich als ich arbeitet und in dem ist sie halt wirklich richtig gut." (99designs_A, Abs. 45)

Auf Plattformen wo ein Vergleich mit Ideen anderer nicht ermöglicht wird, kann der **Vergleich außerhalb auf anderen Kanälen** erforderlich sein, um beispielsweise sicherzustellen, dass der eigene Entwurf nicht bereits existiert, sondern neuartig ist (z. B. InnoCentive_B, Abs. 107).

> "I start to describe the process and look if articles support my idea, if someone already did something like that or something related to my idea or in that sphere. Sometimes I find that my idea already exists and I'm not the first one.

Then I have to find another idea or just give up the challenge." (InnoCentive_B, Abs. 107)

Zusammenfassend lassen sich die in der nachfolgenden Tabelle aufgeführten Merkmale sozialen Vergleichs aus den Interviews gegenüberstellen.

Tabelle 14: Gemeinsamkeiten und Unterschiede im sozialen Vergleich[176]

Kategorie	Identifizierte Ausprägungen	
Sozialer Vergleich	gegeben	(eher) ausgeschlossen
Vergleichsmotivation	Diverse (insb. Inspiration, Orientierung, Einschätzung/Lernen)	
Vergleichsobjekt	Idee	Person
Vergleichsrichtung	Vergleich auf Ebene	Vergleich nach oben

7.3 Kreatives Verhalten im sozialen Kontext

Ziel der strukturierenden Inhaltsanalyse war es, das Material entlang der zuvor festgelegten Kategorien zzgl. induktiv hinzugefügter Kategorien sortiert bereitzustellen. Ferner konnten die identifizierten Merkmalsausprägungen bereits Gemeinsamkeiten und Unterschiede sichtbar werden lassen.

Die sich anschließende Einzelfallanalyse offenbart, wie kreatives Handeln mit den zuvor beschriebenen sozial bedingten Subprozessen der Bewertung und des Vergleichs zusammenhängen. Mit Blick auf die einzelnen Kausalketten zeigt sich, dass sich Handlungen in der Regel auf Ursachenfaktoren zurückführen lassen, die der Person (v.a. Motivation, Kreatives Selbstkonzept) innewohnen bzw. mit Faktoren des technischen, konzeptionellen, bzw. sozialen Umfelds einhergehen.

[176] Die in der Tabelle dargestellten Merkmale und ihre Ausprägungen wurden aus den Interviewaussagen zusammengefasst.

Inwiefern diese Aspekte zusammenwirken, soll im Folgenden anhand von Aussagen aus den Interviews dargelegt werden.

Zuvor wird anhand des Beispiels von LEGO Ideas gezeigt, wie die Ergebnisse der Kausalkettenanalyse helfen, Verhalten im Kontext zu verstehen. Zudem wird deutlich, dass Plattformbedingungen nicht zwangsläufig gleiche Ideenentwicklertypen implizieren, sondern vor allem individuelle Faktoren bestimmen, wie der jeweilige Kontext wahrgenommen und für das eigene Handeln interpretiert wird.

Abschließend wird anhand auffälliger Merkmale der Versuch einer Typenbildung vorgenommen.

7.3.1 Plattforminterne Kausalkettenunterschiede am Beispiel von LEGO Ideas

Bestimmte Plattformen können z. B. aufgrund ihrer Aufgabenausrichtung oder aber aufgrund der Anreizmechanismen, die sie anbieten, bestimmte Personengruppen adressieren. Plattformen für alltagskreative Ideenfindung zielen auf ein breites Publikum ab, während Plattformen mit wissensintensiver Ausrichtung eher Expert*innen auf ihrem Gebiet ansprechen wollen. Plattformen für Design, insbesondere solche, welche als „Marktplatz“ für kreative Ideen agieren, adressieren vor allem Professionelle, welche die monetäre Entlohnung für ihre Dienste wertschätzen.

So zeigt sich, dass insbesondere Motivation und eingebrachtes Wissen der Kreativen wichtige Anhaltspunkte für ihre Klassifizierung sind, gepaart mit den strukturellen Gegebenheiten der jeweiligen Plattform.

Daraus resultiert eine Vielfalt an Typen, die auch innerhalb von Plattformen vorzufinden ist, eben basierend auf personenbezogenen Faktoren, welche die Wahrnehmung und Interpretation des Umfelds mitbestimmen.

Im Folgenden wird anhand von drei Fällen aufgezeigt, wie verschieden sozialer Kontext wahrgenommen und für das eigene Handeln interpretiert werden kann, auch wenn vermeintlich identische Plattformbedingungen zu Grunde liegen.

7.3.1.1 LEGO_A

Interviewter LEGO_A sieht sich selbst als professionellen Kreativen mit entsprechender Begabung und entsprechenden Fertigkeiten (vgl. ebd., Abs. 264 u. 272). Er beobachtet und vergleicht Projekte anderer Nutzer*innen, bewertet diese und orientiert sich an erfolgreichen Vorgängerprojekten (vgl. ebd., Abs. 103, 153, 262 u. 268). Wesentlicher Grund für sein Verhalten: Er denkt deutlich nutzerorientiert, will das seine Ideen auf große Akzeptanz stoßen; denn nur so haben die Ideen auch eine Chance realisiert zu werden (vgl. ebd., Abs. 43, 70, 83 u. 86).

> “So naturally, this is LEGO giving them the opportunity to make their ideas happen.” (LEGO_A, Abs. 83)

> “[…] seeing his project and think: ‘Oh yeah, that would be really cool to have LEGO Zelda’.” (LEGO_A, Abs. 86)

Diese Akzeptanz reflektiert er im gesamten Ideenprozess (vgl. ebd., Abs. 197); stuft er die Chance auf große Akzeptanz als zu gering ein, dann verwirft er seine Idee (vgl. ebd., Abs. 199ff.). Stuft er sie hingegen entsprechend hoch ein, investiert er viel Zeit in die richtige Präsentation seines Projekts; weil er glaubt, dass die richtige Präsentation über das reale Bauen mit LEGO-Steinen und guten Bildern besser akzeptiert wird als die bloße Darstellung mit der LEGO-Software (vgl. ebd. 165ff.). Auch diesbezüglich orientiert er sich an anderen Nutzer*innen, vergleicht deren Präsentationsformen (vgl. ebd., Abs. 153).

Für ihn steht die Realisierung der Idee an erster Stelle (vgl. ebd., Abs. 43 u. 86). Co-Aktion mit anderen, welche zum gleichen Thema Ideen entwickeln empfindet er deshalb nicht als Wettbewerb, sondern als Gemeinschaftshandeln (vgl. ebd., Abs. 89, 109, 124ff.). Diese Gemeinschaft identifiziert er als Teil-Community auf der Plattform (vgl. ebd., Abs. 86). Wäre er auf der Plattform geblieben (was aus professionellen Gründen nicht möglich war), dann hätte er eine Kollaboration mit den anderen Nutzer*innen innerhalb der Teil-Community in Erwägung gezogen, um die verschiedenen Fertigkeiten zu konsolidieren und seine Erfolgschancen zu steigern (vgl. ebd., Abs. 118ff.).

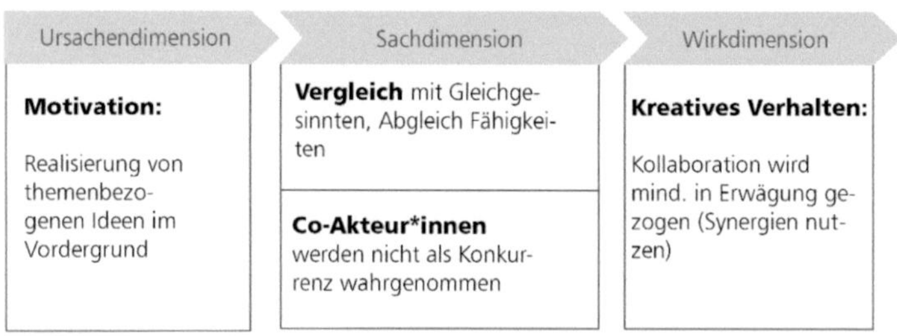

Abbildung 11: Beispiel für eine Kausalkette im Fall LEGO_A[177]

Seine Plattformnutzung als Ideengebender hat Interviewpartner LEGO_A aus professionellen Gründen beendet, seine Erfahrungen liegen zurück (vgl. ebd.). Hingegen hat LEGO_B seine Idee erst kürzlich eingestellt und befindet sich noch im Bewertungsprozess, in welchem er Anpassungen durch Updates vornehmen kann. Während sich LEGO_A eher an Themen orientierte, die bei ihm auf Interesse stießen und er überlegte, wie er sie anders umsetzen kann (vgl. ebd., Abs. 43 u. 268), wollte LEGO_B ein völlig neues Thema als Erster aufgreifen

[177] Das Beispiel ist lediglich ein Auszug aus der Kausalkettenanalyse.

und hat sich bei der Umsetzung seiner Idee an einem erfolgreichen Vorgängerprojekt orientiert (vgl. ebd. 25, 78 u. 82).

7.3.1.2 LEGO_B

Persönliche Faktoren wie Erfahrung als Grafik-Designer oder auch Anspruch der Professionalität aber auch seine spezifische Motivation (Interesse für Film, Freude über Erfolge (vgl. ebd., u. a. Abs. 33 u. 87) erklären Wahrnehmung und Interpretation des Kontextes und damit auch das Verhalten vom Interviewten LEGO_B. Der Interviewte beschreibt sich als Gelegenheitsfan (vgl. ebd., Abs. 7), er interessiert sich sehr für das Thema LEGO, dennoch gilt seine Vorliebe dem Thema Film (vgl. ebd., Abs. 25). Seinen Lieblingsfilm mit einem LEGO-Projekt auf der Plattform zu repräsentieren war seine ursprüngliche Motivation (vgl. ebd.). Er wählte ein Thema aus dem Film, welches aus seiner Sicht weniger bekannt ist, aber seiner Meinung nach den Film am besten vertritt (vgl. 78).

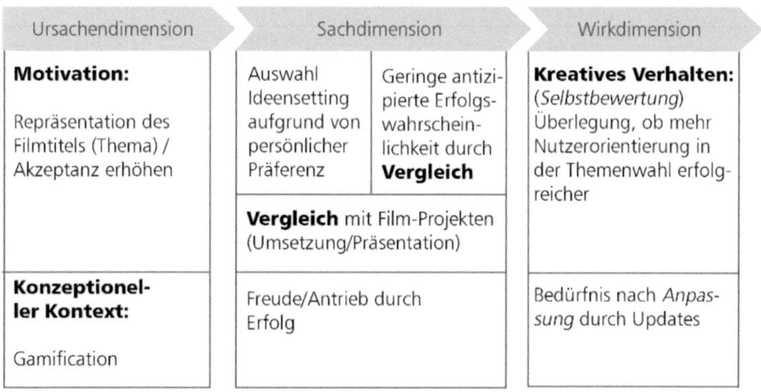

Abbildung 12: Beispiel für Kausalkette im Fall LEGO_B[178]

[178] Das Beispiel ist lediglich ein Auszug aus der Kausalkettenanalyse.

Mittlerweile überlegt LEGO_B, ob mehr Orientierung an den allg. Nutzerbedürfnissen seinen Erfolg hätten steigern können (vgl. ebd., Abs. 87). Zum einen könnte mehr Akzeptanz seines Projektes auch die Akzeptanz des Themas, welches er gewählt hatte in der LEGO-Community, steigern (vgl. ebd.). Zum anderen fühlt er sich angespornt durch Fortschritt (vgl. ebd.).

Im Allgemeinen scheint LEGO_B besonders motiviert zu sein durch seine Freude über erzielte Erfolge, seien es Badges für das Vervollständigen von Profildaten oder das Erlangen von Supports (vgl. ebd., Abs. 15 u. 46). Selbst das Erhalten von Kommentaren löst bei ihm gewisse Freude aus, da es signalisiert, dass andere sich die Zeit genommen haben, sein Projekt zu bewerten und damit auch seine Mühe anerkennen (vgl. ebd., Abs. 100ff.).

> LEGO_B: "It's nice, it's great. Because I get a little e-mail, you know. My phone buzzes and I get little e-mail and it's always nice. Because when my phone buzzes, that I get an e-mail means that I've sold something on eBay or I got a comment on LEGO." (vgl. LEGO_B, Abs. 115)

Anerkennung durch andere ist für ihn ein bedeutender Treiber – insbesondere schätzt er Feedback von „oben", d.h. durch erfahrene Kreative (vgl. ebd., Abs. 22 u. 101). Er orientiert sich an anderen erfolgreichen Projekten, welche Filme behandeln, vergleicht sich auf der Plattform eher nach oben und vermutet, die Mehrheit der Nutzer*innen sei aktiver und erfahrener als er (vgl. ebd., Abs. 101 u. 105). Das führte auch dazu, dass er ausgiebig für sein erstes Projekt recherchierte, auch in der weiterreichenden LEGO-Community (vgl. ebd., Abs. 82).

Prinzipiell fühlt er sich angespornt, Anpassungen vorzunehmen, wahrscheinlich auch, um besser den Erwartungen der breiten LEGO-Nutzer*innenschaft zu entsprechen, aber auch um Details auszubessern, um sein Projekt vollkommener und damit professioneller wirken zu lassen (vgl. ebd., Abs. 80 u. 119). Zudem möchte er Feedback anderer bei der Anpassung einfließen lassen (vgl. ebd.). Anzunehmen ist, dass dadurch die Nutzerorientierung seines Projekts erhöht werden kann. Andererseits kann dieser Wunsch auch in seiner persönlichen Wertschätzung von Feedback im Allgemeinen begründet sein. Denn wie bereits beschrieben, schätzt er Feedback prinzipiell, weil sich andere die Zeit genommen haben, sich seinem Projekt zu widmen und es zu kommentieren; er selbst betrachtet Zeit als ein kritisches Gut (vgl. ebd., Abs. 93).

Obwohl er sich eher mit Filmliebhaber*innen identifiziert und es nie als Ziel betrachtete Teil der LEGO-Community zu werden, fühlt er sich aufgrund der positiven Atmosphäre gut aufgehoben und angespornt weiterzumachen, u. a. auch andere Ideen zu bewerten, Feedback zu geben (vgl. ebd., Abs. 22, 25 u. 67). Er sieht andere Nutzer*innen nicht als Konkurrenz, betrachtet das Miteinander als friedlich (vgl. ebd., Abs. 28ff.). Konkurrenz durch Co-Akteur*innen empfand er offenbar zu Anfang seiner Teilnahme, als er sich veranlasst sah, sein Projekt unter gefühltem Zeitdruck zu veröffentlichen (vgl. ebd., Abs. 119). Diesbezüglich offenbart sich eine andere Ursache, welche technisch bedingt ist: Der Ideenprozess anderer, d. h. wie sie Überlegungen für ein Projekt anstellen, es zeichnen, digital konstruieren und ggf. mit Steinen bauen, ist online nicht einsehbar – eine Idee kann plötzlich ausgefeilt auftauchen und erst dann wird klar, dass es überhaupt Co-Akteur*innen gibt, die sich mit demselben Thema beschäftigen.

7.3.1.3 LEGO_C

LEGO_C unterscheidet sich von den anderen Interviewpartnern auf LEGO Ideas im Wesentlichen dadurch, dass er mehr in der LEGO-Community verwurzelt ist (vgl. ebd., Abs. 95 u. 149). Die Community agiert jedoch eher außerhalb der Ideas-Plattform (vgl. ebd.). Auf der Plattform selbst hat er kein Netzwerk (vgl. ebd., Abs. 19).

Er hat seine ursprüngliche Idee eingestellt, um aus seiner Sicht zu testen, wie sie ankommt (vgl. ebd., Abs. 44ff.). Wie er meinte, fühlte er sich aufgrund von anerkennenden Stimmen außerhalb der Plattform, wo er seine Idee bereits veröffentlicht hatte, angespornt, seine Idee auch auf Cuusoo[179] (LEGO Ideas) einzustellen (vgl. ebd., Abs. 52). Vermutlich wollte er seine Reputation auf diesem Wege ausbauen. Tatsächlich musste er feststellen, dass es auf der Plattform neben Anerkennung auch Kritik für seinen Entwurf gab (vgl. ebd. 57ff.).

Auf Kritik hin, dass seine Idee aufgrund von Lizenzschwierigkeiten ohnehin nicht von LEGO umgesetzt werden würde rechtfertigt er sich damit, dass er ohnehin nur testen wollte, wie seine Idee ankommt (vgl. ebd.). Die fehlende Anerkennung auf der Plattform kollidiert dennoch in gewisser Weise mit seinem kreativen Selbstkonzept als ‚Meisterbauer', als welcher er sich gerne sieht (vgl. ebd., Abs. 69).

So hat er sich ein Thema für ein Folgeprojekt gesucht, welches größere Erfolgschancen hat, da es einerseits bekannt ist und andererseits Lizenzrechte für eine mögliche Umsetzung vorliegen (vgl. ebd., Abs. 61). Zudem knüpft er bei der Präsentation seiner Idee an ein Jubiläum an, was die Akzeptanz seiner Idee erhöhen könnte (vgl. ebd.).

Selbst ignoriert er im Übrigen Ideen anderer Nutzer*innen, welche (u. a. aufgrund von potenziellen Lizenzschwierigkeiten) keine Chance auf Umsetzung haben (vgl. ebd., Abs. 67).

---

[179] „Cuusoo" war der ursprüngliche Name der Plattform, bevor sie 2014 zu ‚LEGO Ideas' wurde.

LEGO_C rechtfertigt sein Handeln, wo keine Verbesserung möglich ist und passt an, wo anzupassen möglich ist, d.h. bei der Themenfindung für Folgeprojekte aber auch bei der Anpassung von Details (vgl. ebd., Abs. 61 u. 151).

Erfährt LEGO_C Kritik über nachlässige Ausführungen ist er bestrebt dies anzupassen, um sein Selbstbild wiederherzustellen (vgl. ebd.). Prinzipiell ist er sehr auf Perfektion bedacht und intrinsisch motiviert bei der Arbeit mit der Software aber auch bei der Prototypenumsetzung mit Schwerpunkt Elektronik (vgl. ebd., Abs. 73).

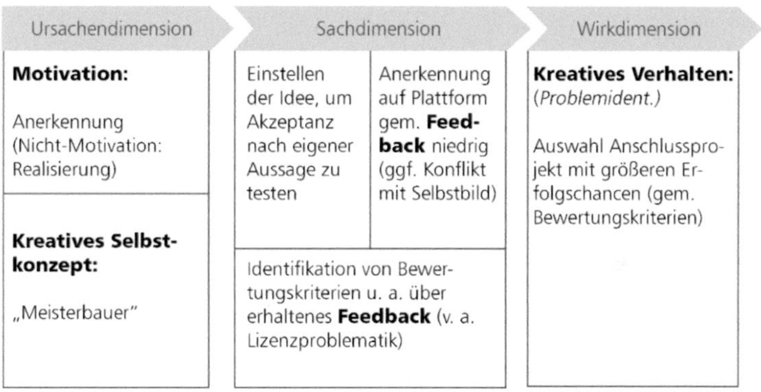

Abbildung 13: Beispiel für Kausalkette im Fall LEGO_C[180]

Seine Hingabe ist zeitintensiv (vgl. ebd.) Dies gepaart mit seinem deutlichen Wunsch nach Anerkennung für seine Mühe kann auch seine eher ablehnende Haltung gegenüber der Zusammenarbeit mit anderen erklären (vgl. ebd., Abs. 79).

> "Actually this [project] I'm working on, I've pretty much worked on it consistently every weekend for the past few months. I haven't had like any break

[180] Das Beispiel ist lediglich ein Auszug aus der Kausalkettenanalyse.

> or anything. Every weekend I spend coding and doing electronic work, until I perfect it." (LEGO_C, Abs. 73)

Um Anerkennung für seine Mühe zu bekommen, mobilisiert er gern sein Netzwerk über die Plattformgrenzen hinweg (vgl. ebd., Abs. 140). Schließlich ist er, wie bereits beschrieben über andere Kanäle wie Facebook, Flickr und Instagram mit der LEGO-Community vernetzt, hat dort ein soziales Netzwerk an Fans, welche seine Ideen anerkennen (vgl. ebd., Abs. 149).

> "But then again, I know a lot of other LEGO builders though, who try to make stickers or T-shirts, but they're very amateurish looking, because they're not graphic designers, they're just LEGO builders. For me though, I do both, so that's kind of one of my good talents." (LEGO_C, Abs. 173)

Bei der Werbung für seine Ideen greift er gern auf seine Erfahrung als Verpackungsdesigner zurück und kreiert einen professionellen Auftritt (vgl. ebd. .75ff. u. 173). Seine Denkweise ist durch seine Vorerfahrung auch kundenorientiert geprägt (vgl. ebd., Abs. 169).

Der Vergleich der drei Fälle zeigt beispielhaft auf, wie unterschiedlich kreatives Verhalten unter vermeintlich identischen Plattformbedingungen sein kann. Die Ergebnisse der Einzelfallanalysen wurden hierfür in Kausalketten übertragen. Die Ergebnisse dieser Analyse weisen schließlich darauf hin, dass Komponenten der Persönlichkeit (insb. Motivation und Selbstkonzept) sowie Komponenten der Plattform, das Verhalten im sozialen Kontext in Form von sozialem Vergleich und Bewertungserwartung bestimmen zu scheinen. Im Folgenden werden die Ergebnisse aller Einzelfallanalysen zusammengefasst. Schwerpunkt der Ergebnisdarstellung bilden personengebundene und plattformspezifische Komponenten, welche die Wahrnehmung und Interpretation von sozialem Kontext beeinflussen. Zudem wird der Versuch unternommen, zentrale Ergebnisse gesondert in Typen zusammenzufassen.

7.3.2 Plattformnutzer*innen im Kontext

Die Kausalkettenanalyse lässt nachvollziehen, welche Bedingungen Entscheidungen und Handlungen von Kreativen auf Online-Plattformen für Ideenfindung zugrunde liegen. Im Ursachenfeld sind vor allem personenspezifische Merkmale wie Motivation und kreatives Selbstkonzept zu nennen.

7.3.2.1 Motivation der Plattformnutzer*innen

Die Motivation der Plattformnutzer*innen erklärt einerseits die Teilnahme auf der Plattform im Allgemeinen und lässt sich ferner zur Erklärung der Sachdimensionen heranziehen. In Bezug auf die motivationale Orientierung zeigte sich in den Interviews eine tendenzielle Dominanz extrinsischer Motivation. **Extrinsische Motivation** äußert sich gemäß den Aussagen der interviewten Personen durch den Wunsch nach:

- **Gewinn bzw. monetärer Entlohnung** (vgl. 99designs_A, Abs. 47; Audiodraft_A, Abs. 8; Audiodraft_B, Abs. 39; Jovoto_C, Abs. 2; InnoCentive_A, Abs. 47; InnoCentive_B, Abs. 13; Atizo_A, Abs. 33)
- **Fähigkeiten zu testen und zu verbessern, Lernen** (vgl. Threadless_C, Abs. 40; 99designs_B, Abs. 84; Audiodraft_A, Abs. 8; Audiodraft_C, Abs. 18ff.; Jovoto_A, Abs. 16; Jovoto_B, Abs. 297ff.; Jovoto_C, Abs. 2ff.; Atizo_B, Abs. 31; Atizo_C, Abs. 27; OpenIDEO_A, Abs. 145)
- **Mitwirkung, Anerkennung** (unserAller_A, Abs. 3 u. 15; LEGO_C, Abs. 52; unserAller_B, Abs. 52 u. 56; unserAller_C, Abs. 6 u. 12; LEGO_B, Abs. 25; LEGO_C, Abs. 52; Quirky_B, Abs. 20; Threadless_A, Abs. 47; Threadless_B, Abs.144; InnoCentive_A, Abs. 37)
- **Kommunikation, Netzwerken, Community** (vgl. Quirky_B, Abs. 16; OpenIDEO_B, Abs. 22; Atizo_B, Abs. 37; Threadless_A, Abs. 34)
- **Realisierung von Ideen** (vgl. LEGO_A, Abs. 43; Quirky_A, Abs. 100; Quirky_B, Abs. 28; Quirky_C, Abs. 17)
- **Akzeptanz zu testen** (vgl. LEGO_C, Abs. 44ff.; Quirky_A, Abs. 17)

- **Reputation, Erhöhung beruflicher Chancen** (vgl. Audiodraft_A, Abs. 38; Jovoto_A, Abs. 57)
- **Sonstiges** wie z. B. Patentierung (vgl. Quirky_B, Abs. 8)

Inwieweit welche Motivation in den Interviews dominiert, konnte nicht ermittelt werden; prinzipiell sind mehrere Motivationsfaktoren möglich. In den Interviews ließen sich zudem Indizien dafür finden, dass sich Motivation von Plattformnutzer*innen auf Online-Ideenplattformen neu ausrichten kann, z. B.:[181]

> "[…] to me this was less about the project actually being creative and more about me representing the movie in this new landscape […] but now that I'm on it, and I made that decision long ago, I do sometimes wonder, if should I have done the popular choice, because I'm really liking the success here." (LEGO_B, Abs. 87)

Mittels Kausalkettenanalyse lassen sich von den Interviewten genannte Aussagen zum sozialen Kontext in der Regel auf motivationale Aspekte zurückführen. Beispielsweise kann die Relevanz von Feedback in der Motivation begründet sein, eine eigene Idee mit Hilfe der Plattform tatsächlich realisiert zu sehen (siehe Abbildung 14). In diesem Zusammenhang ist das Feedback von anderen Nutzer*innen (ggf. in ihrer Rolle als potenzielle Konsument*innen) besonders relevant, da es Orientierung zur Einschätzung der Marktakzeptanz liefert. Verstärkt wird diese Orientierung durch ein weiteres Merkmal im Ursachenfeld, nämlich die konzeptionelle Gegebenheit, dass Ideen erst dann in die engere Auswahl eingehen, wenn sie eine entsprechende Anzahl an Unterstützer*innen in der Plattformgemeinschaft gefunden haben.

[181] Prinzipiell lassen sich, wie die Kausalketten zeigen, mehrere Ansichten oder Handlungen eher auf dieselben Ursachen zurückführen.

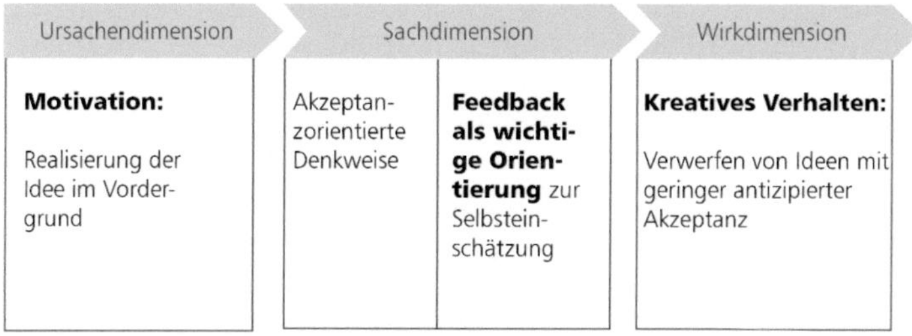

Abbildung 14: Beispiel für Kausalkette im Fall LEGO_A[182]

Handlungen lassen sich nicht nur auf Bedürfnisse der Nutzer*innen zurückführen, sondern auch auf deren Nichterfüllung im Zuge der Plattformnutzung. Beispielsweise bewirbt LEGO_C seine Ideen über Social-Media-Kanäle, fokussiert dabei auch sein Netzwerk außerhalb der LEGO-Plattform (vgl. ebd., Abs. 141). Aus der Analyse des Interviews geht die zentrale Motivation der Anerkennung hervor: LEGO_C kam auf die Plattform, um seine bereits erstellte und gepriesene Idee einer LEGO-Community mitzuteilen (vgl. LEGO_C: Abs. 53). Noch deutlicher wird der Zusammenhang durch Ergänzung der Kausalkette im Sachfeld: LEGO_C wurde für seine eingestellte Idee auf der LEGO-Ideas-Plattform von anderen Nutzer*innen kritisiert, suchte danach vermutlich die Nähe (ggf. den Rückhalt) seiner Fan-Community außerhalb der Plattform (vgl. ebd., Abs. 150).

Neben dem Wunsch nach Anerkennung wurde von einigen Interviewten der explizite Wunsch nach monetärer Entlohnung bzw. materiellem Gewinn geäußert (vgl. 99designs_A, Abs. 47; Audiodraft_A, Abs. 8; Audiodraft_B, Abs. 39; Jovoto_C, Abs. 2; InnoCentive_A, Abs. 47; InnoCentive_B, Abs. 13; Atizo_A,

[182] Das Beispiel ist lediglich ein Auszug aus der Kausalkettenanalyse.

Abs. 33). Interviewter InnoCentive_A merkt an, dass neben der monetären Entlohnung auch das Interesse für eine Aufgabe geben sein sollte, wobei für ihn monetäre Entlohnung dennoch vordergründig ist (vgl. ebd., Abs. 47).

> "I think no one/ no solver can say there is a pure motivation. It's always a mix. It depends on the amount of the work. So, the reward will depend much on the subject and the problem you're solving. For one million I wouldn't care about the subject at all, you know." (InnoCentive_A, Abs. 47)

Alle identifizierten Fälle, in denen Aussicht auf monetäre Entlohnung als Motivationsgrund genannt wurde, haben gemeinsam, dass sie auf Plattformen generiert werden, welche als Intermediäre (bzw. Marktplätze) zwischen Ideensuchenden und Professionellen agieren.[183] Für sechs von dreizehn Interviewten (s. o.), welche auf dieser Art Plattform agieren, stellt monetäre Entlohnung eine eher zentrale Motivation dar. In den übrigen Interviews wurden neben monetärer Entlohnung auch motivationale Faktoren wie das Testen der eigenen Fähigkeiten und Lernen beschrieben (vgl. Threadless_C, Abs. 40; 99designs_B, Abs. 84; Audiodraft_A, Abs. 8; Audiodraft_C, Abs. 18ff.; Jovoto_A, Abs. 16; Jovoto_B, Abs. 297ff.; Jovoto_C, Abs. 2ff.).

> "The whole reason I do this creative challenges is to challenge myself." (Threadless_C, Abs. 40)

> „Bei mir geht es immer um das Lernen. Und ich [...] versuche [...] immer neue Sachen aufzuschnappen, immer wieder irgendwie mich weiterzubilden und das funktioniert halt über sowas halt recht gut, weil es halt auch richtige Kunden sind, für die du da letztendlich arbeitest." (Jovoto_B, Abs. 297)

---

[183] Auf die Darstellung in Form einer Matrix wurde verzichtet, da nicht davon auszugehen ist, dass mittels des Interviews valide die Motivation der Beteiligten erfasst werden konnte. Mit Blick auf die Analyse zeigt sich, dass verschiedene motivationale Faktoren das Handeln bedingen können bzw. dass Motivation sich verändern kann (vgl. z. B. Interview LEGO_B, Abs. 17).

Als weitere Motivation ist die Möglichkeit, sich über Referenzen im Netz zu profilieren zu ergänzen (vgl. Audiodraft_B, Abs.: 35; Jovoto_A, Abs. 85).

Interviewte, deren Teilnahme in erster Linie auf den **Wunsch nach Entlohnung, materiellen Gewinn, professionelle Reputation durch Referenzen** zurückzuführen ist, zeichnen sich gemäß ihren Aussagen insbesondere aus durch:

- eine **starke Ausrichtung an Vorgaben der Ideensuchenden** (vgl. Jovoto_A, Abs. 149; Audiodraft_A, Abs. 22ff.; Audiodraft_B, Abs. 51; 99designs_A, Abs. 35)
- eine **deutlich stärkere Wertschätzung des Feedbacks von Ideensuchenden** (bzw. ihrer Vertreter*innen) (vgl. Jovoto_A, Abs. 67; 99designs_A, Abs. 13 u. 41; Audiodraft_A, Abs. 54; Innocentive_A, Abs. 145)

> „Ich versuche immer auf die Kunden zu gehen. Also mir ist die gesamte Bewertung der Community völlig egal. Ja, ich gehe nur darauf, was ich weiß, wo der Kunde hinwill." (Jovoto_A, Abs. 67)

Bezüglich ihrer Handlungen achten sie bei der Projektauswahl darauf, dass

- sie **Chancen haben zu gewinnen** (vgl. Jovoto_A, Abs. 67 u. 135; Innocentive_A, Abs. 159; 99designs_A, Abs. 43)
- **effizient agieren** z. B. durch einen *verhältnismäßigen Zeitaufwand* (vgl. Jovoto_A, Abs. 65 u. 69; 99designs_A, Abs. 41; Innocentive_A, Abs. 37 u. 47; InnoCentive_B, Abs. 23) oder die *Möglichkeit zur Wiederverwertung* (Audiodraft_A, Abs. 14; 99designs_A, Abs. 49; Innocentive_A, Abs. 115; InnoCentive_B, Abs. 51)

> "If I'm not interested in the subject and the reward is low, most probably I will not participate, even if I think I have some idea." (InnoCentive_A, Abs. 47)

Bei den genannten Fällen liegt die Motivation stets im Ursachenfeld (bzw. Ursachendimension), die Bewertungshaltung sowie die Haltung zum sozialen Vergleich hingegen bauen darauf auf und sind im *Sachfeld (bzw. Sachdimension) wiederzufinden (siehe Abbildung 15).

Ein Beispiel zur Verdeutlichung findet sich in Abbildung 15: Im Fall 99designs_A hilft der entwurfsfokussierte Vergleich mit anderen Nutzer*innen dabei, die eigenen Fähigkeiten sowie projektspezifischen Chancen einzuschätzen (vgl. 99designs_A, Abs. 43) und darüber hinaus, den eigenen Entwurf besser an die Erwartungen der Ideensuchenden anzupassen (vgl. ebd., Abs. 41 u. 49).

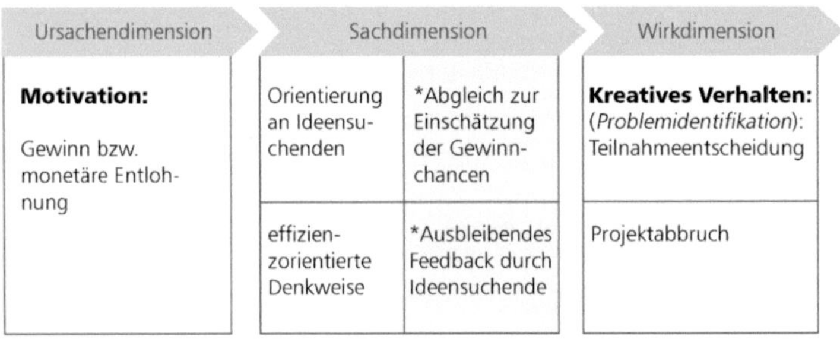

Abbildung 15: Beispiel für Kausalkette im Fall 99designs_A[184]

Wie zuvor bereits gegenübergestellt, gibt es neben dem Wunsch nach monetärer Entlohnung auch den Wunsch, **Fähigkeiten zu testen und zu lernen** (s.o., vgl. auch Atizo_B, Abs. 31 u. 37; Atizo_C, Abs. 27; OpenIDEO_A, Abs. 145).[185]

Nur wenige Interviewte offenbarten, wie sich der Lernprozess vollzieht. Die Analyse zeigte, dass Nutzer*innen lernen, indem sie beispielsweise, Entwürfe anderer mit ihren eigenen vergleichen (vgl. Threadless_C, Abs. 50; OpenIDEO_A,

[184] Das Beispiel ist lediglich ein Auszug aus der Kausalkettenanalyse.

[185] In anderen Fällen konnte ein derartiger Wunsch geäußert werden, stand jedoch nicht im Vordergrund (vgl. z. B. LEGO_C, Abs. 155).

Abs. 169; Jovoto_C, Abs. 12, 99designs_A, Abs. 31). Andere lernen vor allem durch Feedback (vgl. Atizo_B, Abs. 101u. 105; Jovoto_B, Abs. 43)

> "[…] it was to see how I compare to other people in the industry and see/ kind of just check out you know my potential I guess." (Jovoto_C, Abs. 12)

> „[…] weil man genau weiß, wie kommt meine Idee an, wie kann ich sie noch verbessern, mit Hilfe der ganzen ja anderen User und Teilnehmer an diesen Contests. […] Und so […] konnte man sich selbst auch ein bisschen, ich sage mal, weiterentwickeln." (Jovoto_B, Abs. 43)

Drei der interviewten Personen, welche meinten, ihre Fähigkeiten testen bzw. lernen zu wollen, erklärten, sich an Vorgaben zu orientieren (vgl. Audiodraft_A, Abs. 22ff.; Audiodraft_B, Abs. 51; Jovoto_B, Abs. 207). Einige favorisieren das Feedback von Ideensuchenden (vgl. Jovoto_A, Abs. 67; Audiodraft_A, Abs. 54; Atizo_B, Abs. 116), andere halten auch jenes von anderen Plattformnutzer*innen für relevant (Audiodraft_C, Abs. 90; Quirky_C, Abs. 58 u. 62; Jovoto_B, Abs. 119) und schätzen beispielsweise den Diskurs, welcher sich daraus ergeben kann (vgl. Atizo_C, Abs. 37; Atizo_B, Abs. 122).

> „Also, was ich auch schätze, sind Feedbacks, die weiterführend sind. Wo man sagt: ‚Hey, super Idee, kennst du übrigens das auch noch', wo ich was dabei lerne, wo ich irgendwie Links dazu kriege oder Weiterführendes." (Atizo_B, Abs. 101)

7.3.2.2 Selbstkonzept von Plattformnutzer*innen

Inwieweit Nutzer*innen auf ihre Fähigkeiten vertrauen, oder die Plattform nutzen, um ihre Kompetenzen auf die Probe zu stellen oder gar zu erweitern, hängt insbesondere mit der Motivation zusammen und ist ferner im **kreativen Selbstkonzept** begründet.

Fragen nach dem kreativen Selbstkonzept gehen u. a. einher mit Fragen danach, wie fähig schätzt sich diejenige Person ein, wie intuitiv geht sie vor, inwieweit verlässt sie sich auf das eigene Urteilsvermögen mehr als das der anderen und welchen Stellenwert hat Originalität im kreativen Schaffen.

Interviewte, welche meinen auf der Plattform aktiv zu sein, um lernen zu wollen, schätzen ihre Fähigkeiten, sofern konkrete Aussagen dazu erfolgten, in einem Spektrum von unerfahren (vgl. 99designs_B, Abs. 31 u. 78) bis erfahren bzw. fähig ein (Threadless_C, Abs. 79, Jovoto_B, Abs. 292, 311). Sie beschreiben sich als kreativ (vgl. Audiodraft_C, Abs. 130), bewerten ihre Ideen oder Entwürfe mitunter als neuartig bzw. originell (vgl. ebd.; Jovoto_B, Abs. 127)

Drei dieser Interviewten gaben an, Studierende zu sein (99designs_B, Abs. 21; Jovoto_B, Abs. 292; Audiodraft_C, Abs. 88). Allein den Status „Studierende" inne zu haben, kann das kreative Selbstkonzept beeinflussen, wie aus Interviewaussagen hervorgeht:

> "I am just a student, I was a beginner at that time, maybe I am still." (Audiodraft_C, Abs. 88)

> „Im Mittelfeld […] Also ich bin noch Student, na und ja."(Jovoto_B, Abs. 293f.)

Interviewte, welche Wert auf monetäre Entlohnung legen, schätzen sich eher als erfahren und fähig ein, stellen sich mitunter als **Expert*innen bzw. Professionelle** dar (Jovoto_A, Abs. 6ff; 99designs_A, Abs. 17 u. 41; Audiodraft_B, Abs. 39; Innocentive_A, Abs.17ff.)[186] Ausgewiesene Professionelle sind insofern vorgeprägt, dass es sogar zu ihrem Selbstkonzept gehören kann, kundenorientiert

---

[186] Ausreißer in dieser Konstellation ist Jovoto_C, welcher angibt, noch zu studieren, nicht über alle notwendigen Fähigkeiten zu verfügen, und dennoch neben Fähigkeiten testen, auch durch die Aussicht auf monetäre Belohnung auf der Plattform aktiv ist (vgl. ebd., Abs. 2ff., 6, 8)

vorzugehen (vgl. Jovoto_A, Abs. 145ff.; LEGO_C, Abs. 169; siehe Abbildung 16)

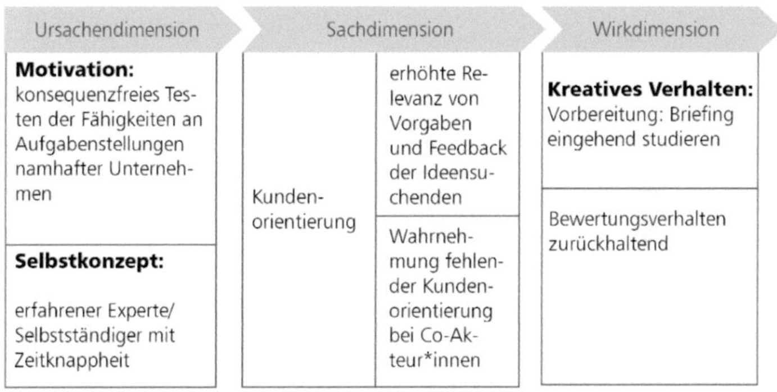

Abbildung 16: Beispiel für Kausalkette im Fall von Jovoto_A[187]

> „[…] Es geht einfach darum, abzuschätzen: ‚Was will der [Kunde]?' Weil ich hier jeden Tag Leute stehen habe, seit 15 Jahren, denen ich das halt verkaufen muss und ich sehe ja die Reaktion." (Jovoto_A, Abs. 149)

Auch andere Nutzer*innen schätzen ihre Fähigkeiten als eher nützlich, weniger als originell ein (vgl. u. a. Quirky_A, Abs. 30; Atizo_A, Abs. 123; Atizo_B, Abs.; 99designs_A, Abs. 47; Audiodraft_B, Abs. 83).

Das kreative Selbstkonzept kann kreatives Verhalten beeinflussen. So wirkt das kreative Selbstkonzept der Nutzer*innen bereits in den ersten Phasen der Ideenerstellung ein. In der Phase der **Problemidentifikation** beispielsweise, werden Aufgaben nicht nur nach motivationalen Aspekten, sondern auch nach *Kompetenzen, Fähigkeiten oder auch eigenem Stil* ausgewählt (vgl. Innocentive_A, Abs. 53, InnoCentive_B, Abs. 27; Jovoto_A, Abs. 14; Jovoto_B, Abs. 29; Threadless_A, Abs. 43; Threadless_C, Abs. 23)

[187] Das Beispiel ist lediglich ein Auszug aus der Kausalkettenanalyse.

„Ja also ich würde mal so sagen: Es muss etwas sein, das auch so mich und ja meine so Skills betrifft. Beziehungsweise also die Sachen, die ich ja auch kann.“ (Jovoto_B, Abs. 29)

Letztlich ist die wahrgenommene Kompetenz auch dann entscheidend, ob ein Beitrag tatsächlich eingereicht wird. Interviewte 99design_B schätzt sich beispielsweise im Vergleich mit anderen Plattformnutzer*innen nicht als konkurrenzfähig ein (vgl. 99designs_B, Abs. 31 u. 78). Sie nutzt zwei Profile, hat ihre ursprünglich eingestellten Beiträge wieder gelöscht und nutzt das zweite Profil lediglich, um sich von der Arbeit anderer inspirieren zu lassen (vgl. ebd., Abs. 15).

Hierbei spielt die vorangestellte **eigene Einschätzung der Leistung** eine wichtige Rolle. Ihre eigenen Ideen bewerten manche Plattformnutzer*innen nach eigener Aussage *‚intuitiv‘* bzw. ‚aus dem Bauch heraus‘, wobei davon auszugehen ist, dass die Einschätzung dennoch auf Erfahrungswerten beruht, die sie beruflich oder durch die Tätigkeit auf der Plattform gewonnen haben (vgl. Jovoto_A, Abs. 85; Atizo_A, Abs. 69; Atizo_B, Abs. 73ff.; Threadless_C, Abs. 46).

Threadless_C (siehe Abbildung 17) gibt beispielsweise an, ihre Fähigkeiten auf der Plattform zu testen, Feedback von der Designercommunity erhalten zu wollen (vgl. ebd., Abs. 40, 25 u. 50). Sie antizipiert Bewertung (vgl. ebd., Abs. 50), empfindet Kommentare auf der Plattform im Allgemeinen als eher aussagelos (vgl. ebd., Abs. 27). Ferner findet sie Anerkennung über die Anzahl der Votings, meint zugleich, Fälle von ‚Downvoting‘ erkannt zu haben (vgl. ebd., Abs. 77 u. 64ff.). Sie vergleicht sich deshalb mit anderen Pattformnutzer*innen, um ihre eigene Leistung besser einzuschätzen (vgl. ebd., Abs. 50).

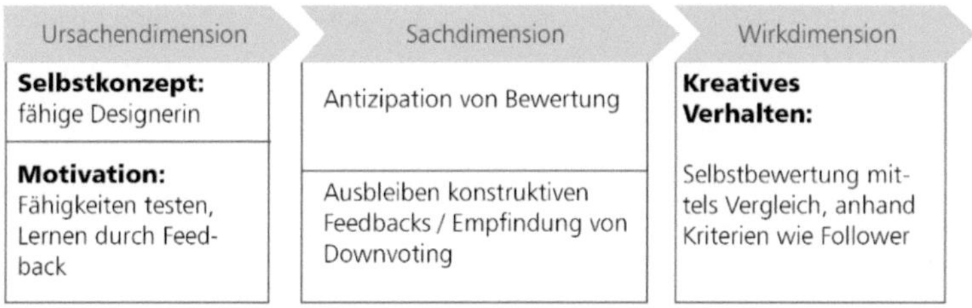

Abbildung 17: Beispiel für Kausalkette im Fall Threadless_C[188]

Andere Interviewte geben an, eher *experimentell* vorzugehen (vgl. Threadless_A, Abs. 101 u. 133; Quirky_C, Abs. 82ff.; siehe auch LEGO_C, Abs. 44).

> „Das ist ein Bauchgefühl. Ja. Das entwickelt man ein bisschen daraus, dass man weiß welche Ideen dann wirklich auch erfolgreich waren." (Atizo_A, Abs. 69)

Letztere Fälle haben gemein, dass beide Interviewte meinen, ihre Teilnahme auf der Plattform sei vorrangig intrinsisch motiviert (vgl. Threadless_A, Abs. 40; Quirky_C, Abs. 74, LEGO_C, Abs. 73).

Hinsichtlich der Bewertungshaltung und des Vergleichsverhaltens lassen sich schwer Parallelen erkennen. Während beispielsweise Jovoto_A über langjährige Erfahrung baut und dadurch ein Gefühl für kundenorientiertes Arbeiten entwickelt hat, achtet er weniger auf Feedback der Community, ist mehr daran aus, seinen Entwurf auf den Ideensuchende abzustimmen (vgl. ebd.: 145, siehe Abbildung 16) Atizo_A hingegen meint, intuitiv vorzugehen, erwartet dennoch Feedback von der Community (vgl. ebd., Abs. 91ff.), schlichtweg, weil die Platt-

[188] Das Beispiel ist lediglich ein Auszug aus der Kausalkettenanalyse.

formgegebenheiten diese Arbeitsweise durch einerseits Communitymechanismen oder Regulierungen[189] als auch andere Anforderungen an die Beiträge von Nutzer*innen stellen.

7.3.2.3 Technische und konzeptionelle Kontextmerkmale

Technische und konzeptionelle Gegebenheiten der Plattform umfassen **Ressourcen und Regeln für kreatives Verhalten**. Vorrangig wurden in den Interviews solche Bedingungen identifiziert, welche kreativem Verhalten einen Rahmen geben, es ermöglichen und einschränken, darunter **Interaktionsmechanismen, Anreizmechanismen sowie Regulieren** (z. B. zeitliche Restriktionen, sonstige Teilnahmebedingungen).

Darunter wurden Aspekte ermittelt, welche dem konzeptionellen Kontext zuzuordnen sind und zugleich eher rechtlichen Charakter haben, wie v. a. Vertraulichkeitsbestimmungen (vgl. InnoCentive_A, Abs. 109), Rechteverteilung (vgl. InnoCentive_B, Abs. 51; Quirky_C, Abs. 66) oder Lizenzproblematiken (LEGO_C, Abs. 44). Ferner wurde die **Aufgabe** als wichtiger Einflussfaktor in die Analyse einbezogen.

Die Art und Weise, wie **Plattformmechanismen** den Austausch oder Vergleich mit anderen Nutzer*innen zulassen, ist eine wichtige Voraussetzung für sozialen Kontext. Inwiefern Nutzerdaten abgebildet werden ist beispielsweise unterschiedlich und wird verschieden rezipiert (vgl. z. B. Audiodraft_A, Abs. 36; unserAller_A, Abs. 57 u. 77). Auch die Tatsache, dass aufgrund **computervermittelter Kommunikation** die Identität von Nutzer*innen teils verborgen bleibt, bestimmt die Wahrnehmung des sozialen Kontextes (vgl. LEGO_C, Abs. 93). Vor diesem Hintergrund erscheint es plausibel, dass der Fokus der Interviewten

---

[189] Eine nachträgliche Änderung von Beiträgen ist auf Atizo nicht möglich (vgl. Atizo_A, Abs. 113).

hauptsächlich auf den Ideen bzw. Entwürfen liegt, weniger auf deren Urheber*innen (vgl. Kapitel 6.2.1.).

> "Because the profiles, well the Ideas page [...] is very basic. Like your profile is just like Twitter. It was like a little small picture and a small paragraph. There wasn't a lot of information you could get there. So usually, like if I would vote on someone's project, I wouldn't really read their entire biography [...]. I'd just kind of see what they did. I'd be like: 'This a cool project and I'll vote for this.' And then you know that's it." (LEGO_C, Abs. 93)

> "I don't know. I find some of the profiles/ I don't believe in the profile. I just believe when they submit the invention." (Quirky_B, Abs. 34)

Inwiefern Orientierung an anderen Ideengebenden möglich ist, wird ebenso durch **technische und konzeptionelle Gegebenheiten** beeinflusst. Plattformen können verschiedene Kulissen für Interaktion schaffen, z. B. *Einzel- vs. Teamarbeit* oder *offene vs. geschlossene Projekte* (vgl. InnoCentive_A, Abs. 125; Jovoto_B, Abs. 165 u. 170ff.; Atizo_A, Abs. 37 u. 51). Diese Kulisse kann den sozialen Kontext merklich prägen, z. B. in Bezug auf die Bewertungspraxis, wie Jovoto_B beschreibt:

> „[...] ja, es ist so, weil halt wirklich jeder da reindarf und eine Idee abgeben kann. Okay, Idee ist eins. Aber die Leute dürfen auch alle bewerten und die Leute dürfen auch alle Kommentare schreiben." (Jovoto_B, Abs. 165)

99designs_A berichtet, dass Feedback unter den Ideengebenden gar nicht unterstützt werde (vgl. ebd., Abs. 53). Von anderen zu lernen, heißt hier in erster Linie, sich die Entwürfe anderer Kreativer anzusehen und zu vergleichen (vgl. ebd., Abs. 31)

Innocentive_A merkt hingegen an, dass ein Abgleich mit Ideen anderer, insbesondere aufgrund von Vertraulichkeitsbestimmungen, nicht ermöglicht wird (vgl.

ebd., Abs. 109 u. 135) Zudem sorgt die Abwicklung des Crowdsourcing-Prozesses über Online-Kommunikation dafür, dass der Prozess der kreativen Ideenentwicklung nicht einwandfrei einsehbar für Co-Akteur*innen und Beobachter*innen ist (vgl. ebd. LEGO_B, Abs. 119).

Inwiefern Möglichkeiten für Feedback oder andere Formen der Interaktion unter den Plattformnutzer*innen unterstützt werden, hängt nicht zuletzt vom **Selbstverständnis der Plattform** ab, d. h. ob kollaboratives Verhalten gewünscht und gefördert werden soll.

> „Also eigentlich müsste man sich quasi zusammentun als Arbeitsgruppe und dann ein bisschen ausgegorenere Ideen eingeben können. Aber das ist nicht/ dazu ist die Plattform nicht gemacht.“ (Atizo_A, Abs. 117)

Anreizmechanismen der Plattform können Interaktion fördern, wie z. B. durch Gamifizierungselemente wie Punkte oder Badges (vgl. z. B. LEGO_B, Abs. 15 u. 46; unserAller_A, Abs. 11 u. 153), es sei denn die Punktevergabe wird als nicht transparent genug eingeschätzt (vgl. Jovoto_A, Abs. 109).

> „Sie könnten mich damit echt kriegen, auch so, so als sportlicher Wettkampf gesehen. Aber ich bin jetzt nicht der große Bewerter und ich bin jetzt auch nicht der große Schreiber, der da jetzt jedes Projekt kommentiert. Deswegen bekomme ich schon einmal wenig Karmapunkte. Und dann ist das System da so bescheuert. Als ich beim letzten Mal, als ich [Projektname anonymisiert] hatte, bin ich 1000 Punkte heruntergegangen und das konnte mir auch keiner erklären, aber das wäre wohl richtig. Und dann/seitdem habe ich da kein Interesse mehr daran.“ (Jovoto_A, Abs. 109)

Ferner sind es wieder Motivation und Selbstkonzept der Nutzer*innen, welche ausschlaggebend sind, ob und in welchem Rahmen mit anderen Plattformnutzer*innen interagiert wird, ggf. auch über externe Kanäle.

> "I think a good example would be like if I were to team up with other Cuusoo[190] users and I wasn't sure how else to contact them, I actually am Facebook friends with [Name anonymisiert] who did the Zelda project right before me. Basically just friended him on facebook […]." (LEGO_A, Abs. 132)

Auch **Konkurrenzdenken** in Verbindung mit entsprechenden Prämierungsmechanismen der Plattform, kann die Interaktion beeinflussen. So beschreibt ein interviewter Nutzer auf Threadless beispielsweise, dass es ein „Downvoting" durch Konkurrenten gäbe (vgl. Threadless_C, Abs. 38) Auch Jovoto_A zweifelt die Korrektheit einiger Bewertungsfälle an:

> „Also wenn du zum Beispiel Feedback bekommst: ‚Absolut top. Super!' Du hast/ Vier oder fünf Leute haben dich bewertet. Und plötzlich gehst du drei Punkte runter, also von 8,5 auf 6,5, dann kann ja nur der eine dich mindestens auf null gevotet haben. Das ist natürlich dann fraglich." (Jovoto_A, Abs. 77)

Ein zentraler Faktor, welcher in dieser Arbeit im konzeptionellen Kontext angesiedelt wurde, ist die **Aufgabenstellung**. Die Komplexität der Aufgabe kann beispielsweise den Wunsch, mit anderen zu interagieren beeinflussen – im Fall von InnoCentive_A weniger mit anderen Plattformnutzer*innen, sondern in erster Linie mit Ideensuchenden (vgl. ebd., Abs. 165).

> "One of the main problem with this type of problem solving is that it's one way. Well, it's almost always one way. They provide you with a good description of a problem, but the solution can't be discussed, which is necessary." (InnoCentive_A, Abs. 165)

Je nachdem, welches Vorwissen vorhanden, wie Fähigkeiten ausgebaut sind, können Nutzer*innen, wie zuvor bereits beschrieben, eher intuitiv, d.h. ohne stark

---

[190] „Cuusoo" war der ursprüngliche Name der Plattform, bevor sie 2014 zu ‚LEGO Ideas' wurde.

zu reflektieren, agieren und haben ggf. bereits im Zuge der Problemidentifikation einen Lösungsvorschlag parat (vgl. Audiodraft_A, Abs. 14; InnoCentive_A, Abs. 35; InnoCentive_B, Abs. 101).

Intuitiv heißt hier nicht unbedingt „aus dem Bauch heraus“, sondern knüpft, wie bereits beschrieben, trotzdem an Vorerfahrung an. Inwieweit Ideengebende tatsächlich intuitiv vorgehen, hängt demnach auch von der Aufgabenstellung ab sowie von den Anforderungen, die Ideensuchende an die Lösung stellen. Gerade dort, wo spezifische Anforderungen vorausgesetzt werden oder wissensintensive Aufgaben bearbeitet werden, scheint ein exploratives Vorgehen notwendig. Ferner muss auch eine intuitiv generierte Idee Vorgaben von Ideensuchenden erfüllen und an eben diese angepasst werden.

Selbstgeleitet zu agieren kann außerdem damit einhergehen, experimentell vorzugehen, d. h. einen Beitrag einzureichen ohne konkrete Erwartungen an die Konsequenzen zu stellen (Threadless_A, Abs. 101 u. 133; Quirky_A, Abs. 17 u. 22; Quirky_C, Abs. 40 u. 82ff.; LEGO_C, Abs. 44). Alle vier Interviewte, welche meinten, experimentell vorgegangen zu sein, haben gemein, dass sie sich nicht an spezifischen Anforderungen im Rahmen einer Aufgabenstellung orientierten. Der Impuls, kreativ zu wirken, wurde vielmehr selbst generiert (user driven). Entweder gab es keine konkrete Aufgabenstellung oder lediglich einen Lösungsrahmen, das kreative Produkt wurde mitunter bereits unabhängig von der Plattform erstellt (vgl. ebd.).

> “I just submitted it about a week ago cause it's been in my book, I said ‘oh, let me see what the community thinks of it’, you know. So, that's how I came up with that one.” (Quirky_C, Abs. 40)

Ein experimentelles Vorgehen kann die Motivation der Teilnahme begründen sowie als Erklärung für das Verhalten auf der Plattform herangezogen werden.

Es kann sich ferner auf Basis von technisch-konzeptionellen Bedingungen der Plattform ergeben und durch die Teilnahme verstärken (siehe Abbildung 18).

Abbildung 18: Beispiel für Kausalkette im Fall von Threadless_A[191]

Threadless_A beschreibt seine Motivation an Crowdsourcingprojekten im Allgemeinen als eher monetär (vgl. ebd., Abs. 40), auf der Plattform Threadless hingegen nimmt er Teil, um Zugang zu einer für ihn „interessanten" Community zu haben (vgl. ebd., Abs. 31 u. 34). Er kennt potenzielle Kund*innen auf der Plattform nicht, kann deren Nachfrageverhalten nicht einschätzen; die Unsicherheit über Akzeptanz ist demnach hoch (vgl. ebd., Abs. 77 u. 101). Er geht deshalb experimentell vor, verwendet Designs, die er im Vorfeld anderweitig erstellt hat (vgl. ebd., Abs. 40). Seine Entwürfe stellt er ohne Erwartungen ein, weshalb sein Gewinn folglich eher unerwartet kam (vgl. ebd., Abs. 47 u. 133). Das wiederum bestärkt ihn in der Annahme, dass sich experimentelles Vorgehen durchaus auszahlen kann (vgl. ebd., Abs. 133).

> „[…] und dann irgendwann aber gemerkt, dass doch manche Sachen, die ich halt noch nie jemandem gezeigt habe, wenn es dann doch mal jemand gese-

[191] Das Beispiel ist lediglich ein Auszug aus der Kausalkettenanalyse.

hen hat, doch recht gut ankommt und bin da mittlerweile, gerade durch solche Seiten, halt auch schon eher geneigt dann mal was zu veröffentlichen, was mir selber nicht so gefällt.“ (Threadless_A, Abs. 133)

Dieser Fall zeigt abschließend auf, wie schwierig es ist, kreatives Handeln in linearen Prozessketten abzubilden. Zum einen wirken verschiedene Faktoren des persönlichen sowie technischen u. konzeptionellen Kontextes ein. Ferner können sich diese Faktoren selbst gegenseitig bedingen, beispielsweise die Motivation von Plattformnutzer*innen neu ausrichten lassen oder verstärken, um dann iterativ für Folgehandlungen Impulse zu setzen.

Nichtsdestotrotz erlaubt die lineare Aufschlüsselung eine Strukturierung eben dieser Faktoren, um Gemeinsamkeiten und Unterschiede im Verhalten sowie in den verhaltensbezogenen Merkmalen der Plattformnutzer*innen zu identifizieren. Auf Basis dieser Gemeinsamkeiten und Unterschiede wird im folgenden Abschnitt eine Typenkonstruktion vorgenommen, welche zentrale Erkenntnisse dieser Untersuchung gesondert zusammenfasst.

7.3.3 Nutzertypen von Online-Plattformen für kreative Ideenfindung

Nachdem die relevanten Merkmale des sozialen Kontextes beschrieben und in Beziehung zu personen- und weiteren umweltbezogenen Merkmalen gesetzt worden sind, soll der Versuch unternommen werden, auffällige Gemeinsamkeiten und Unterschiede in einer Typologie zusammenzufassen. Wie sowohl aus den Aussagen zur Bewertungshaltung als auch zum Vergleich mit anderen hervorgeht, hat Orientierung einen wichtigen Stellenwert im kreativen Handeln einiger Interviewpartner*innen. Eine tiefergehende Analyse der einzelnen Fälle, welche überdies Faktoren der Bewertungshaltung und des Vergleichs in Beziehung setzt mit kreativem Handeln, lässt Indizien für eher differenziertes Verhalten offenlegen. Dieses Kontinuum kreativen Verhaltens – zwischen Orientierung und Differenzierung – wird nachfolgend beschrieben und anhand einer Typisierung verdeutlicht.

7.3.3.1 Zwischen Orientierung und Differenzierung

Der Wunsch nach Orientierung spiegelt sich vor allem in der Kategorie Bewertungsquelle in Verbindung mit Bewertungskriterien sowie in der Vergleichsmotivation (siehe Kapitel 6.2.3. u. 6.2.4.) wider.

Der Wunsch nach Abgrenzung ist mit Blick auf die von den Interviewten angeführten Bewertungskriterien Originalität oder subjektives Empfinden nur ansatzweise zu vermuten (vgl. Threadless_A, Abs. 145 u.169; InnoCentive_A, Abs. 99; InnoCentive_B, Abs. 91; 99designs_A, Abs. 35; unserAller_A, Abs. 51ff. u. 88; Audiodraft_A, Abs. 48; LEGO_B, Abs. 117). Selbst in den meisten dieser Fälle wird Feedback zur Orientierung herangezogen (vgl. InnoCentive_A, Abs. 189; 99designs_A, Abs. 35; Quirky_A, Abs. 46f.; Audiodraft_A, Abs. 56 u. 62; LEGO_B, Abs. 69)

In den Einzelfallanalysen lassen sich weitere Hinweise auf Verhalten finden, welches nicht an mutmaßlichen Bewertungskriterien anderer orientiert ist, mitunter sogar eher auf Abgrenzung zielt (vgl. Jovoto_A, Abs. 89; Jovoto_B, Abs. 127; Atizo_C, Abs. 99).

> „[…] ich versuche immer irgendwie […] was Anderes zu machen als die meisten Leute. Das sieht man auch ganz gut an meinen Arbeiten." (Jovoto_B, Abs. 127)

> „Wenn ich mal eine originelle, etwas abgehobenere [Idee] reingeschrieben habe, neige ich eher dazu noch eine normale zu posten". (Atizo_C, Abs. 99)

Die Aussagen einiger Interviewter lassen zudem ein **Spannungsfeld zwischen Orientierung und Differenzierung** erkennen. Beispielsweise ist die Rede davon, einen eigenen Stil zu bewahren (Audiodraft_B, Abs. 51; Audiodraft_C, Abs. 128; Jovoto_B, Abs. 149; Quirky_B, Abs. 74).

Die Analyse des Falls LEGO_C zeigt eindrucksvoll, wie der Interviewte in eben diesem Spannungsfeld agiert. Einerseits möchte er originelle Ideen entwickeln (vgl. ebd., Abs. 48), andererseits ist er darauf bedacht, Themen zu wählen, welche bekannt sind und akzeptiert werden (vgl. ebd., z. B. Abs. 162). Er beschreibt diesen Spagat und bedauert, dass gerade originelle Projekte zu wenig Anerkennung bekämen:

> "[…] unfortunately I'll make a project and pretty much no one sees it, which is actually bad, because then I put a lot of work into it. And [it] gets only a few likes on Facebook, no one comments on it, what so ever. And usually what I did notice, unfortunately, at this stage of my career is that projects that are completely unique and original, don't get a lot of good feedback, versus things that are geeky. [...] They're the ones that get all the feedback, because they're the ones everyone identifies with." (LEGO_C, Abs. 162)

Mit Blick auf die Kausalketten wird deutlich, dass vor allem ein Zusammenspiel aus Selbstkonzept, Motivation sowie konzeptionelle Gegebenheiten der Plattform dafür sorgt, ob sich jemand eher orientiert oder abgrenzt.

Anhand der Merkmalsklassen Selbstkonzept[192] und dem kreativen Handeln entlang der Dimensionen Orientierung vs. Abgrenzung (siehe Tabelle 15) lassen sich drei Nutzertypen abbilden, welche in dieser Arbeit wie folgt benannt wurden: *Professionelle, Künstler*innen/Tüftler*innen* und *Lernende* (siehe Abbildung 18). Ein

[192] Zum Begriff „Selbstkonzept" siehe auch Kapitel 3.2.2.2.

vierter Typ ließe sich logisch ergänzen (hier „Dilettant*innen" genannt), wenn auch keine Interviewfälle diesem explizit zuzuordnen sind.

Tabelle 15: Dimensionen der Typisierung zu Abbildung 19

Dimensionen	Beschreibung
Orientierung (an externen Maßstäben)	das Ausrichten der eigenen Leistungserstellung an Erwartungen anderer (z. B. von Ideensuchenden und/oder anderen Plattformnutzer*innen)
Differenzierung	die Abgrenzung von bestehenden Ideen, der Hang zu Originalität der Thematik oder Umsetzung (z. B. eigener Stil)
Expert*in[193]	Nutzer, welche über ein hohes Maß an Wissen und Fähigkeiten verfügen, wodurch es ihnen möglich ist, originelle und nützliche Ideen zu einer spezifischen Problemstellung zu schaffen
Neuling	Neuling auf der Plattform bzw. in dem spez. Schaffensgebiet

Der Begriff „Neuling" wurde dem Begriff Expert*in stereotyp gegenübergestellt. Da es sich hierbei um ein Kontinuum handelt, sind Laien bzw. Amateure mit erweitertem Wissen bzw. einem erweiterten Wissensschatz in eben diesem Kontinuum einzuordnen.[194]

Auf Basis der Analyse von Gemeinsamkeiten und Unterschieden zwischen den Fällen, lassen sich die nachfolgenden Typenbeschreibungen formulieren. Die Typen spiegeln eher Idealfälle wieder; die Aussagen aus den Interviews lassen lediglich Tendenzen erkennen. Eine einwandfreie Zuordnung von Nutzer*innen zu Typen erfordert vor allem eine valide Messung von Kompetenzen und Motivation, welche mittels Interviewanalyse nicht gegeben war.

[193] Zum Begriff „Experte" siehe auch Kapitel 3.1.3.2.

[194] Die Gegenüberstellung der Begriffe wurde in Anlehnung an das Fünf-Stufen-Modell von Dreyfus vorgenommen (vgl. Dreyfus 2004: 177ff.).

Es ist anzumerken, dass die Betrachtung der jeweiligen Typen immer aus Sicht der Online-Ideenentwicklung vollzogen wird. D. h. es werden Personen in ihrer Rolle als Ideengebende auf Online-Plattformen betrachtet, welche mehr oder weniger bestimmten Typen zuzuordnen sind. Die nachfolgenden Beschreibungen beziehen sich auf eben diese Personen in eben diesem Kontext, nicht aber auf beispielsweise Künstler*innen oder Lernende im Allgemeinen.

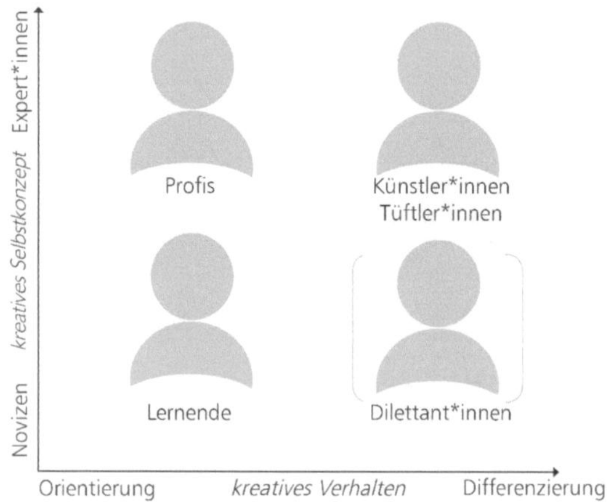

*Abbildung 19: Typen kreativer Ideenentwickler*innen (anhand der Merkmale kreatives Selbstkonzept und kreatives Handeln)*

7.3.3.2 Tüftler*innen/Künstler*innen

Tüftler*innen/Künstler*innen[195] auf Online-Ideenplattformen sind Expert*innen auf ihrem Gebiet, agieren eher nicht kundenorientiert, sondern orientieren sich eher am eigenen Gespür als an den Erwartungen anderer (vgl. Quirky_A, Abs. 54 u. 60; Threadless_A, Abs. 101)[196]. Sie lassen sich von einer Aufgabe mitreißen, sind vermutlich eher intrinsisch motiviert und können sich mitunter im kreativen Schaffen verlieren (vgl. v.a. LEGO_C, Abs. 73; Atizo_C, Abs. 27 u. 33).

> "Probably my artistic creativity and dedication. The fact that I'm willing to spend like several hours at a time, just working on a project. You know, sacrificing any social life, to you know spend working on a project. Actually this [Projektname anonymisiert] I'm working on, I've pretty much worked on it consistently every weekend for the past few months. I haven't had like any break or anything. Every weekend I spend coding and doing electronic work, until I perfect it." (LEGO_C, Abs. 73)

Die Ideenplattform wird von ihnen als Möglichkeit gesehen, um eigene bereits entwickelte Ideen preiszugeben oder sich selbst herauszufordern (vgl. Quirky_A, Atizo_C, Abs. 27 u. 35). Sie sind nicht primär durch die Aussicht auf Gewinn getrieben (vgl. ebd.), schätzen Gewinn eher als Bestätigung ihres Könnens (vgl. ebd.).

---

[195]Der Begriff „Tüftler“ wurde hier abgleitet vom Wort „tüfteln“, welches laut Duden ausgelegt wird im Sinne von sich mit Ausdauer einer kniffligen Sache zu widmen (vgl. Duden, 2006: 1028). Als Künstler gelten in diesem Kontext Personen mit besonderen gestalterischen Fähigkeiten, welche Kunst erschaffen und dabei eher intuitiv vorgehen. Inwiefern Kunst und Intuition einhergehen ist ein Diskurs, welcher in dieser Arbeit jedoch nicht aufgegriffen wird.

[196] Die Typenbeschreibungen spiegeln Idealfälle wider. Es ist anzunehmen, dass sich die Interviewten eher im Kontinuum zwischen den Fällen bewegen. Die angegebenen Quellen der Interviews lassen deshalb nicht per se darauf schließen, dass die jeweiligen Interviewten explizit diesen Typen zuordenbar sind.

> „Dann habe ich mir quasi ein Kompensationsfeld gesucht, wo ich meine Ideen oder was mir so tagsüber durch den Kopf schwirrt loswerden kann.“ (Atizo_C, Abs. 27)

> „Was mich am meisten freut ist, wenn ich bei einem Projekt mit 300, 400 oder 500 Ideen, also in hohen Ideen-Stadien, noch etwas Neues finde. Das würde ich sagen, das reizt mich. Auch etwas prämiert zu bekommen, wenn die Idee die Nummer 420 trägt.“ (Atizo_C, Abs. 37)

Als Ausschlusskriterium für diesen Idealtypus gilt extrinsische Motivation, v.a. der Wunsch nach Belohnung. Tüftler*innen/Künstler*innen scheinen noch eher intrinsisch getrieben zu sein (vgl. Atizo_C, Abs. 33; LEGO_C, Abs. 73) , bewerten ihr Werk eher nach eigenem Ermessen oder durch mitunter aufwändiges Testen (vgl. LEGO_C, Abs. 147) vernachlässigen dadurch ggf. vordefinierte Anforderungen des Aufgabenstellers (vgl. v.a. LEGO_C, Abs. 44; siehe auch Jovoto_A, Abs. 89; Atizo_C, Abs. 63).[197]

> „Und da, durch diese Selbermach-Päckchen, also das ist für mich eigentlich mehr wert als irgendwelche Kommentare.“ (unserAller_B, Abs. 188)

Tüftler*innen bzw. Künstler*innen verhalten sich in der Ideenausarbeitung mitunter experimentell, stellen Ideen ein, um sie auf ihre Akzeptanz zu prüfen (vgl. LEGO_C, Abs. 44; Quirky_A, Abs. 17 u. 60; vgl. auch Threadless_A, Abs. 101). Ggf. präferieren sie entsprechende Plattformen mit einem möglichst weiten Lösungsrahmen.

> “I just put it out there, and whatever they say, they say. Whatever happens, happens.” (Quirky_A, Abs. 60)

---

[197] Auch InnoCentive_A orientiert sich nach eigener Aussage eher am Kernproblem (vgl. ebd., Abs. 93-97), vergleicht sich nicht mit anderen (vgl. ebd., Abs. 161) – allerdings sei hier darauf zu verweisen, dass die Möglichkeiten hierfür auf der Plattform nicht gegeben sind (vgl. ebd. Abs. 133). InnoCentive_A kann insbesondere auf Basis seiner ausgesprochenen Gewinnerwartung (vgl. ebd., Abs. 27) als Professioneller eingestuft werden.

Bezüglich ihres sozialen Verhaltens in der Crowd lassen sich Tüftler*innen/Künstler*innen nicht unbedingt festlegen. Einige schließen beispielsweise Teamarbeit für sich aus, tüfteln lieber allein (vgl. Quirky_A, Abs. 32; LEGO_C, Abs. 79) andere finden den Diskurs als unerlässlich für die Entwicklung von Innovationen. (vgl. Atizo_C, Abs. 35 u. 105).

7.3.3.3 Professionelle

Professionelle zählen vor allem zu den Expert*innen, welche ihre Fähigkeiten eher moderat einsetzen, um Bestehendes zu verbessern bzw. Lösungen kundenorientiert zu generieren (vgl. 99design_A, Abs. 41; Jovoto_A, Abs. 65). Sie wägen Kosten und Nutzen ihres kreativen Schaffens ab, betrachten ihre Aktivität auf der Plattform vielmehr als professionelle Dienstleistung für Ideensuchende (vgl. ebd.; Innocentive_A, Abs. 37 u. 47; InnoCentive_B, Abs. 23).

> „Also der Hauptvorwurf gegen Crowdsourcing ist ja immer, dass wir alle für Lau arbeiten und unsere Zeit verschwenden, aber, wenn man sich da halt ein wenig geschickt anstellt, ist das halt nicht so.“ (99designs_A, Abs. 41)

> “I did want to win the challenge, yes. Once you take some time and you think you have a good idea to invest your time in it, you want to win, because winning means the recognition that your idea is good.” (InnoCentive_A, Abs. 37)

Als fördernde Bedingung dieses Typs kann vor allem die Aussicht auf monetäre Entlohnung gesehen werden (vgl. z. B. 99designs_A, Abs. 47; Audiodraft_B, Abs. 39) sowie darüber hinaus das Testen der eigenen Fähigkeiten an reellen Kund*innen (z. B. Jovoto_A, Abs. 16; InnoCentive_A, Abs. 33) oder auch das Werben mit Referenzen für Folgeaufträge (z. B. Audiodraft_B, Abs.: 35).

> “Audiodraft is kind of the best tool for people like me to find a job and this is I think the main reason of course.” (Audiodraft_B, Abs. 39)

> „Das Ding ist nur, ich bin ganz bewusst nicht in einer Großstadt, sondern hier eher in einer mittleren Stadt zu Hause und hier habe ich halt sehr viele Kunden im Mittelstandsbereich und diese Sachen sind dann halt schon große Kunden und da gibt es für mich dann einfach nur zu gucken, krieg ich das auf die Kette, auch sage ich mal, dem Axel Springer Verlag oder Audi oder so etwas zu verkaufen." (Jovoto_A, Abs. 16)

Für sie steht die Akzeptanz der Idee durch Ideensuchende bzw. Endabnehmer*innen an erster Stelle, weshalb sie sich an Vorgaben und Bewertungen orientieren (vgl. 99designs_A, Abs. 47; Atizo_A, Abs. 79 u. 89; InnoCentive_A, Abs. 145; Jovoto_A, Abs. 34; Audiodraft_A, Abs. 56).

In ihrer Rolle als Beobachterin glaubt 99designs_B diesbezüglich festgestellt zu haben, dass Gewinnentwürfe meist die den Ideensuchenden bekannten Symboliken enthalten, demnach weniger Originalität gefragt ist, sondern sich die Entwürfe eher Standards annähern (vgl. ebd.). Sie gibt an, derartige Kritiken auch von anderen Designer*innen, v.a. auf Blogs, gelesen zu haben (vgl. ebd.).

> "[…] like when you say, for example 'peace' – someone makes an illustration of a crowd, a riot forming eventually into a community in some intricate way, and that's cool, that's good. But the client knows a dove as the symbol of peace, and somebody uses that dove, so the client chooses that as the winner." (99designs_B, Abs. 80)

Professionelle passen Ideen auch dann an die Wünsche bzw. Anforderungen von Ideensuchenden an, wenn sie persönlich die Anpassung nicht vornehmen würden (vgl. Jovoto_A, Abs. 89; 99designs_A, Abs. 47; Audiodraft_A, Abs. 54).

> „Das heißt aber nicht, dass alles, was ich nachher an Logos verkaufe, wirklich der Entwurf ist, den ich persönlich als Designer eingereicht, also genommen hätte." (99designs_A, Abs. 37)

Bei ausbleibendem Feedback (z. B. auch auf Entwürfe anderer Nutzer*innen) oder wenn abzusehen ist, dass die Anforderungen nur mit erhöhtem Aufwand zu treffen sind, liegt der Projektabbruch nahe:

> „Ich bin aus Wettbewerben relativ schnell wieder raus, wenn entweder kein Feedback erfolgt oder aber zum Beispiel sehr schnell klar ist, was ich dann sehe an den Bewertungen meiner Entwürfe und anderer Entwürfe, wenn sehr schnell klar ist, dass mein Stil nicht zu Kunden passt. So verschwende ich dann eben auch relative wenig Zeit." (99designs_A, Abs. 41).

Professionelle sind derart auf Effizienz bedacht, dass sie mitunter versuchen, Produkte ihres kreativen Schaffens wiederzuverwerten (vgl. 99designs_A, Abs. 51; InnoCentive_A, Abs. 115)

> „Natürlich schneidet man das dann auf den Kunden zu, aber ich zeichne nicht jeden Wettbewerb komplett von Null. Ich habe ja ganz viele unverkaufte Entwürfe noch bei mir im Archiv." (99designs_A, Abs. 51)

7.3.3.4 Lernende

Lernende sind Amateur*innen (vgl. dazu auch Dreyfus 2004: Abs. 177ff.), die vor allem motiviert sind, ihre eigenen Fähigkeiten zu testen und darüber hinaus zu verbessern (Audiodraft_C, Abs. 18-20, 38; 99designs_B, Abs. 84). Sie wollen sich nicht unbedingt messen, sondern betrachten ihre Aktivität auf der Plattform als Möglichkeit, dazuzulernen (vgl. ebd.; Jovoto_B, Abs. 147 u. 297).

Sie orientieren sich einerseits an Ideensuchenden, um sicher zu gehen, Anforderungen entsprechend ihrer Fähigkeiten umzusetzen (vgl. ebd., Abs. 207; Atizo_B, Abs. 116). Zudem orientieren sie sich an Bewertungen anderer Kreativer auf der Plattform (vgl. ebd.; Threadless_C. Abs. 32 in Verb. mit 77; Audiodraft_C, Abs. 70 u. 90).

> "I mean, when you're in a community with these professionals and you're a young learner, the best thing you can ask from them is critique [...]. What

> they think about it. That's mostly it […] ask for advice on how to be a better designer." (99designs_B, Abs. 29)

Die Aussicht auf Belohnung kann in den Hintergrund rücken, muss jedoch kein Ausschlusskriterium sein, sondern kann auch als Bestätigung ihres Fortschritts angesehen werden (vgl. Audiodraft_C, Abs. 38). Grundlegende Bedingung ist, wie bereits beschrieben, der dominante Wunsch, dazuzulernen (vgl. v. a. 99designs_B, Abs. 84; Audiodraft_A, Abs. 68; Audiodraft_C, Abs. 18ff.; Jovoto_B, Abs. 297ff.; Atizo_B, Abs. 37). Als förderndes Kriterium können ferner der Vergleich mit anderen Nutzer*innen sowie die Bereitschaft, Feedback anderer Plattformnutzer*innen anzunehmen, betrachtet werden (vgl. 99designs_B, Abs. 86; Jovoto_B, Abs. 119).

Daneben ist das Erfahrungslevel ausschlaggebend, inwiefern jemand den aufgestellten Typen zuzuordnen ist. Beispielsweise möchte Jovoto_A seine Fähigkeiten testen, verfügt aber über entsprechende Fähigkeiten und Vorerfahrung, um als Experte eingestuft zu werden (vgl. ebd., Abs. 6ff.). Deshalb ist er eher im Feld der Professionellen wiederzufinden.

Als Grenzfall hingegen ist Jovoto_C zu betrachten: Jovoto_C ist Studierender, möchte seine Fähigkeiten auf der Plattform testen und ist per se auch daran interessiert, diese zu verbessern. Dies realisiert er jedoch eher über sein reales Studium, als über die Arbeit auf der Plattform.

> "[…] I study industrial design which is a combination of engineering and design and business and the whole thing. I think that I am definitely able to gain the skills needed to be successful." (Jovoto_C, Abs. 18)

Er vergleicht seine Fähigkeiten mit denen anderer (vgl. ebd., Abs. 6), orientiert sich jedoch kaum an anderen, vertraut hingegen eher seinem Instinkt und seinem eigenen Urteilsvermögen (vgl. ebd., Abs. 112ff.). Die Bestätigung seiner Leistung erhält er in erster Linie über Gewinne (vgl. ebd., Abs. 90ff.). Das heißt, auch wenn Jovoto_C noch dazu lernt, so verhält er sich auf der Plattform nicht einwandfrei als Lernender. Das kann auch daran liegen, dass das Feedback, das er bisher erfahren hat, eher unkonstruktiv war und somit weniger geeignet, ihm weiter zu helfen (vgl. ebd., Abs. 40). Zudem beschreibt er sich als äußerst wettbewerbsorientiert, betrachtet CO-Akteur*innen als Konkurrent*innen und verweigert Kollaboration (vgl. ebd. 36ff. u. 56).

Lernende können auch jene Nutzer*innen sein, welche wie beispielsweise OpenIDEO_A in ihrem analogen Umfeld als Expert*innen gelten und inhaltlich auf professioneller Ebene, jedoch im Online-Bereich in einem für Sie neuen Rahmen agieren, in welchem sie die Spielregeln noch verstehen lernen.

> "[…] I know how to develop a project, to get a lot of funding and implement a successful program with millions and millions of dollars and connecting with people and stakeholders and policy makers. I have all this experience, but I am still learning how to make this kind of approaches successful on [an] online platform." (OpenIDEO_A, Abs. 195)

Lernen kann hier bedeuten, zu lernen, wie man auf der Plattform erfolgreicher wird, oder seine eigenen kreativen Fähigkeiten auszubauen.

Abzugrenzen vom Typ der Lernenden ist der Typ der Dilettant*innen. Eine Beschreibung dieses „künstlich" konstruierten Typus ist lediglich auf Basis „theoretischer Kombination" möglich (vgl. Kuckartz 2010: 105). Dieser Typ verfügt – analog zur Auslegung laut Duden - nicht über entsprechende Fähigkeiten (vgl. ebd., 2006), zudem orientieren sich Dilettant*innen[198] wahrscheinlich eher nicht an Vorgaben oder Ideen anderer, um ihre Fähigkeiten zu verbessern. Es kann

[198] Die Begriffsauslegung in dieser Arbeit erfolgt in Anlehnung an die laut Duden (2006) ergänzende Auslegung des Wortes dilettantisch im Sinne von „stümperhaft" (vgl. ebd).

angenommen werden, dass sie lediglich aus Neugier auf Ideenplattformen kommen und Beiträge generieren, jedoch zügig wieder die Plattform verlassen bzw. inaktiv werden.

Inwiefern Bewertungshaltung und sozialer Vergleich vom Selbstkonzept und Motivation von Professionellen oder Lernenden zusammenhängen, wird am Beispiel des Fallvergleichs Jovoto_A vs. Jovoto_B deutlich (siehe Tabelle 16). Zwischen Professionellen und Lernenden besteht ein Kontinuum, wo Orientierung gleichsam relevant ist, aber die Fähigkeiten auseinanderdriften. Professionelle sind, wie bereits beschrieben, in erster Linie durch Belohnung angetrieben – im Kontinuum in Richtung Lernende wird der Wunsch, eigene Fähigkeiten testen zu wollen, relevanter. Auch hier kann das Feedback von Ideensuchenden vor das der übrigen Plattformnutzer*innen gestellt werden, vor allem wenn Kundenorientierung wie z. B. im Fall von Jovoto_A das kreative Verhalten übergreifend prägt (vgl. ebd., Abs. 149). Jovoto_A meint, auf der Plattform seine Fähigkeiten an Großkunden testen zu wollen, deshalb ist für ihn offenbar Feedback von Ideensuchenden wichtiger als das der Community (vgl. ebd., Abs. 16 u. 67). Auch Jovoto_B ist das Testen der eigenen Fähigkeiten wichtig, dennoch findet er das Feedback der übrigen Plattformnutzer*innen durchaus relevant (vgl. ebd., Abs. 43). Anders als Jovoto_A, welcher sich als Einzelkämpfer betrachtet und die Plattformnutze*innenschaft nicht als Community wahrnimmt, gibt Jovoto_B an, die Community der Plattformnutzer*innen gesucht zu haben (vgl. ebd.). Zudem strebt Jovoto_B eher originelle Ideen an. Er schätzt seine eigenen Fähigkeiten als „gut bis sehr gut" ein – d.h. entsprechend ausbaufähig, was ihn dazu bringt, Feedback anzunehmen und ggf. umzusetzen (vgl. ebd. 157ff. u. 195). Entsprechend kritisch ist er mit seinen Werken, da er diese nicht nur Ideensuchenden, sondern anderen fähigen Kreativen preisgibt (vgl. ebd., Abs. 119).

Tabelle 16: Gegenüberstellung Textsegmente Professionelle vs. Lernende (am Beispiel der Fälle Jovoto_A und Jovoto_B)

Jovoto_A	Jovoto_B
„Ja, mich interessiert eigentlich die Meinung von der Projektjury oder von dem Moderator, weil die wissen, worum es geht." (Jovoto_A, Abs. 79).	„Das ist halt eigentlich das, was mich sehr an Jovoto reizt, weil man genau weiß, wie kommt meine Idee an, wie kann ich sie noch verbessern, mit Hilfe der ganzen ja anderen User und Teilnehmer an diesen Contests. [...] (Jovoto_B, Abs. 43
„Eher nützlich. Ich kann auch originell. Aber da ich ja hier auf den Kunden gehe, würde ich eher nützlich sagen." (ebd., Abs. 145)	„[...] ich versuche immer [...] irgendwie was Anderes zu machen als die meisten Leute. Das sieht man auch ganz gut an meinen Arbeiten." (ebd., Abs. 127)
„[...] weil es ist genauso zeitaufwändig, wie mein Job eigentlich an sich ist und deswegen – an Perfektion komme ich nicht heran, außer vielleicht mit dem [Gewinnerprojekt, anonym.]. [...] Also es ginge noch viel, viel besser, aber das ist dann nicht mehr lukrativ." (ebd., Abs. 155)	„'Da musst du nicht mehr mitmachen' - [...] so ist es halt nicht, weil es gibt immer noch Platz zwei, drei, vier, fünf manchmal sechs, sieben. [...] und irgendwie natürlich, ich habe auch schon an Projekten teilgenommen, wo es überhaupt gar keinen Platz, überhaupt gar kein Preisgeld gab." (ebd., Abs. 155)
„Ich fange nicht an mit etwas Halbem oder so [...], sondern entweder die Idee ist da und nach zwei Tagen überlegen ist sie immer noch Bombe – dann geh ich hin und setze die um. Und dann ist die Idee aber auch schon so weit, weil ich wie gesagt [...] ich mache das jetzt schon so viele Jahre, dass ich das sehr gut abschätzen kann, was realistisch ist und was absoluter Quatsch." (ebd., Abs. 85)	„Ja gut es sieht halt jeder [...] also ich lass mir meistens immer Zeit so ein, zwei, drei Tage – [...] dann denke ich darüber nach, und wenn es mir dann halt selbst nach so zwei, drei Tagen nicht mehr gefällt, dann sage ich: Okay, dann lass es weg. Wobei ich mir auch immer denke: So, okay, du stellst das jetzt da rein. Alle Welt sieht das und ja herauslöschen ist immer so eine Sache." (ebd., Abs. 115f.)

7.3.3.5 Kreatives Handeln im Typenkontinuum

Die beobachteten Fälle bewegen sich im Kontinuum des definierten Merkmalsraums. Dementsprechend ist mit Blick auf die Einzelfälle zu entscheiden, welchem der Typen sie eher entsprechen bzw. inwiefern sie sich in dem Kontinuum bewegen.

Beispielsweise kann sich der Wunsch, sich abzugrenzen oder aber an externen Maßstäben zu orientieren, im Zeitverlauf neu ausrichten: So erzählt der Interviewte LEGO_C wie er für seinen ersten Entwurf auf LEGO Ideas wider Erwarten nur wenig Anerkennung bzw. eher negative Kommentare bekam, welche die Realisierbarkeit seiner Idee in Frage stellten (vgl. ebd., Abs. 57ff.). Zwar war es kein ursprüngliches Ziel von LEGO_C eine realisierbare Idee auf der Plattform einzustellen (vgl. ebd. 44ff.), trotzdem hat er sich ein Thema für ein Folgeprojekt gesucht, welches größere Erfolgschancen hat, da es einerseits bekannt ist und andererseits Lizenzrechte für eine mögliche Umsetzung vorliegen (vgl. ebd., Abs. 61). LEGO_C befindet sich im Rahmen der Typologie im Kontinuum zwischen Typ Künstler/Tüftler und Professioneller. Einerseits ist sein künstlerisches Interesse deutlich ausgeprägt – er zeigt sich intrinsisch motiviert, taucht ab im kreativen Schaffen (vgl. ebd., Abs. 73). Trotzdem ist Anerkennung für ihn ein wichtiger Treiber (vgl. ebd., Abs. 75); zudem beschreibt er wiederkehrend sein Gespür für Kundenwünsche sowie seine professionellen Fähigkeiten, u. a. im Umgang mit spezifischer Software (vgl. ebd., Abs. 169).

> "Well, like I said, because I work as a graphic designer for a product company, you know, mostly I do novelty things like that. But, my eventual goal some point in the future is to become a professional toy designer. [...] So based on that, I pretty much have a very good thorough knowledge, of what the consumer wants, what people want to buy, what would sell." (LEGO_C, Abs. 169)

Ähnlich rückt im Fall von Jovoto_A die extrinsische motivationale Orientierung in den Vordergrund. Jovoto_A gibt an, kundenorientiert auf der Plattform zu agieren (vgl. ebd., Abs. 67). Trotzdem meint er, für ein Projekt mehr Zeit investiert zu haben – hierbei waren persönlicher Bezug zur Aufgabe sowie Spaßempfinden wichtige motivationale Treiber (vgl. ebd., Abs. 20, 65 u. 59)

> „Also es ist für mich natürlich nicht so einfach, das zu machen, weil es ist genauso zeitaufwändig wie mein Job eigentlich an sich ist und deswegen – an Perfektion komme ich nicht heran, außer vielleicht mit dem [Anonymisiert: Verweis auf Gewinnerprojekt], da habe ich mir natürlich extra Zeit für genommen." (Jovoto_A, Abs. 65)

Ebenso bewegen sich Atizo_B und Atizo_C eher im Kontinuum zwischen Tüftler und Professioneller. Atizo_C beschreibt sich als eher intrinsisch motiviert, betrachtet seine Aktivitäten auf der Plattform als Zeitvertreib und Training[199] (vgl. ebd., Abs. 27 u. 33), dennoch legt er Wert auf Feedback von Ideensuchenden, um Orientierung herzustellen, da er meint, gerade technische Ideen brauchen Bewertung und müssen kommentiert werden (vgl. ebd., Abs. 35).

Auch im Kontinuum von Lernenden hin zu Tüftler*innen/Künstler*innen sind Fälle denkbar, wie u. a. aus der Analyse von Fall 99designs_B abzuleiten ist: Die Interviewte unterscheidet in Bezug auf die Quelle für Bewertung zwischen kundenorientierter und künstlerisch-expressiver Sichtweise. Sie meint, dass Grafiken, wie z. B. Infografiken, dann ihre Wirkung verfehlen, wenn sie an ihrer Zielgruppe vorbeigehen, bzgl. ihrer freien Kunst, stellt sie hingegen ihr eigenes Urteil über

[199] Training wird hier als Festigen von bereits Erlerntem verstanden und ist deshalb vom Lernen abzugrenzen.

das von anderen (vgl. ebd., Abs. 46). Ferner meint sie, anders als es die Interviewten des Typs Professionelle geäußert haben, dass letztlich immer sie selbst mit ihren Entwürfen zufrieden sein muss:

> "[…] if I don't like the end product, no matter how happy the client is, I won't take pride in it. I won't say that this is mine. I won't put my stamp on it so I guess the most important opinion for an artist is your own." (99designs_B, Abs. 50)

Zusammenfassend zeigt sich, dass Orientierung an externen Vorgaben oder Bewertungen für Professionelle unabdingbar sind. Daneben ist das Urteil von anderen Kreativen wichtiger Bezugspunkt, eigene Fähigkeiten einzuschätzen. Ferner werden hierfür auch Ideen anderer mit dem eigenen Schaffen verglichen. Anzunehmen ist, dass je größer der Wunsch nach Verbesserung der eigenen Fähigkeiten ist, auch der Vergleich mit anderen Kreativen und deren Urteil an Relevanz zunehmen.

Inwieweit sich Ideengebende an externen Maßstäben (z. B. Vorgaben der Aufgabenstellung, Zwischenfeedback der Ideensuchende, oder Bewertung in Form von Ratings oder Kommentaren) orientieren oder abgrenzen – sei es bewusst oder unbewusst – ist unterschiedlich. Faktoren der Person, des technischen und konzeptionellen Umfelds bestimmen also, wie der soziale Kontext wahrgenommen wird, darunter die Bewertungshaltung sowie den Wunsch sich mit anderen Nutzer*innen zu vergleichen. Eine Folge dessen kann sein, wie bereits beschrieben, dass Ideengebende Orientierung oder Differenzierung ihrem kreativen Verhalten zu Grunde legen. Dabei ist festzuhalten, dass sich der Wunsch, sich zu orientieren nicht statisch ist, sondern insbesondere analog zur Motivation flexibel im Zeitverlauf ist und sich neu ausrichten kann.

7.3.4 Zwischen Co-Aktion und Kollaboration

Auf Plattformen für Ideenfindung gibt es, u. a. auch je nachdem, ob und inwieweit Communitymechanismen vorhanden sind bzw. genutzt werden, Co-Aktion oder Interaktion von Akteur*innen (vgl. Kapitel 6.2.2.).

Interviewte geben an, das Miteinander auf der Plattform als eher neutrale Co-Aktion wahrzunehmen (vgl. Threadless_A, Abs. 54; Audiodraft, Abs. 44), andere nehmen Plattformnutzer als Konkurrenten wahr (vgl. v. a. Atizo_A, Abs. 46f.; Jovoto_C, Abs. 34). Ferner können vermeintliche Konkurrent*innen miteinander in kollaborativem Austausch stehen (vgl. Audiodraft_A, Abs. 32; Audiodraft_B, Abs. 43; OpenIDEO_A, Abs. 98; Quirky_A, Abs. 32; Quirky_C, Abs. 104; unserAller_A, Abs. 71; unserAller_C, Abs. 40 u. 42).

Einige Interviewte meinen, sich kollaborativ zu verhalten, sehen den Sinn der Community z. B. in der gegenseitigen Unterstützung (vgl. LEGO_A, Abs. 89; unserAller_C, Abs. 42; Audiodraft_A, Abs. 30-32) oder geben Feedback zur Weiterentwicklung (vgl. Atizo_B, Abs. 53; Atizo_C, Abs. 41; unserAller_C, Abs. 201; unserAller_B, Abs. 162), würden mitunter gerne stärker kollaborieren in Form von Teamarbeit (vgl. z. B. Atizo_A, Abs. 113 u. 115)

> "In that sense, I think it's a collaborative community because actually when I co-produce or rate challenges I'm not getting any money. I mean, I'm just doing because I want to help, I want to participate and I want to make the final, selected songs in the challenges as best as they can be." (Audiodraft_A, Abs. 30)

> „Also im ganz Kleinen ist es natürlich so, dass man sich gegenseitig kommentiert und dann sagt man ‚hey, das wäre doch was' und dann sagt man sich ‚komm, schreib doch dasselbe hin, das war eigentlich deine Idee, komm, wir schreiben zusammen rein', so in diesem Maßstab." (Atizo_B, Abs. 53)

Ähnlich wie Orientierung und Differenzierung als phasenübergreifende Funktionen im kreativen Prozess dargelegt wurden – können kollaboratives Verhalten bzw. Kollaboration in Form von Teamarbeit als phasenübergreifend verstanden werden. Beides sind spezifische Formen der sozialen Interaktion (siehe auch Kapitel 6.2.2.). Die Unterscheidung wird in dieser Arbeit wie folgt vorgenommen:

- **Kollaboration:** Das kreative Produkt (Idee, Entwurf, Konzept) wird allen beteiligten Nutzer*innen zugeschrieben.
- **Kollaboratives Verhalten:** Das kreative Produkt bleibt allein bei den ursprünglichen Urheber*innen, andere Nutzer*innen geben lediglich Hinweise, haben aber keinen direkten Einfluss auf Anpassungen.

Ein Zitat aus dem Interview mit Quirky_C greift diese Unterscheidung in gewisser Weise auf:

> "I've taken their suggestions, but no one has said ‚hey, that's part of my idea now'. Or if I give someone a suggestion, I don't feel I'm part of their idea. I would offer a suggestion with [...] with no recourse." (Quirky_C, Abs. 104)

Die Grenzen zwischen beiden Formen sind mit Blick auf die analysierten Interviews dennoch recht unscharf, da in dieser Arbeit keine Analyse der Plattformen diesbezüglich vorgenommen wurde. In den Interviews selbst wird nicht immer unterschieden zwischen beiden Formen. Interviewte empfinden den gemeinsamen Austausch mitunter bereits als Kollaboration, andere Interviewte unterscheiden gelegentlichen Austausch von Teamarbeit, wie z. B. Atizo_A:

> „Die sieht so aus, dass man etwas kommentiert. Ein bisschen anders sieht es aus, wenn du in einer geschlossenen Gruppe bist. Wenn du weißt, das sind jetzt diese zehn, 20 Innovatoren, dann arbeitest du viel stärker mit denen zusammen, weil du dann eigentlich wie ein gemeinsames Ziel hast: dem Unternehmen zu helfen." (Atizo_A, Abs. 115)

Hinsichtlich des Aspekts Kollaboration, d. h. der gemeinsamen Entwicklung von Ideen im Sinne von Teamarbeit, zeigte die Analyse der Interviews, dass im Wesentlichen drei Typen unter den Interviewten zu unterscheiden sind: **Kollaborationsbefürworter*innen, Kollaborationsskeptiker*innen und Kollaborationsverweigernde** (siehe Tabelle 17).

Tabelle 17: Typen kreativen Verhaltens in Bezug auf Kollaboration

Typenbezeichnung	Typenbeschreibung
Kollaborations-befürworter*innen	Personen, welche Kollaboration auf der Plattform begrüßen, d. h. eher positive Erwartungen daran knüpfen, ggf. auf Basis eigener Kollaborationserfahrung
Kollaborations-skeptiker*innen	Personen, welche einerseits positive Erwartungen an Kollaboration auf der Plattform haben, unter aktuellen Plattformbedingungen die Umsetzung eher skeptisch sehen, ggf. aktuelle Kooperationsanfragen verneinen
Kollaborations-verweigernde	Personen, welche Kollaboration auf der Plattform ablehnen, v. a. aus persönlichen Gründen.

Sowohl der Wunsch nach Kollaboration als auch die Entscheidung dagegen gründen sich vor allem auf Aspekten der Persönlichkeit (z. B. Motivation, Selbstkonzept, Vorerfahrung) sowie des technisch-konzeptionellen Umfelds.

7.3.4.1 Kollaborationsbefürworter*innen

Kollaboration im Sinne von Teamarbeit zu befürworten, kann verschiedene Gründe haben. Ein wichtiger Aspekt ist, **Synergien nutzen** zu wollen, um dadurch effektiver oder auch effizienter zu arbeiten (vgl. LEGO_A, Abs. 118-126; Jovoto_B, Abs. 91; InnoCentive_A, Abs. 63; siehe auch Quirky_C, Abs. 17).

> "It's a good idea of teaming up with him, being able of exchanging information, proposing ideas, receiving ideas, writing and getting corrections. That is all the reason for me for teaming up. To be able to discuss my ideas with someone who is interested in." (InnoCentive_A, Abs. 109)

Im konkreten Fall von LEGO_A ist es das das soziale Umfeld aus Co-Akteur*innen, welches er als friedliches Miteinander wahrnimmt, in welchem Plattformnutzer*innen diverse Stärken einbringen können (vgl. ebd., Abs. 116ff., 103). Dies hatte zur Folge, dass der gemeinsame Wunsch, ein Projekt zu realisieren nicht im Wettkampf mündete, sondern Kollaborationsgedanken laut wurden (vgl. ebd., Abs. 124ff.):[200]

> "[…] and it also kind of became this unspoken group of people that just want LEGO Zelda to happen. […] [Nutzername anonymisiert] was the first and then there was a […] guy […] that also did a really good project. And then I came after him and did my project and kind of formed this group of LEGO Zelda fans." (LEGO_A, Abs. 86)

Während LEGO_A in erster Linie durch die **Aussicht auf Realisierung** eines gemeinsamen Projektes getrieben ist, ist InnoCentive_A im Wesentlichen durch die Aussicht auf Gewinn getrieben, bei entsprechend überblickbarem Zeitaufwand (vgl. ebd., Abs. 27 u. 33). Teamarbeit stellt für ihn eine Möglichkeit dar, **effizienter zu agieren**, d. h. zum einen in mehreren Projekten teilzunehmen und zum anderen Defizite im Kompetenzbereich auszugleichen (vgl. ebd., Abs. 61-63 u. 125).

> "So I needed a team with PhD biologists with publications to give some proves to that solution. This particular challenge consists of two parts. The first one is more theoretical and there is a second phase with selective winners from the theoretical part to develop the solution. So I needed a team group which can prove that it knows what it is talking about." (InnoCentive_A, Abs. 63)

Den Austausch mit anderen Nutzer*innen findet InnoCentive_A als wichtig, er empfindet den fehlenden Diskurs auf der Plattform als Problem (vgl. ebd., Abs.

[200] Diese wurden lediglich aufgrund des Ausscheidens von LEGO_A aus beruflichen Gründen nicht weiterverfolgt.

165). Zwar hat er den Rückhalt von Familien oder Freundeskreis, doch diese können ihn rein inhaltlich keine Unterstützung bieten (vgl. ebd., Abs. 193). Er braucht eine Person, mit welcher er sich zu spezifischen Themen bzw. Fragen austauschen kann, mit welcher er „dieselbe Sprache spricht" (vgl. ebd., Abs. 195-197).

Neben der Motivation der Ideengebenden sind schließlich auch das **Selbstverständnis und konzeptionelle Gegebenheiten der jeweiligen Plattform** ausschlaggeben, inwieweit Kollaboration von den Nutzer*innen befürwortet wird. Auf Plattformen, wo beispielsweise Gewinn in den Hintergrund rückt und ein gemeinsames Ziel im Vordergrund steht, wird Kollaboration von Plattformnutzer*innen wahrscheinlich eher als Normalität betrachtet, wie u. a. OpenIDEO_B deutlich macht:

> "No, it's not a competition, it's a collaboration. You don't feel like you compete for something. We don't have actually some prices or medals for this. We just want to have a good result." (OpenIDEO_B, Abs. 46)

Teamarbeit kann wie im Fall von InnoCentive_A dazu führen, dass ein schwieriges Projekt weitergeführt wird, da man sich ggf. den anderen Teammitgliedern gegenüber aufgrund einer als vertrauensvoll empfundenen Zusammenarbeit in der Pflicht sieht (vgl. ebd., Abs. 113 u. 125) oder die anhaltende Arbeit der übrigen Teammitglieder im Projekt als Bestätigung der Erfolgschancen betrachtet:

> "No, no, I'm going to work on it because it's a team work. We're a team of three people and I can't stop working on it now. I still think it can be done. I can't swear that I can prove that idea. Maybe it can work in certain conditions." (InnoCentive_A, Abs. 113)

7.3.4.2 Kollaborationskeptiker*innen

Dass die Einstellung zu Kollaboration nicht allein auf unzureichende Communitymechanismen der Plattform zurückzuführen ist, zeigt sich mit Blick auf das

Interview mit InnoCentive_B. Dieser schätzt das regelmäßige Feedback auf der Plattform (vgl. ebd., Abs. 15-19). Kollaboration lehnt er bisher ab (vgl. ebd. 47). Eigentlich ist InnoCentive_B Kollaboration per se aufgeschlossen, sieht Chancen dafür offenbar eher im Offline-Kontext:

> "I would really like to cooperate with them. I even had a thought that it's very sad that there is no company where one could gather people, scientists from all over the world and create real teams that could solve some scientific, technical, real problems and tasks. People would come, for example I'm from Russia, others from Germany, USA to the laboratory and could work on some issue." (InnoCentive_B, Abs. 141)

Auf der Plattform halten ihn vor allem ungeklärte **rechtliche Bedingungen** davon ab, mit anderen im Team zu arbeiten (vgl. ebd., Abs. 51).

> "So from the point of view of the author's rights preservation I don't understand where I can use those ideas that we worked out in team and where not. I don't understand it. And since it's an American company that looks carefully after the copyright compliance I don't want to risk." (InnoCentive_B, Abs. 51)

Auch Quirky_A steht Kollaboration skeptisch gegenüber. Zwar tauscht sich Quirky_A mit Nutzer*innen der Plattform aus, verbringt nach eigener Aussage täglich circa eine Stunde damit, Anfragen anderer Plattformnutzer*innen zu beantworten mit dem Ziel, deren Ideen zu unterstützen (vgl. ebd., Abs. 27-28). Er zweifelt jedoch, ob Kollaboration auf der Plattform überhaupt erlaubt sei, sieht spontan keine Option dafür:

> "I can't say that it is allowed. I wouldn't know how that worked. I've never done it." (Quirky_A, Abs. 90).

Mit Blick auf das Interview wird deutlich, dass hier vor allem die **Arbeitsweise** von Quirky_A auf Basis der Plattformgegebenheiten in Verbindung mit seinem kreativen Selbstkonzept und seiner Motivation Erklärungsansätze bietet:

Quirky_A ist passionierter Tüftler mit einer Vielzahl an plattformunabhängig entstandenen Ideen, welche er auf der Plattform regelmäßig einstellt, um diese auf ihr Potenzial und ihre Akzeptanz zu testen (vgl. ebd., Abs. 17, 22, 30).[201] Es ist davon auszugehen, dass diese Ideen bereits eine entsprechende Ausarbeitungsstufe erreicht haben, weshalb eine Kollaboration im Sinne der gemeinsamen Ideenentwicklung für Quirky_A offenbar weniger sinnvoll ist. Davon abgesehen verhält er sich kollaborativ, unterstützt andere Nutzer*innen, indem er Ratschläge erteilt (vgl. ebd., Abs. 32)

> "I will give them support for their ideas, but [...] in terms of suggestion, but I don't collaborate." (Quirky_A, Abs. 32)

7.3.4.3 Kollaborationsverweigernde

Wie zuvor beschrieben wurde, ist eine wesentliche Voraussetzung für Kollaboration, dass die Plattform entsprechende **Mechanismen sowie Regeln** dafür bereithält. Auf Plattformen, welche Kollaboration nicht oder wenig unterstützen, ist deshalb natürlich eher mit Kollaborationsverweigernden zu rechnen.

> „Die Option gibt es nicht, weil wir immer im ‚Konkurrenzkampf' sind. Auf der Plattform gibt es halt eben immer nur einen Gewinner und es ist dann nicht so, dass man Ideen miteinander verbinden kann." (99designs_A, Abs. 59)

Personen, welche aus eben solchen Gründen Kollaboration ablehnen, müssen Teamarbeit nicht per se verneinen. Ideengebende können beispielsweise in anderen Kontexten Zusammenarbeit gutheißen, z. B. über positive Teamerfahrung verfügen (vgl. z. B. Audiodraft_A, Abs. 64; 99designs_A, Abs. 21).

> "[...] I have collaborated outside Audiodraft. [...] If there is the possibility to do that, that's cool. Anyway, we have so many, so many, effective tools to

[201] Anmerkung: Auf Quirky können von Nutzern selbst initiierte Ideen (entspr. des User-Innovation-Ansatzes) eingestellt werden.

> collaborate. You don't need a third party to give you those tools. Something called Audiodraft. I mean, I have done collaborations sending files via e-mail. It's actually; I don't see the collaborative thing like a very useful thing for Audiodraft actually." (Audiodraft_A, Abs. 64)

Neben konzeptionellen Gründen der Plattform gaben Interviewte persönliche Gründe für Vorbehalte bezüglich Kollaboration an, darunter allgemeine Ablehnung (vgl. Jovoto_C, Abs. 56), **Introvertiertheit** (vgl. Threadless_A, Abs. 185) oder explizit die **Scheu, andere in ihrer Arbeit zu kritisieren** (vgl. Threadless_B, Abs. 172). Daneben wurde der eher pragmatische Grund geäußert, eigene Ideen allein einfacher durchzusetzen zu können (vgl. Jovoto_A, Abs. 40).

> „Auch wenn ich grundsätzlich ja sehr wenig eigentlich mit anderen Leuten mache. Aber das ist immer so ein, liegt vielleicht auch so ein bisschen an meinem, an mir selber. Bin relativ introvertiert." (Threadless_A, Abs. 185)

> „Ich mache hier in meiner Firma den Teamplayer und ich bin total froh, wenn ich mal etwas machen kann, wo überhaupt/wo mir keiner reinredet und ich das komplett eigenständig machen kann." (Jovoto_A, Abs. 40)

Sich kollaborativ auf der Plattform zu verhalten muss nicht zwingend damit einhergehen, dass Ideengebende in Teams arbeiten wollen (vgl. auch Quirky_A, Abs. 32). UnserAller_B gibt beispielsweise an, andere Ideen zu unterstützen und zu kommentieren, schließt eine Teamarbeit für sich aufgrund von zu erwartender **zeitlicher Inflexibilität** aus (unserAller_B, Abs. 208). Vielmehr schätzt sie die Möglichkeit zeitlich und räumlich flexibel online zu agieren und an Aufgaben mitzuwirken (vgl. ebd. 198 u. 208).

Kollaboration zu befürworten oder abzulehnen ist keine fixe Größe. Es ist anzunehmen, dass auf Basis von insbesondere positiver Erfahrung diesbezüglich, die

Einstellung dazu ändern kann. Insbesondere Aussagen von Kollaborationsskeptiker*innen (s. o.) sowie von Interviewten, welche entsprechende Kollaborationsmechanismen auf den jeweiligen Plattformen begrüßen würde, deuten darauf hin.

> „Also wenn man das transparent machen würde, hätte ich sogar noch mehr Lust drauf auch noch mehr Dinge einzustellen und für jemand anderen mitzuentwickeln. Was eher meiner Haltung entspricht. Also eher die Idee eines anderen weiterzutreiben als unbedingt das Ausrufezeichen hinter die eigene Idee zu setzten." (Atizo_C, Abs. 35)

8 Diskussion

Ziel der Arbeit ist es, die Rolle des sozialen Kontextes in der internetbasierten Ideenentwicklung zu ergründen. Schwerpunkt der empirischen Analyse war es, die Grundvoraussetzungen für sozialen Kontext in ihren Ausprägungen zu beschreiben und ihre Bedeutung für kreatives Handeln auf Online-Plattformen für kreative Ideenentwicklung zu ermitteln. Hierfür wurden Interviews mit 27 Ideengebenden auf insgesamt zehn verschiedenen Online-Plattformen analysiert.

Eine strukturierende Inhaltsanalyse konnte für alle Größen des konzeptionellen Rahmenmodells beschreibende Merkmale liefern. Mittels einer Einzelfallanalyse konnten zudem relevante Kausalzusammenhänge abgeleitet werden.[202] Es wurde u. a. deutlich gemacht, dass Bewertung und sozialer Vergleich innerhalb verschiedener sozialer Settings (bloße Anwesenheit, Co-Aktion und Interaktion) eine wichtige Basis für soziale Einflüsse darstellen. Bereits bloße Anwesenheit schafft einen sozialen Kontext und kann Bewertungserwartung bei Individuen auslösen. Co-Aktion und Interaktion sind weitere spezifische Merkmale sozialen Kontextes in Online-Gemeinschaften für Ideenentwicklung, welche Konditionen für Bewertung und zudem sozialen Vergleich schaffen.

Inwieweit diese Konditionen wahrgenommen und für das eigene Handeln interpretiert werden, ist vor allem von personenbezogenen sowie plattformspezifischen Merkmalen abhängig. Sozialer Kontext kann also nicht isoliert betrachtet werden, vor allem, wenn Beziehungen und Wirkmechanismen ergründet werden sollen. Die Dimensionen von Kreativität (*4 Ps der Kreativität*) sind eng miteinander verknüpft und in ihrem Zusammenspiel zu verstehen (vgl. Kapitel 3.1.): Die

[202] Die Ergebnisse der Einzelfallanalyse wurden in einem weiteren Schritt einer Kausalkettenanalyse (in Anlehnung an Gläser u. Laudel 2010: 246ff.) unterzogen, welche Wirkmechanismen stark vereinfacht linear abbildet.

kreative Leistung ist das von der kreativen *Person* (Ideengeber*in) in einem bestimmten *Umfeld bzw. ‚Place‘* (Online-Plattform im engeren Sinne)[203] erbrachte *Produkt* eines schöpferischen *Prozesses*. Der Zusammenhang dieser Komponenten wird modellhaft in Abbildung 20 dargestellt.

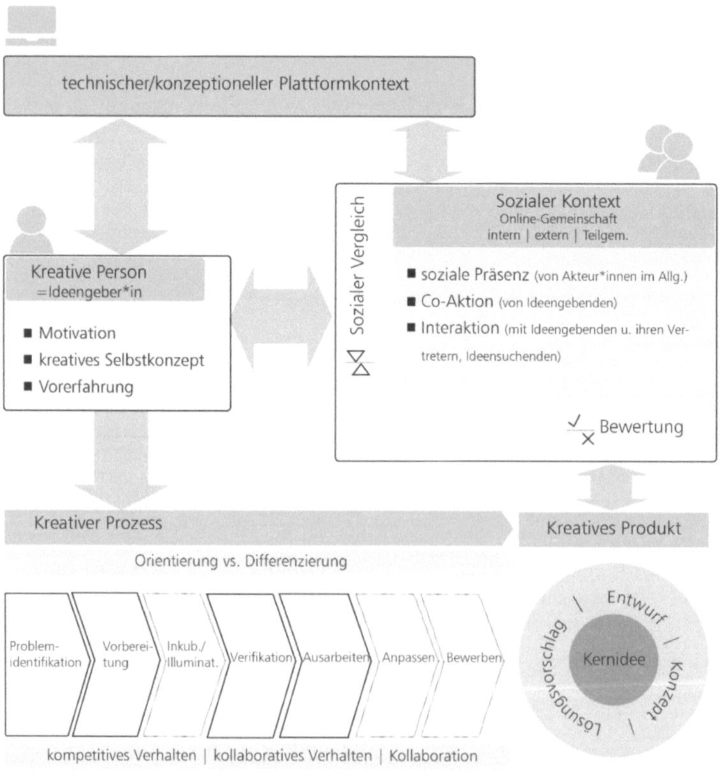

Abbildung 20: Theoretisches Rahmenmodell: Einfluss sozialen Kontext auf Online-Plattformen für kreative Ideenentwicklung (eigene Darstellung)

[203] Das Umfeld der Kreativen ist weiter gefasst als das der Online-Plattform, kann z. B. Familie (vgl. z. B. Quirky_C, Abs. 52) oder auch plattformübergreifend (vgl. z. B. LEGO_C, Abs. 140). Lediglich im engeren Sinne ist das konzeptionelle und technische sowie das soziale Umfeld der Online-Plattform gemeint.

Ideengeber*innen sind *kreative Personen*, welche im Rahmen *technischer und konzeptioneller Bedingungen der Online-Plattform* und entsprechend ihrer eigenen *Motivation*, ihres *kreativen Selbstkonzeptes* und ihrer *Vorerfahrung kreative Produkte* in Form von Ideen erschaffen. Diese Ideen formieren sich als Verbund aus *Kernidee* und ihrer Ausgestaltung in Form eines *Lösungsvorschlags, Entwurfs* oder *Konzepts.*

Zugleich interagieren Ideengeber*innen mit dem *sozialen Kontext* der Online-Gemeinschaft, welcher sich auf Basis technischer und konzeptioneller Bedingungen als *soziale Präsenz im Sinne von (angenommener) Online-Anwesenheit*, als *Co-Aktion* (insb. durch Möglichkeiten der Beobachtung) oder *Interaktion* (durch Interaktionsmechanismen) formiert. Ideengeber*innen interpretieren diesen Kontext für das eigene Handeln vor allem entsprechend ihrer Motivation (z. B. Belohnung oder Realisierung) in Verbindung mit ihrem kreativen Selbstkonzept (z. B. Originalität, Kundenorientierung). Entsprechend verschieden *vergleichen* sie sich mit Co-Akteur*innen oder antizipieren *Bewertung* bzw. werden dadurch in ihrem Verhalten beeinflusst. Wenngleich nicht klar ist, ob dieser Einfluss erleichternd oder hemmend auf den Prozess einwirkt,[204] so sind dennoch wesentliche verhaltensbestimmende Tendenzen erkennbar: *Orientierung* und *Differenzierung* bzw. *kompetitives Verhalten* vs. *kollaboratives Verhalten* und *Kollaboration.*

Die dargestellten Komponenten, ihre Beziehungen und Wirkmechanismen werden im Anschluss zusammenfassend erläutert und diskutiert.

---

[204] Eine Aussage, inwieweit diese Einflüsse erleichtern oder hemmend wirken, kann an dieser Stelle nicht getroffen werden. Die Einschätzung ist äußerst subjektiv und erfordert eine Beurteilung im Einzelfall. Annahmen dazu werden gesondert in Kapitel 8.4 getroffen. In der bildhaften Darstellung wurde auf den Einbezug der Begriffe „Erleichterung“ und „Hemmung“ verzichtet.

8.1 Sozialer Kontext von Online-Gemeinschaften für Ideenfindung

Die Analyse der Interviews zeigte, dass alle Interviewten mindestens in Gemeinschaft[205] agieren, d. h. die **soziale Präsenz** anderer annehmen. Sie zeigte zudem, dass die Interviewten andere Akteur*innen auf der Plattform wahrnehmen und mitunter anhand ihrer Rollen, die sie ihrer Meinung nach einnehmen, klassifizieren, so z. B. als Plattformverantwortliche (z. B. Admins), Ideensuchende oder ihre Vertreter*innen (v. a. Moderator*innen), andere Ideengebende (hier auch als Plattformnutzer*innen benannt), Konsument*innen oder Beobachter*innen.[206]

Zudem **klassifizierten Interviewte andere Akteur*innen** anhand ihrer vermeintlichen Fähigkeiten, so z. B. als Professionelle oder Amateur*innen, Designer*innen vs. Design-Studierende.

Allein diese Klassifikation anhand von Beobachtungen der Interviewten lassen Hinweise auf sozialen Vergleich auf den Plattformen erkennen. Die Analyse zeigte dennoch, dass die Urheber*innen von Ideen als Personen eher nachrangig von Interesse zu sein scheinen. Im Fokus steht, sofern die Plattform Zugang dazu gewährt, eher die kreative Leistung selbst. Diese kann unterschieden werden in

[205] Der Gemeinschaftsbegriff wurde in der Arbeit in verschiedenen Stufen ausgelegt: 'In Gemeinschaft': Anwesenheit anderer wird angenommen; 'Gemeinschaft im Sinne von Community': ein Zugehörigkeitsgefühl besteht, ggf. Interaktion unter den Plattformnutzern mittels Community-Mechanismen; 'Gemeinschaftliches Handeln': kollaboratives Verhalten bzw. Kollaboration in Teams (Gruppenarbeit).

[206] Auch wenn Ideensuchende an sich ebenfalls als Plattformnutzer*innen deklariert werden können, da sie selbst die Plattform für ihre Zwecke nutzen und ggf. auch mit Ideengebenden interagieren, so wurde der Begriff „Nutzer*in" von den Interviewten selbst häufig als Bezeichnung für andere Ideengebende gebraucht. Um Missverständnisse zu vermeiden beschreibt der Begriff (Plattform-)Nutzer*in deshalb die Nutzerseite der Ideengebenden.

die **Kernidee einerseits sowie den umgesetzten Entwurf** (bzw. Konzept oder Lösungsvorschlag) andererseits.

Hinsichtlich der Aspekte **Co-Aktion und Interaktion** zeigt sich, dass diese eine Dimension formen, in welcher sich Ideengebende nicht nur selbst bewegen, sondern einordnen. Sie nehmen das Miteinander auf der Plattform entweder als neutrale oder wettbewerbsorientierte Co-Aktion von Plattformnutzer*innen wahr oder als Interaktion mit Ideensuchenden sowie anderen Plattformnutzer*innen (in ihrer Rolle als z. B. Ideengebende oder Unterstützer*innen).

Nicht alle untersuchten Online-Plattformen verfügen über entsprechende Communitymechanismen, welche Interaktion unter den Plattformnutzer*innen unterstützen. Entsprechend unterschiedlich nehmen die Interviewten die **Gemeinschaft** auf der Plattform wahr, interpretieren Gemeinschaftsgefühl auf verschiedene Art und Weise. Inwiefern dieses Gemeinschaftsgefühl den Umgang mit Bewertung oder sozialen Vergleich beeinflusst, konnte deshalb nicht weiter ergründet werden (vgl. Kapitel 2.3.4.).

Festzuhalten ist jedoch, dass Community nicht immer die Plattformgemeinschaft im Sinne der Nutzer*innenschaft meint (vgl. dazu Kapitel 3.2.3.). Die Community kann beispielsweise größer definiert bzw. als plattformübergreifend interpretiert werden (z. B. Künstler*innen, Designer*innen, Erfinder*innen, LEGO-Fans).[207] Die Plattform stellt in diesem Fall den Zugang zur Gemeinschaft her. Interaktion innerhalb dieser Community kann dann nicht nur auf der entsprechenden Online-Plattform, sondern über andere Kanäle stattfinden. Sozialer

[207] Die Plattform kann aber auch lediglich ein Kanal sein, Ideen zu verbreiten oder Geld zu verdienen. Dann ist Plattform lediglich ein Ort, wo ggf. ein Teil der Community wiederzufinden ist, aber eben auch Leute, die nicht dazugehören. Hier eint eben nicht nur ein bestimmtes Thema die Gemeinschaft (z. B. Interesse an LEGO, Interesse an Erfindungen), sondern Motivation sowie Fähigkeiten, kreativen Output zu erzeugen.

Kontext muss sich demnach nicht allein auf eine Online-Plattform beschränken, sondern kann sich plattformübergreifend formieren. Ferner kann Gemeinschaft auf einen spezifischen Teil der Plattformnutzer*innenschaft bezogen werden (z. B. Künstler*innen, welche sich von ‚Amateur*innen unterscheiden).

Während bereits die angenommene bloße Anwesenheit anderer Personen auf der Plattform **Bewertungserwartung** impliziert, kann Co-Aktion mit anderen Plattformnutzer*innen bereits **Vergleichsprozesse** auslösen (vgl. Kapitel 3.2.2.). Aus den Interviews ging hervor, dass Bewertung von kreativer Leistung sowohl von Ideensuchenden als auch von anderen Plattformnutzenden erwartet werden kann. In allen Interviews wird Bewertung als mindestens interessant, mehrheitlich als relevant eingestuft. Die besondere Relevanz der Einschätzung von Ideensuchenden oder potenziellen Konsument*innen spiegelt sich insbesondere in den Aussagen zur *Bewertungsrelevanz, Bewertungsquelle sowie den Bewertungskriterien wider.* Bewertungen (Punktevergabe, o. ä. sowie urteilende Kommentare) helfen Ideengebenden insbesondere dabei, sich an den *Anforderungen von Ideensuchenden* zu orientieren, die *Akzeptanz bei Konsument*innen* einzuschätzen und folglich zu erhöhen sowie sicherzustellen, dass die Idee sowohl nützlich als auch realisierbar ist (vgl. Kapitel 2.2.).

Analog dazu zeigen die Ergebnisse zur Vergleichsmotivation, dass sich die interviewten Plattformnutzer*innen mit anderen vergleichen, um *sich inspirieren zu lassen* und ihre *eigenen Fähigkeiten einzuschätzen bzw. zu verbessern, ggf. um zu lernen* (vgl. Kapitel 3.2.2.2.) Ferner spielt **der Wunsch nach Orientierung** eine wichtige Rolle. Dieser besteht phasenübergreifend im kreativen Handeln, kann in bestimmten Phasen konkretes Verhalten induzieren: In der Phase der Problemidentifikation kann Vergleich als Grundlage für die *Entscheidung für oder gegen die Teil-*

nahme in einem Projekt dienen, um die *eigenen Chancen einzuschätzen* und damit letztlich auch das *Risiko einer aussichtslosen Teilnahme zu minimieren.* In der Vorbereitungsphase kann der Vergleich mit anderen helfen, informelle *Bewertungskriterien zu identifizieren* z. B. mit Hilfe von Ratings bereits eingereichter Ideen. Schließlich kann Orientierung erzielt werden durch den Abgleich mit Ideen anderer Nutzer*innen, um zu *überprüfen, ob relevante Kriterien erfüllt* wurden.

Analog zu den Aussagen zur Theorie des Sozialen Vergleichs in Kapitel 3.2.2.2., lässt sich feststellen, dass sich professionelle Plattformnutzer*innen vor allem mit anderen vergleichen, um Erwartungen an sich und ihr Handeln zu erkennen. Hierfür vergleichen sie sich mit Co-Akteur*innen, welche eher auf einem gleichen oder höheren Fähigkeitslevel agieren. Nur so haben sie die Möglichkeit, ihre Gewinnchancen zu erhöhen. Relevant ist der Vergleich mit Kreationen anderer Nutzer*innen z. B. dann, wenn Anforderungen vage sind und Ideensuchende über Zwischenbewertungen Orientierung liefern. Analog dazu passt die Aussage, dass sozialer Vergleich vor allem dann vollzogen wird, wenn objektive Kriterien zur Selbstbewertung fehlen (vgl. Kapitel 3.2.2.2.)

Erkenntnisse aus Bewertungs- und Vergleichsprozessen fließen an verschiedenen Stellen im kreativen Prozess des Individuums ein, lösen ggf. Iterationen wie z. B. Anpassungen der Idee bzw. des Entwurfs oder Konzepts aus.[208]

Die Aufstellung von Kausalketten zeigte, dass Bewertung und sozialer Vergleich innerhalb der Sachdimension zu verorten sind, d. h. kreatives Verhalten maßgeblich bedingen können. Unterschiede in der Bewertungshaltung sowie der Haltung zu sozialem Vergleich lassen sich vor allem mit personenspezifischen Merkmalen

[208] In der linearen Darstellung sind die Phasen Anpassen und Verwerfen als lineare Folgephasen gekennzeichnet; sie können auch als Iteration verstanden werden zurück an vorherige Phasen im Prozessverlauf.

sowie kontextuellen Merkmalen im technischen und konzeptionellen Umfeld erklären.

8.2 Plattformnutzer*innen im technischen/konzeptionellen Kontext

Sozialer Kontext ist nicht per se gegeben, sondern beruht auf Wahrnehmung und Interpretation. Wichtigste Faktoren, welche eben diese Wahrnehmung und Interpretation beeinflussen, sind im personenbezogenen sowie plattformbezogenen Umfeld zu finden. Die Kausalkettenanalyse unterstützt diese Annahme; Einstellungen und Verhalten der Interviewten ließen sich häufig auf eben diese Faktoren in der Ursachendimension zurückführen (vgl. Kapitel 3.2.1.). Dies entspricht nicht unbedingt der Komplexität, wie sie beispielsweise durch das Zusammenspiel mehrerer Faktoren im Modell von Woodman und Schoenfeldt (1990; vgl. Kapitel 3.2.1.) dargestellt ist. Die Analyse hat die Einflussfaktoren auf die für den Forschungsgegenstand relevantesten Aspekte verdichtet: die Motivation und das Selbstkonzept der Plattformnutzer*innen (in ihrer Rolle als Ideengebende bzw. Kreative) sowie das technische und konzeptionelle Umfeld der Online-Plattform.

Motivation wird als wesentliche Erklärung für das zielgerichtete Handeln von Ideengebenden herangezogen. Sie wird dichotom unterschieden in extrinsische motivationale Orientierung und intrinsische motivationale Orientierung (vgl. Kapitel 3.1.3.1.). In den Interviews wurden Beweggründe wie „Spaß“ zwar genannt, dennoch zeigte sich, dass die Teilnahme auf den Plattformen in erster Linie auf extrinsischer Motivation der Interviewten fußt. Als Gründe gingen u. a. monetäre Entlohnung sowie der Wunsch, eigene Fähigkeiten zu testen sowie zu Lernen hervor.

Analog zu der Aussage in Kapitel 3.1.3.1., dass die motivationale Orientierung der Person beeinflusst wird durch Faktoren des Umfelds, lässt sich auch in einigen Interviews feststellen, dass sich Motivation bzw. motivationale Orientierung neu ausrichten kann. Beispielsweise kann eine Tüftlerin, welche sich aus Neugier auf der Plattform experimentell ausprobiert hat, aufgrund von positivem Feedback deutlicher nach Gewinn streben. Die Analyse der Interviews offenbarte hierzu interessante Beispiele (vgl. z. B. Kapitel 7.3.1.3.).

Auch das **kreative Selbstkonzept** als kognitive Repräsentation kreativer Fähigkeiten, ist keine fixe Größe, schwankt durch Bewertung und Vergleich mit anderen (vgl. Kapitel 3.2.2.2.). Amateur*innen können beispielsweise durch unverhoffte Gewinne ihre Fähigkeitsselbstkonzepte aufwerten. Die Interviews zeigten, dass das eigene kreative Verständnis **Vorerfahrungen** unterliegt und das Verhalten auf der Plattform beeinflussen kann (z. B. professionelle Expertise, Kundenorientierung). Zudem kann es sich aufgrund von Erfahrung auf der Plattform selbst neu formen, bzw. anpassen. Beispielsweise kann eine profunde berufliche Vorerfahrung eine stark an Kundenwünschen orientierte Einstellung hervorrufen und damit beeinflussen, wie sehr sich Plattformnutzer*innen an Ideensuchenden orientieren, ggf. die Nützlichkeit einer Idee vor ihre Einzigartigkeit stellen.

Daneben schaffen **technische und konzeptionelle Ressourcen** einen Rahmen für kreatives Handeln, welcher eben jenes ermöglicht oder begrenzt. Die Analyse der Interviews zeigte, dass neben der Aufgabe (Komplexität, Anforderungen) weitere technische bzw. konzeptionelle Bedingungen für kreatives Verhalten auf Online-Plattformen für Ideenfindung zu finden sind (siehe Kapitel 7.1. u. 7.3.2.). Die Analyse zeigte ferner, dass die Aussagen hierzu sehr vielfältig sind, was in erster Linie auf die plattformspezifischen Unterschiede zurückzuführen ist.

Wichtige Prämisse für die Gestaltung der Plattformen scheint **das Selbstverständnis der Plattformbetreiber*innen** zu sein. Plattformen, welche kollaboratives Verhalten unter ihren Nutzer*innen als Grundlage kreativen Schaffens betrachten, schaffen entsprechende Möglichkeiten für Interaktion. Dementsprechend kann beispielsweise kollaboratives Verhalten von manchen Plattformnutzer*innen als Normalität betrachtet werden. Andererseits können Plattformen, z. B. aufgrund von einer hohen Brisanz der gehandelten Informationen Vertraulichkeitsbestimmungen festlegen. Diese können dann ggf. dazu führen, dass Informationen nur begrenzt einsehbar sind, Lösungsvorschläge von Ideengebenden für andere nicht abrufbar sind. Folglich können sich Plattformnutzer*innen, sofern sie nicht direkt im Team arbeiten, weder austauschen noch (leistungsbasiert) vergleichen.

Sozialer Kontext wirkt nie allein plattformspezifisch. Zwar gibt es technische oder konzeptionelle Gegebenheiten, welche sich nutzerübergreifend auf die Wahrnehmung des Kontextes auswirken können (vgl. dazu Kapitel 2.3.1.), trotzdem können diese Gegebenheiten verschieden interpretiert werden und das Verhalten entsprechend unterschiedlich beeinflussen (vgl. auch Kapitel 2.3.4.). Während eine Plattformnutzer*in beispielsweise bereits mit anderen in Teams zusammenarbeitet, kann ein anderer Nutzer derselben Plattform dies für sich aufgrund von persönlichen Präferenzen (z. B. Teamarbeit vor Ort) oder ggf. Unzulänglichkeiten der Plattform (z. B. rechtliche Regulierungen) ausschließen.[209]

---

[209] Vgl. dazu z. B. die Fälle InnoCentive_A und InnoCentive_B.

8.3 Kreatives Verhalten im sozialen Umfeld von Online-Gemeinschaften

Kreatives Verhalten kann modellhaft in spezifische Phasen strukturiert werden. Der kreative Prozess wurde in Folge der Auswertung in die Phasen Problemidentifikation, Vorbereitung, Inkubation/Illumination, Verifikation, Ausarbeitung, Anpassen und Bewerben unterteilt. Die Phase ‚Verwerfen' ging zwar aus der strukturierenden Analyse hervor, ist aber im engeren Sinne eher als iterativer Schritt zurück an den Prozessanfang zu verstehen, da der kreative Prozess in diesem Fall nicht komplett vollzogen wird. Die Phasen Inkubation und Illumination kamen in zwei Interviews zur Sprache wurden jedoch nicht weiter in der Auswertung behandelt. Es ist anzunehmen, dass Bewertung und Vergleich innerhalb dieser Phasen keine Relevanz haben; zudem stehen kognitive Vorgänge im Zentrum dieser Phasen und der soziale Kontext ist hier allgemein eher nachrangig (vgl. dazu Kapitel 3.1.2.).

Einfluss auf kreatives Verhalten nimmt sozialer Kontext insbesondere über Bewertung und sozialen Vergleich. Die Analyse der Größen zur Bewertungshaltung der interviewten Plattformnutzer*innen zeigte, dass der **Umgang mit Bewertung im Kontinuum zwischen Ignorieren und Reagieren** liegt. Mitunter können Kritik oder Hinweise dazu führen, dass Ideengebende sich veranlasst sehen, ihre Beiträge anzupassen. Bewertung oder Nicht-Bewertung kann dafür Orientierung bieten, sie kann Nutzer*innen dazu bringen, Ideen mindestens zu hinterfragen. Ferner können Bewertungserwartung und sozialer Vergleich auch in früheren Phasen im Prozessverlauf Einfluss nehmen, wie im vorherigen Kapitel beschrieben wurde.

Kreatives Verhalten in Form von **Differenzierung und Orientierung** zeigt sich demnach phasenübergreifend, ist dabei allerdings nicht als Konstante zu begreifen. Die Typenaufstellung (vgl. Kapitel 6.3.3.) fasst in ihren Typenbeschreibungen diverse Merkmale zusammen, darunter neben dem Selbstkonzept v. a. die Motivation sowie die Bewertungshaltung und sozialen Vergleich. Die Typen **Professionelle** und **Lernende** orientieren sich an externen Maßstäben, um entweder ihre Chancen auf Gewinn zu erhöhen oder aber ihre Fähigkeiten zu verbessern. Hingegen grenzen sich **Künstler*innen und Tüftler*innen** eher ab, sind oftmals intrinsisch motiviert, bewerten ihr Tun eher nach eigenen Maßstäben. Damit unterscheidet die Typenbeschreibung nicht allein zwischen Expert*innen und Amateur*innen (vgl. Kapitel 2.3.3.), sondern erweitert um die Dimension des kreativen Handelns zwischen Orientierung und Differenzierung.

Die Typenbildung unterscheidet hierbei Idealtypen (vgl. hierzu Kelle u. Kluge 2010: 83f.), was bedeutet, dass Plattformnutzer*innen vielmehr im **Kontinuum** zwischen eben diesen Typen agieren. Beispielsweise erschaffen Kreative Ideen bzw. Lösungen im Spannungsfeld zwischen dem, was Ideensuchende vermeintlich fordern und dem, was Ideengebende selbst für wertvoll befinden. Indizien dieser Art lassen sich über verschiedene Interviews hinweg finden; ein Interview (LEGO_C) zeigt zudem sehr deutlich, wie sich beispielsweise der Wunsch nach Orientierung an allgemein akzeptierten Kriterien auf Basis von Bewertungs-und Vergleichserfahrung auf der Plattform entwickeln kann (vgl. Kapitel 7.3.1.3.).

In den Interviews zeigte sich eher ein Trend zu Orientierung; der Wunsch nach Differenzierung war nachrangig. Differenzierung wurde im Zuge der Typenbildung im Sinne von Abgrenzung gegenübergestellt. Hinweise auf gezielte Abgrenzung im Sinne von sich abhebenden Ideen von Co-Akteuren gab es lediglich vereinzelt in den Interviews.

Eine weitere phasenüberlagernde Form kreativen Verhaltens äußert sich in der Haltung zur Interaktion mit anderen Plattformnutzer*innen. Die Analyse stellte hierbei zwei wesentliche Merkmale gegenüber: **Co-Aktion vs. Kollaboration**.[210] Im Zuge der Ergebnisauswertung wurde deutlich, dass es sich auch hierbei um ein Kontinuum handelt, in welchem Plattformnutzer*innen agieren. Interviewte wurden explizit zu ihrer Haltung gegenüber Kollaboration befragt. Hierbei offenbarte sich, analog zu bisherigen Forschungsergebnissen, dass sich Nutzer*innen auch auf Plattformen mit Wettbewerbsausrichtung **kollaborativ verhalten** können (vgl. auch Kapitel 2.2.). Zu unterscheiden von kollaborativem Verhalten ist **Kollaboration als Teamarbeit** (vgl. Kapitel 6.3.4.). Gemäß den Aussagen in Kapitel 2.3.4. zeigten Kollaborationsbefürworter*innen in den Interviews ein Interesse daran, gemeinsam auf ein Ziel hinzuarbeiten. Ein Gemeinschaftssinn, wie er vor allem in Teams entstehen kann, bestimmt, wie sich Personen einbringen.

Dass es sich hierbei um ein Kontinuum handelt, wird u. a. auch auf Basis der entsprechenden Typenkonstruktion deutlich. Gegenübergestellt wurden **Kollaborationsbefürworter*innen** und **Kollaborationsgegner*innen**. Während Kollaborationsbefürworter*innen z. B. meinten, mittels Teamarbeit Teamkompetenzen zu schaffen, *Synergien zu nutzen oder effizienter zu arbeiten*, schlossen Kollaborationsgegner*innen Zusammenarbeit mit anderen aus *persönlichen, pragmatischen oder rechtlichen Gründen* aus. Der Ausschluss von Zusammenarbeit aus rein persönlichen Gründen (z. B. kein Teamplayer zu sein) kann als stabil eingeschätzt werden. Hingegen kann der Ausschluss von Teamarbeit aufgrund von konzeptionel-

210 Anzumerken ist, dass Wettbewerb bzw. kompetitives Verhalten in den Interviews nur ansatzweise besprochen wurde. Eine Gegenüberstellung von Wettbewerb und Kollaboration ist deshalb nur bedingt möglich und wird in diesem Fall nicht vorgenommen. Alternativ dazu wird Co-Aktion als neutrales oder wettbewerbsorientiertes „Nebeneinander-Agieren" als Gegensatz zur Kollaboration betrachtet.

len Gründen (z. B. Unklarheiten zu Urheberrechten) als variabel betrachtet werden. Entsprechend wurde der Typ der **Kollaborationsskeptiker*innen** gegenübergestellt, welcher die anderen beiden Typen ergänzt und zugleich die Flexibilität der Zuordnung zu den Typen veranschaulicht.

Das Modell in Abbildung 20 wurde um eben diese phasenübergreifenden Verhaltensdimensionen erweitert.[211] Orientierung vs. Differenzierung fußt insbesondere auf Bewertungshaltung sowie sozialem Vergleich in Situationen bloßer Anwesenheit und Co-Aktion. Kollaboration stellt eine weitere Sonderform der Interaktion unter den Plattformnutzer*innen dar.

8.4 Kreativitätserleichterung vs. -hemmung

Inwieweit kreatives Verhalten durch soziale Einflüsse auf Plattformen für Ideenfindung erleichtert oder gehemmt wird, konnte im Zuge der Analyse nicht konkret beantwortet werden. Die Analyse zeigte, dass der **Wunsch nach Orientierung durch Bewertungserwartung und Vergleich** mit anderen Nutzer*innen vorhanden ist und das kreative Verhalten entsprechend prägen kann. Dass in Gruppensituationen bedingt durch Teamarbeit Konsens der Mitglieder vorausgesetzt wird, ist unstrittig. Offenbar wird Konsens auch durch Orientierung an Anforderungen, vermeintlichen Akzeptanzkriterien, Zwischenbewertungen oder Beiträgen anderer Nutzer*innen, erzielt.

Plattformnutzer*innen erschaffen kreative Leistungen, welche einerseits originell und andererseits nützlich sein sollen (vgl. Kapitel 3.1.1.). Die Aussagen aus den Interviews zeigen, dass vor allem Professionelle den **Fokus auf Nützlichkeit** zu legen scheinen, da nur so gewährleistet ist, dass die Ideen den Anforderungen der

[211] Die Dimension „Erleichterung“ vs. „Hemmung“ wurden (im Vergleich zum Bezugsrahmen) im finalen Modell entfernt, da die Ergebnisse der Untersuchung keine Aussagen hierzu erlauben.

Ideensuchenden genügen und eine Chance auf Gewinn haben. Einzigartigkeit spielt zumindest eine Rolle, wenn Dopplungen von Ideen auf der Plattform vermieden werden sollen. Der Wert der Ideen, Entwürfe oder Lösungsvorschläge wird letztlich u. a. von anderen Plattformnutzer*innen, in jedem Fall jedoch von den Ideensuchenden bewertet. Inwieweit Originalität, Nützlichkeit und Realisierbarkeit dabei zum Tragen kommen, legen Ideensuchende fest (vgl. Kapitel 2.2.). – z. B. über Anforderungen in der Aufgabenstellung, Briefings, Nachfragen der Kreativen oder auch Zwischenbewertungen.

Mit Blick auf das vorliegende Sample, wird deutlich, dass dieses einen großen Teil an Plattformen umfasst, welche Aufgaben eher gezielt an (Semi-)Professionelle auslagern. Die dort gestellten Aufgaben lassen zunächst keine Zweifel aufkommen, dass es sich um kreative Aufgaben handelt. Der Fokus auf monetäre Entlohnung und die damit einhergehend deutliche Orientierung an Vorgaben von Ideensuchenden, zeigt jedoch, dass diese Plattformen eher an der Grenze von Crowdcreation zu Crowdworking als ausgelagerte Erwerbsarbeit[212] agieren (vgl. Kapitel 2.1.).

Insbesondere Plattformen, welche als ‚Marktplätze' für kreative Ideen (z. B. Jovoto, 99designs, Threadless, Audiodraft) agieren, ziehen professionelle Kreative oder solche, die es werden wollen, an. Die Orientierung an Vorgaben von Ideensuchenden, Konkurrent*innen oder vorbildlichen Co-Akteur*innen liegt dabei nahe. Analog zu den Ausführungen in Kapitel 3.2.2.4. verzichten Kreative

[212] Als Crowdworking wird die digitale ausgelagerte Erwerbsarbeit verstanden (vgl. Hensel, Koch, Kocher u. Schwarz 2016: 164; vgl. auch Kapitel. 2.1.). Im Kontext dieser Arbeit ist der Übergang von Crowdcreation zu Crowdworking dort, wo der Lösungsrahmen entsprechend eng ist, dass Kreativität in den Hintergrund rückt und maßgeschneiderte Lösungen für Kunden im Vordergrund stehen.

zum Teil auf individuelle Präferenzen (äußere Konformität) und agieren dabei stets in einem Spannungsfeld zwischen externen und eigenen Ansprüchen.

Anpassungsprozesse dieser Art sind logisch nachzuvollziehen. In der Forschung zu Konformitätsprozessen werden jedoch eher **Anpassungsprozesse** innerhalb von Gruppen untersucht (vgl. Kapitel 3.2.2.4.). Die Analyse der Interviews zeigt diesbezüglich Folgendes: Auf Online-Plattformen findet Anpassung statt z. B. im Zuge der Ausarbeitung von Ideen. Erfolgreiche Plattformnutzer*innen wie Topentwickler*innen setzen hierfür **Standards** bezüglich der Kernidee sowie des ausgearbeiteten Entwurfs, Konzepts bzw. Lösungsvorschlags. Einige Kreative orientieren sich beispielsweise daran, wie andere erfolgreiche Plattformnutzer*innen ihre Ideen darstellen bzw. in Szene setzen. Kreative auf LEGO Ideas beschäftigt beispielsweise die Frage, ob sie ihre Idee physisch umsetzen und ansprechende Bilder online stellen, und nicht allein den Screenshot des mittels Software generierten Bildes einstellen. Die Plattformgemeinschaft kann darüber hinaus formelle oder auch informelle Standards durchsetzen. In den Interviews finden sich Beispiele dazu, wie z. B. das Auffinden von Betrugsversuchen oder das Aufzeigen von Lizenzproblematiken.

Die Ergebnisse der Einzelfallanalyse weisen darauf hin, dass konformes Verhalten auf Online-Plattformen insbesondere auf die **Motivation der Ideengebenden** zurückzuführen ist. Ist der Wunsch nach Gewinn, bzw. monetärer Entlohnung deutlich ausgeprägt, dann orientieren sich Ideengebende vermutlich stärker an Vorgaben, Zwischenbewertungen und passen ihre Leistung eher an die Erwartungen der Ideensuchenden an. Ist hingegen der Wunsch nach Verbesserung der Fähigkeiten bzw. Lernen ausgeprägter, dann ist anzunehmen, dass sich Ideengeber*innen zudem an vermeintlich vorbildhaften Co-Akteur*innen orientieren. Besonders an dieser Stelle erhärtet sich der Verdacht, dass intrinsische Motivation verdrängt wird durch den extrinsischen Wunsch, in der Gemeinschaft kompetent zu erscheinen (vgl. dazu Kapitel 3.3.2.4.)

Schlussendlich liegt der Verdacht nahe, dass Orientierung an Ideensuchenden oder anderen Plattformnutzer*innen konformes Verhalten begünstigt. Dieses kann einerseits ergebnisorientierten Konsens herbeiführen, zugleich kann es kreativen Freiraum einschränken. Der Nutzen der kreativen Leistung steht in diesem Fall noch vor der Originalität. Denn auch Ideen auf Online-Plattformen für Ideenfindung müssen nicht allein neuartig sein, sondern einen Nutzen stiften und anschlussfähig an die Realität sein (vgl. Kapitel 3.1.1). Es schließt sich folglich die Frage an, **wie ausgelagerte Ideenfindung auf Online-Plattformen gestaltet werden kann, um einerseits Originalität zu fördern und andererseits Nützlichkeit bzw. Realisierbarkeit sicherzustellen**. In diesem Zusammenhang ist es ratsam, den Begriff der Kreativität unter diesen Gesichtspunkten in seine Merkmale Originalität, Nützlichkeit und Realisierbarkeit aufzufächern.

Inwiefern die Art und Weise der Aufgabenstellung Originalität fördern oder hemmen kann, haben beispielsweise Gillier, Chaffois, Belkhouja et al. (2018) untersucht. Im Zuge ihrer Analyse von mehr als sechstausend Ideen auf der Plattform ‚eYeka' haben sie herausgefunden, dass offene Aufgabenstellungen originellere und wertvollere Ideen fördern im Gegensatz zu suggestiven Aufgabenstellungen (vgl. ebd.). Erklärt werden kann dieses Ergebnis vor dem Hintergrund der vorliegenden Arbeit, damit, dass eine offene Aufgabenstellung wenig Anhaltspunkte für Orientierung liefert und der Lösungsrahmen entsprechend offen ist.

Eine *offene Aufgabenstellung* könnte es demnach ermöglichen, mehr Künstler*innen und Tüftler*innen anzusprechen, welche vorrangig intrinsisch motiviert sind.

Weniger angesprochen würden dadurch Professionelle, da diese eher effizient agieren und bereits im Zuge der Aufgabenauswahl die Chancen ihres Handelns einschätzen wollen. Auch ist davon auszugehen, dass Ideensuchende bemüht sind, im Laufe des Ideenprozesses Konsens herzustellen, da sie neben Originalität andere Bewertungskriterien ihrem Maßstab hinzufügen (2.2.).

Nichtsdestotrotz kann Bewertungserwartung in Situationen mit angenommener sozialer Präsenz nie ausgeschlossen werden. Analog ist sozialer Vergleich in Situationen der Co-Aktion eine logische Konsequenz. Verstärkt werden beide durch bestimmte Voraussetzungen und Funktionen. Damit sind neben der Aufgabenstellung beispielsweise auch *Zwischenbewertungen durch Ideensuchende, Punktevergabe oder Kommentarmöglichkeiten innerhalb der Community* gemeint.

Wie aus der Analyse der Interviews hervorging, orientieren sich einige der Interviewten am Feedback der Ideensuchenden. So gaben Ideengebende auf Plattformen wie 99designs oder Audiodraft an, dass sie Zwischenbewertungen nutzen, um ihre Ideen kundenorientiert zu entwickeln. Diese Art der Zwischenbewertung von Beiträgen kann als gerichtetes Feedback interpretiert werden. Die Ergebnisse der qualitativen Untersuchung knüpfen in diesem Punkt u. a. an eine Studie von Wooten und Ulrich (2017) an, welche experimentell herausfanden, dass gerichtetes Feedback, d. h. Feedback, welches sich auf die finalen Bewertungskriterien der Beiträge bezieht (vgl. ebd.: 80) zwar positiv auf die Teilnahme auf designspezifischen Ideenplattformen wirke, allerdings eher eine durchschnittliche Qualität der Beiträge bewirke (vgl. ebd.: 90). Dieser Durchschnitt wird offenbar dann begünstigt, wenn Ideengebende dazu animiert werden, sich an Zwischenbewertungen zu orientieren.

Orientierung bietet in solchen Fällen nicht allein die Bewertung der Beiträge, sondern in erster Linie die Beiträge selbst. Wird beispielsweise ein Design entsprechend gut bewertet, dann dient der Beitrag (z. B. ein Logo) als Vergleichsobjekt. Zu fragen bleibt, anhand welcher konkreten Merkmale Orientierung stattfindet und inwieweit diese überhaupt bei deutlich differenzierten Beiträgen stattfindet. Wang, Nickerson u. Sakamoto (2018) resümieren beispielsweise auf Basis einer experimentellen Untersuchung, dass der Vergleich mit einer originellen Ideen die Anzahl eigner Ideen zwar verringere, jedoch die Originalität von Ideen erhöhe (vgl. ebd.: 201f.).[213] Sie argumentieren mit der kognitiven Stimulation durch den Stimulus in Verbindung mit der Motivation der Proband*innen, diesen zu übertreffen (vgl. ebd.: 202).[214] Ferner scheint es leichter, sich an gewöhnlichen Ideen anderer zu orientieren, da man diese einfacher inkrementell verändern kann (vgl. ebd.: 203). Folglich sind nicht nur Merkmale der sich vergleichenden Person ausschlaggebend, sondern eben auch Merkmale des Vergleichsobjektes, wie z. B. der Grad an Neuartigkeit oder Komplexität. Dies gilt es in zukünftigen Untersuchungen zu berücksichtigen.

8.5 Anmerkungen zur modellhaften Darstellung

Das Modell in Abbildung 20 unterscheidet Komponenten der Person, der Plattform sowie des sozialen Kontextes von prozessbasiertem kreativen Verhalten. Diese Unterscheidung dient in erster Linie der Übersichtlichkeit. Zu kritisieren ist diese Darstellung insofern, dass sie den kreativen Prozess nicht ganzheitlich

---

[213] Die Nutzung einer Idee als Stimulus kann in diesem Fall als Anstoßen eines Vergleichsprozesses interpretiert werden.

[214] Die Ideen der Gruppe, welche mit einer originellen Idee als Stimulus konfrontiert waren origineller im Vergleich zur Kontrollgruppe sowie zur Gruppe mit der gewöhnlichen Idee als Stimulus (vgl. ebd.)

als Sequenz von Ereignissen und Entscheidungen illustriert (vgl. Fortwengel, Schüßler u. Sydow 2016; siehe auch Kapitel 3.2.1.).

Lediglich aus den Ableitungen einzelner Kausalketten (siehe Kapitel 7.3.) wird ersichtlich, dass sich die Komponenten einordnen lassen in Ursachen-, Sach- und Wirkdimension. Die prozessähnliche Darstellung der Kausalketten ist dennoch nicht mit der phasenhaften Darstellung des kreativen Prozesses zu vergleichen. Motivation, Selbstkonzept und technische bzw. konzeptionelle Merkmale wirken vielmehr an verschiedenen Stellen im kreativen Prozess ein.

Die Kausalketten der Interviewanalyse zeigen, dass sich Einstellungen bzw. Handlungen häufig auf eine bestimmte Motivation (z. B. Realisierung der Idee) oder ein bestimmtes Selbstbild (z. B. Expert*in) zurückführen lassen. Konstante Größen sind sie in diesem Sinne trotzdem nicht. Die Analyse der Interviews zeigt, dass die genannten Größen nicht stabil sind, sondern sich im Zeitverlauf ändern können. Die modellhafte Abbildung ist deshalb lediglich eine stark vereinfachte Darstellung, die solch dynamischen Entwicklungen nicht gerecht wird.

Zudem ist der Ursache-Wirkungs-Verlauf, wie in den Kausalketten modellhaft linear dargestellt wurde, nicht immer eindeutig. Was Ursache und was Wirkung ist, muss im Einzelfall ergründet werde. Beispielsweise kann das eigene kreative Selbstkonzept, originelle Ideen zu entwickeln, jemanden dazu bewegen, auf einer Ideenplattform aktiv zu werden; es kann auch rückwirkend durch Gewinnerfahrung geformt oder gefestigt werden.

Ebenso macht die im Zuge der Ergebnisauswertung vorgenommene Typenbildung deutlich, dass sich Plattformnutzer*innen eher im Kontinuum zwischen den verschiedenen Typen bewegen, dass beispielsweise auch der Wunsch nach Orientierung bzw. Differenzierung variabel ist und sich eben auf Basis der genannten Größen situationsbedingt ändern kann.

Insofern ergibt sich eine Darstellung (Abbildung 19) aus einwirkenden Komponenten der Person und des Umfelds (hier fokussiert Plattform und sozialer Kontext) auf den phasenbezogenen kreativen Prozess (einschließlich phasenüberlagernder Verhaltensweisen wie Orientierung und Kollaboration).

8.6 Kritische Einschätzung der Methodik

Der Arbeit lag die Auffassung zugrunde, dass eine umfangreiche Basis an Vorwissen zu relevanten Größen, Beziehungen und möglichen Mechanismen nicht gegen das Prinzip der Offenheit explorativer Forschung verstößt, sofern sie dem „Prinzip der reflektierten theoretischen Offenheit" entspricht (vgl. Döring u. Bortz 2016: 67). Offenheit sollte insbesondere gewährleistet werden in Bezug auf andere Perspektiven und Interpretationen, gerade mit Blick auf das eingebrachte Vorwissen (vgl. Kuckartz, 2016: 16ff.).

Mit Blick auf das finale Modell zeigt sich, dass sich die grundlegende Annahme, Bewertung und sozialer Vergleich seien relevante Komponenten, untermauern ließ. Ferner wurde aufgezeigt, welche konkreten Merkmale (z. B. Bewertungsquelle, Bewertungskriterien) ausschlaggebend sind und wie diese in Verbindung zum kreativen Verhalten (z. B. Orientierung) stehen. Festzustellen ist dennoch, dass der Leitfaden der vorliegenden Arbeit Bewertung und sozialen Vergleich als Themen fokussierte, was die Offenheit der Methodik zumindest in diesem Punkt beeinträchtigt. Nichtsdestotrotz wurde Offenheit insofern gewährleistet, dass den Interviewten stets die Möglichkeit eingeräumt wurde Punkte frei anzusprechen und das Gespräch mit zu lenken (vgl. auch Gläser u. Laudel 2010: 115). Es war ferner nicht das Ziel der Untersuchung, freie Narrationen zu erzeugen, sondern problemfokussiert Argumente freizulegen (vgl. ebd.: 116).

Weitere Limitationen der Arbeit zeigen sich in Bezug auf klassische Gütekriterien empirischer Forschung. Fraglich ist, inwiefern diese zur Beurteilung qualitativer Studien geeignet sind (vgl. Döring u. Bortz 2016: 107f.; Flick 2017: 487ff.). Verschiedene Kriterienkataloge wurden in der Wissenschaft aufgestellt (vgl. ebd.). Kuckartz (2016) unterscheidet, insbesondere referenzierend auf das Kriterium Validität, in interne und externe ‚Studiengüte' (vgl. ebd. 203ff.).

Bezüglich der internen Studiengüte lässt sich als wichtigster Kritikpunkt festhalten, dass die Interviews der vorliegenden empirischen Studie aus forschungsökonomischen Gründen von verschiedenen Personen durchgeführt und transkribiert wurden. Trotz eingehenden Briefings, zeigten sich beim Abgleich der Audio- und Transkriptdateien Unterschiede in der Qualität der Datenübernahme. Fehlende Timecodes und Fehler in der Transkription konnten in Einzelfällen dokumentiert werden. Eine umfassende Korrektur der Transkripte war in zwei Fällen erforderlich. Davon abgesehen wurden lediglich kleine Abweichungen festgestellt. Dazu zählte z. B. das Auslassen von Füllwörtern oder die minimale Anpassung der Satzstellung. Diese Abweichungen haben die Strukturation der Ergebnisse letztlich nicht behindert, sondern teilweise eher vereinfacht. Auf eine Interpretation von Lautäußerungen (wie z. B. Lachen) wurde verzichtet. Ferner zeigte sich, dass die Interviewenden nicht immer in der Lage waren, auf Äußerungen zu reagieren. Strategische Fehler wie auch das Festhalten am Leitfaden sowie zum Teil suggestive Fragen, beeinträchtigen die Qualität der erhobenen Daten (vgl. auch Gläser u. Laudel 2010: 187ff.).

Hinsichtlich der internen Güte ist ferner die Zuverlässigkeit des Analyseverfahrens in Frage zu stellen. Die Codierung wurde von lediglich einer Person (Autorin) vorgenommen. Zwar wurde der Codiervorgang mehrfach wiederholt und das Kategoriensystem entsprechend verfeinert und abgegrenzt. Inwiefern das

Kategoriensystem in sich konsistent ist und die Definitionen präzise genug sind um eine entsprechend hohe Intercoderreliabilität zu gewährleisten, bleibt damit offen.

In diesem Zusammenhang muss zudem die hohe Subjektivität der Analyse (insbesondere im Zuge der kausalkettengenerierenden Einzelfallauswertung) angemerkt werden. Transparenz wird letztlich gewährleistet durch die Offenlegung des Analysevorgangs mittels Kategoriensystem und Analysetabellen, welche die Schritte der Datenreduktion nachvollziehen lassen. Mit Blick auf die Einzelfallanalyse fällt außerdem auf, dass die Segmente in einigen Fällen auf zusammenhängende Wortgruppen reduziert wurden. Dies stellte sich als notwendig dar, um die Datenmenge einerseits übersichtlich zu strukturieren und andererseits den Kontext für die Kausalauswertung nicht zu verlieren.

Hinsichtlich der externen Studiengüte lässt sich zunächst aussagen, dass aufgrund der geringen Fallzahl eine Verallgemeinerung und Übertragbarkeit nicht möglich ist. Das Sample mit insgesamt 27 Einzelfällen ist im relativen Vergleich zur Anzahl von Ideengebenden auf Online-Plattformen für Ideenfindung als klein zu beschreiben. Ferner ist die Kontrastierung als kritisch einzustufen. Es wurde eine Kontrastierung über verschiedene Plattformtypen (alltagskreativ bis wissensintensiv) angestrebt. Durch die größere Anzahl an Plattformen im Mittelfeld ergab sich folglich jedoch ein als eher minimal einzustufender Kontrast. Dementsprechend sind die Ergebnisse weder verallgemeinerbar in Bezug auf Online-Plattformen für Ideenfindung noch übertragbar auf die Kreativitätsforschung. Um die Verallgemeinerbarkeit zu erhöhen, sollten Folgestudien entweder ein breites Spektrum an Plattformtypen adressieren, oder sich auf spezifische Plattformtypen fokussieren und dabei eine entsprechend große Datenbasis generieren.

Schließlich ist zu kritisieren, dass die Datenerhebung mittlerweile fünf Jahre zurückliegt. Angesichts der hohen Dynamik im Bereich Online-Plattformen ist mit deutlichen Veränderungen von Plattformmerkmalen zu rechnen. Diese wurden in der Analyse nicht berücksichtigt. Trotzdem ist anzunehmen, dass die herausgearbeiteten Größen, Beziehungen und Mechanismen eine adäquate Basis darstellen, um aktuelle Forschung auf dem Gebiet der Online-Ideenfindung zu begleiten.

9 Fazit

Online-Gemeinschaften für Ideenfindung schaffen einen sozialen Kontext, in welchem Plattformnutzer*innen – seien es Expert*innen oder Amateur*innen – kreative Ideen entwickeln, Konzepte erstellen, Lösungsvorschläge unterbreiten. Dieser soziale Kontext formiert sich auf Basis der Wahrnehmung des Individuums und wird zudem beeinflusst durch technische sowie konzeptionelle Gegebenheiten der jeweiligen Online-Plattform.

Die Existenz dieses sozialen Kontextes ist unstrittig, denn die Grundvoraussetzung der sozialen Präsenz durch Plattformverantwortliche oder ihre Vertreter*innen, Ideensuchende, andere Plattformnutzer*innen und weitere Akteur*innen ist anzunehmen. **Welche Rolle dieser soziale Kontext in der ausgelagerten, internetbasierten Ideenentwicklung spielt**, war die zentrale Frage der vorliegenden Arbeit. Um diese zu beantworten, musste ergründet werden wie sich sozialer Kontext formiert, welche relevanten Größen er innehat, wie diese zueinander in Beziehung stehen und wirken können.

Hierfür wurde ein **exploratives Vorgehen** gewählt, dessen Basis ein konzeptioneller Rahmen bildete. Der konzeptionelle Rahmen diente dazu, den Untersuchungsgegenstand auf spezifische Themen herunterzubrechen, um der empirischen Analyse aus forschungsökonomischen Aspekten einen Rahmen zu geben. Ziel der empirischen Untersuchung war es, diesen Rahmen zu erweitern und in seinen Merkmalen und Mechanismen zu beschreiben.

Es wurden Interviews mit 27 Nutzer*innen in ihrer Rolle als Ideengebende interviewt. Die entsprechenden Plattformen ordnen sich entlang des Spektrums alltagskreativ bis wissensintensiv ein. Eine strukturierende Inhaltsanalyse der

Aussagen ermöglichte die Identifikation relevanter Merkmale und Merkmalsausprägungen und ließ auf dieser Basis sowohl Gemeinsamkeiten als auch Unterschiede zwischen den Interviewten erkennen. Eine tiefergehende Einzelfallanalyse half, Beziehungen und Mechanismen zu verstehen, indem Größen in einen kausalen Zusammenhang gesetzt wurden.

Es wurde deutlich gemacht, dass Plattformgegebenheiten nicht isoliert wirken. Ebenso sind personenspezifische Merkmale wie Motivation und kreatives Selbstkonzept keine fixen Größen, welche das Verhalten von Kreativen auf Online-Plattformen bestimmen. Die Erfahrung, die Kreative auf Online-Plattformen für Ideenfindung machen, wird im sozialen Gefüge insbesondere durch Bewertung und Vergleich bestimmt – ihre Rolle ist im Ideenentwicklungsprozess nicht zu unterschätzen. Sie sind die wesentlichen Merkmale, die erklären, wie Kreative im sozialen Kontext von Online-Gemeinschaften agieren. Bewertung und Vergleich mit anderen stellt dabei vor allem *Orientierung in* der Gemeinschaft her und kann neben dem Entschluss sich abzuheben auch den Wunsch nach *Orientierung an* externer Bewertung oder auch *an* den Leistungen anderer Ideengeber*innen nach sich ziehen.

Der Aspekt der **Orientierung vs. Differenzierung** wurde in der Ergebnisdarstellung deutlich betont. Die hergeleiteten Typen Professionelle, Künstler*innen/Tüftler*innen und Lernende wurden anhand eben dieser Dimension im Zusammenspiel mit dem Selbstkonzept klassifiziert.[215] Weitere relevante Merkmale wie insbesondere Motivation sowie die Bewertungshaltung und sozialer Vergleich wurden zu deren Beschreibung herangezogen. Daneben wurden kollabo-

[215] Ein vierter Typ wurde logisch hergeleitet, wenngleich die empirischen Daten hierzu keine Basis lieferten.

ratives Verhalten und Kollaboration im Sinne von Teamarbeit als phasenübergreifende Verhaltensdimension dargestellt. Auch diesbezüglich konnten verschiedene Typen aufgestellt werden, wenngleich sich die Klassifikation nicht nach Dimensionen visuell strukturieren ließ.

Die Ergebnisdarstellung wurde auf eben diese Punkte deutlich zugespitzt. Insbesondere die Beschreibung des sozialen Kontextes macht auf eine Vielzahl weiterer Ansatzpunkte aufmerksam, die in der Arbeit nicht alle berücksichtigt werden konnten. Die Antwort auf die Forschungsfrage, welche Rolle sozialer Kontext auf Online-Gemeinschaften für Ideenfindung spielt, lässt sich wie folgt zusammenfassen:

> **Sozialer Kontext formiert sich als bloße Anwesenheit, Co-Aktion und (die Möglichkeit zur) Interaktion. Vor allem personenspezifische Merkmale wie Motivation, Selbstkonzept und Vorerfahrung sowie technische bzw. konzeptionelle Merkmale der Online-Plattform bestimmen, wie dieser Kontext für das eigene Handeln wahrgenommen und interpretiert wird. Dies äußert sich, wenn nicht in direkter Interaktion (kollaboratives Verhalten bzw. Teamarbeit), in erster Linie über Bewertungserwartung und Vergleich mit anderen Plattformnutzer*innen. Die Ergebnisse dieser Bewertungs- und Vergleichsvorgänge wirken auf das kreative Handeln der kreativen Person ein. Sie können Einfluss in spezifischen Phasen des kreativen Prozesses (z. B. in der Problemidentifikation oder Ausarbeitung) oder auch phasenübergreifend in Form von Orientierung oder Differenzierung nehmen.**

Die Ergebnisse der Arbeit sind sowohl auf theoretischer als auch auf praktischer Ebene von Relevanz. So wurde aufgezeigt, wie das Forschungsfeld kreative Ideenfindung in Online-Gemeinschaften (Crowd Creation) von einem **theoretischen Zugang aus der Perspektive der Kreativitätsforschung** profitieren kann. Die ‚vier Ps der Kreativität', in Zusammenhang mit den Komponenten kreativer Ideenentwicklung und angrenzenden sozialpsychologischen Ansätzen, lieferten eine wertvolle Basis zur Beantwortung der Forschungsfrage.

Inwieweit die Ergebnisse für die Kreativitätsforschung selbst von Belang sind, ist kritisch einzuschätzen. So konnte die Frage nach der fördernden bzw. hemmenden Wirkung von Bewertung und sozialem Vergleich nicht einwandfrei beantwortet werden. Das explorative Vorgehen ließ dennoch eine Tendenz hin zu Konsens und Orientierung an externen Maßstäben erkennen. Um konkrete Beweise zu liefern, dass Bewertung und sozialer Vergleich Konformität fördern und entsprechend hemmenden Einfluss auf die Kreativität haben kann, ist eine repräsentative Untersuchung unabdingbar.

Inwiefern sich hierfür Online-Gemeinschaften für Ideenfindung im Sinne des kreativen Crowdsourcing eignen, ist zu hinterfragen. Zwar lieferte der Ansatz der kreativen Ideenfindung eine geeignete Basis zur Untersuchung der Frage nach der Rolle sozialen Kontextes in Online-Ideengemeinschaften. Andersherum betrachtet, sind Online-Plattformen für ausgelagerte Ideenfindung nur bedingt als Forschungsgegenstand geeignet, insofern sie nicht immer die Originalität der Ideen fokussieren. Deshalb sollte in Nachfolgeuntersuchungen gewährleistet sein, dass die entsprechenden Online-Plattformen kreative Freiheiten einräumen und neben Nützlichkeit vor allem Originalität in den Mittelpunkt stellen.

Aus praktischer Sicht stellt sich in diesem Zusammenhang vor allem die Frage, **wie ausgelagerte Ideenfindung auf Online-Plattformen gestaltet werden kann**, damit einerseits *Originalität gefördert und andererseits Nützlichkeit bzw. Realisierbarkeit* sichergestellt wird. Plattformbetreiber*innen sowie Ideensuchende müssen sich klar darüber werden, welche Typen sie adressieren möchten und ob und wie sie den Prozess begleiten können bzw. wollen:

Künstler*innen bzw. Tüftler*innen heben sich beispielsweise in ihrer kreativen Leistung eher von anderen ab, da sie intrinsisch motiviert sind und sich deutlicher an eigenen als an externen Maßstäben orientieren. Trotzdem ist davon auszugehen, dass der Wunsch, die eigene Idee realisiert zu sehen, dazu führen kann, dass auch Künstler*innen bzw. Tüftler*innen im Prozessverlauf Konsens suchen.

(Semi-)Professionelle hingegen orientieren sich deutlicher an externen Maßstäben, wollen ihre Idee akzeptiert sehen und passen ihre Leistung bereits früh an die Erwartungen der Ideensuchenden und anderer Entscheidungsträger*innen an. Dennoch agieren auch sie im Spannungsfeld zwischen externen und eigenen Anforderungen. Die Anforderungen nicht zu spezifisch zu formulieren, kann ihnen ggf. den Freiraum schaffen, welchen sie benötigen, um Neuartiges bzw. Originelles zu schaffen.

Für die Gestaltung von ausgelagerten Ideenfindungsprozessen bedeutet das, dass Plattformbetreiber*innen ihre Vertreter*innen (z. B. Moderierende) und Ideensuchende entsprechend sensibilisieren sollten in Bezug auf mögliche soziale Einflüsse durch Bewertungserwartung und sozialen Vergleich. Erst auf dieser Basis kann entschieden werden, wie Anforderungen formuliert und inwieweit Bewertung und sozialer Vergleich ermöglicht werden sollen.

Ideensuchende müssen folglich zunächst überlegen, welche Anforderungen sie bezüglich Originalität, Nutzen und Realisierbarkeit an die Ideen stellen. Dementsprechend müssen sie die Aufgabenstellung im *Kontinuum von offen bis ergebnisorientiert* formulieren, ggf. den Prozess im Anschluss steuern, um Lösungsräume zu weiten oder in Richtung Konsens zu verengen.

Zu fragen bleibt, wie Bewertungserwartung und der Vergleich unter den Plattformnutzer*innen sinnvoll moderiert werden kann. Offene Aufgabenstellungen allein werden nicht genügen, um Bewertungsspielräume möglichst groß zu lassen.

Begabte Professionelle Nutzer*innen möchten effizient agieren und auch die Zeit von sogenannten Hobbyisten ist begrenzt. Nachvollziehbar ist auch, dass Ideensuchende bemüht sind, im Laufe des Ideenprozesses Konsens herzustellen, da sie Bewertungskriterien zu Grunde legen, die mitunter deutlich über Originalität und Nützlichkeit hinausgehen.

Es stellt sich die Frage, mit welchen konzeptionellen Möglichkeiten diese Moderation stattfinden kann. Denn Bewertungserwartung kann in Situationen mit angenommener sozialer Präsenz nie ausgeschlossen werden. Analog ist sozialer Vergleich in Situationen der Co-Aktion eine logische Konsequenz.

Um hierfür konkrete Gestaltungsempfehlungen geben zu können, empfiehlt es sich, den Einfluss konkreter Bewertungs- und Vergleichsszenarien zu untersuchen. Es sollte diesbezüglich darauf geachtet werden, nicht allein plattformspezifische Unterschiede zu untersuchen, sondern auch personenspezifische Merkmale zu differenzieren. Die Beantwortung dieser Fragen bedarf einer Überprüfung mittels explanativer Methoden, einschließlich valider Messungen der Konstrukte Motivation und Selbstkonzept.

Die Typenaufteilung in dieser Arbeit in Tüftler*innen/Künstler*innen, Professionelle und Lernende kann hierfür ein Anhaltspunkt sein. Fragen, die es zu beantworten gilt sind z. B.: Wie müssen Anforderungen formuliert werden, damit sie Orientierung bieten, aber nicht zu konformem Handeln verleiten? Wie sinnvoll ist der Einsatz von Stimuli? Wie müssen Bewertungen vollzogen, ggf. formuliert werden, um den Lösungsrahmen entsprechend den eigenen Vorstellungen zu weiten oder enger zu fassen? Wie können Plattformnutzer*innen voneinander profitieren, um kreative Leistungen zu verbessern? Etc.

Schlussendlich gibt die Arbeit eine Antwort auf die Frage, wie die Rolle sozialen Kontextes einzuschätzen ist und welche verschiedenen personen- und auch plattformspezifischen Merkmale mit diesem in welcher Form interagieren. Die Analyse zeigte, dass insbesondere Bewertungserwartung und Vergleich mit anderen kreatives Verhalten im sozialen Umfeld erklären können. Die Frage danach, wie sie in welchen Phasen des kreativen Prozesses unter welchen personenspezifischen und aufgabenspezifischen Bedingungen auf kreatives Verhalten wirken, gilt es weiter zu erforschen.

10 Literatur

Acar, O. A. (2018). Harnessing the creative potential of consumers: money, participation, and creativity in idea crowdsourcing. *Marketing Letters*, 29 (2), 177-188.

Adamson, R. E. (1952). Functional fixedness as related to problem solving: a repetition of three experiments. *Journal of Experimental Psychology*, 44 (4), 288-291.

Afuah, A. & C. L. Tucci (2012). Crowdsourcing as a solution to distant search. *Academy of Management Review*, 37 (3), 355–375.

Allen, R. C. (1983). Collective invention. *Journal of Economic Behavior and Organization*, 4 (1), 1-24.

Allen, V. L. & D. A. Wilder (1977). Social comparison, self-evaluation, and group conformity. In J. M. Suls & R. L. Miller (eds.), *Social Comparison Processes. Theoretical and Empirical Perspectives* (pp. 187-208). Washington & London: Hemisphere Publ.

Allport, F. H. (1924). *Social Psychology*. Boston et al.: Houghton Mifflin Company.

Altmann, J., Bauer, N., Göldner, S., Kalka, R., Solf, A. & D. Schultheiss (2014). Collaborative crowds: A quantitative analysis of collaborative structures on crowdsourcing platforms. *Paper presented at the 16th General Online Research (GOR 14)*, Cologne.

Amabile, T. M. (1979). Effects of external evaluation on artistic creativity. *Journal of Personality and Social Psychology*, 37 (2), 221–233.

Amabile, T. M. (1982). Social psychology of creativity: A consensual assessment technique. *Journal of Personality and Social Psychology*, 43 (5), 997-1013.

Amabile, T. M. (1983). The social psychology of creativity: A componential conceptualization. *Journal of Personality and Social Psychology*, 45 (2), 357-376.

Amabile, T. M. (1996). *Creativity in context*. Colorado: Westview Press.

Amabile, T. M. (1997). Motivating creativity in organizations: On doing what you love and loving what you do. *California Management Review*, 40 (1), 39-58.

Amabile, T. M. (2012). Componential theory of creativity. *Harvard Business School Working Paper*, vol. 12-096, April 2012.

Amabile, T.M. and Mueller, J. S. (2008) Studying creativity, its processes, and its antecedents: An exploration of the componential theory of creativity. In J. Zhou & C. E. Shalley (eds.), *Handbook of Organizational Creativity* (pp. 33-64). New York: Psychology Press.

Amabile, T. M., Goldfarb, P. & S. C. Brackfield (1990). Social influences on creativity: evaluation, coaction, and surveillance. *Creativity Research Journal*, 3 (1), 6-21.

Amabile, T. M. & S. S. Gryskiewicz (1987). *Creativity in the R&D Laboratory*. Greensboro (N.C.): Center for Creative Leadership.

Amabile, T. M, Hennessey, B. A. & B. S. Grossmann (1986). Social influences on creativity. The effects of contracted-for reward. *Journal of Personality and Social Psychology*, 50 (1), 14-23.

Anderson, M. H. (2008). Social networks and the cognitive motivation to realize network opportunities: a study of managers' information gathering behaviors. *Journal of Organizational Behavior*, 29 (1), 51–78.

Anderson, N, Potočnik, K. & J. Zhou (2014). Innovation and creativity in organizations. A state-of-the-science review, prospective commentary, and guiding framework. *Journal of Management,* 40 (5), 1297-1333.

Antoni, C. (2003). Teamarbeit. In A. E. Auhagen & H.-W. Bierhoff (eds.), *Angewandte Sozialpsychologie (pp. 351-365).* Weinheim et al.: Beltz.

Antons, D. & F. T. Piller (2015). Opening the black boy of "not invented here". Attitudes, decisions biases, and behavioral consequences. *Academy of Management Perspectives*, 29 (2), 193-217.

Archak, N. (2010). Money, glory and cheap talk: Analyzing strategic behavior of contestants in simultaneous crowdsourcing contests on TopCoder.com. In M. Rappa & P. Jones (eds.), *Proceedings of WWW'10: The 19th International World Wide Web Conference.* New York: ACM Press, 2010, pp. 21–30.

Asch, S. E. (1951/1963). Effects of group pressure upon the modification and distortion of judgments. In H. Guetzkow (ed.), *Groups, leadership, and men* (pp. 177-190). Pittsburgh: Carnegie Press.

Asch, S. E. (1955). Opinions and social pressure. *Scientific American*, 193 (5), 31–35.

Auhagen, A. E. & H.-W. Bierhoff (eds.) (2003). Angewandte Sozialpsychologie, Weinheim et al.: Beltz.

Baer, M. (2010). The strength-of-weak-ties perspective on creativity: a comprehensive examination and extension. *The Journal of Applied Psychology*, 95(3), 592–601.

Baer, M., Oldham, G. R., & A. Cummings (2003). Rewarding creativity: when does it really matter? *The Leadership Quarterly*, 14 (4), 569-586.

Baer, M., Leenders, R. Th., Oldham, Greg R. & A. Vadera (2010). Win or lose the battle for creativity: The power and perils of intergroup competition. *Academy of Management Journal*, 53 (4), 827–845.

Baker, A. J. (2009). Mick or Keith: blended identity of online rock fans. *Identity in the Information Society*, 2(1), 7–21.

Bargh, J. A., McKenna, K. Y. A. & G. M. Fitzsimons (2002). Can you see the real me? Acti-vation and expression of the "true self" on the internet. *Journal of Social Issues*, 58 (1), 33-48.

Barlett, C. P. (2015). Anonymously hurting others online: The effect of anonymity on cyberbullying frequency. *Psychology of Popular Media Culture*, 4(2), 70–79.

Barron, F. (1955). The disposition toward originality. *Journal of Abnormal and Social Psychology*, 51 (3), 478-485.

Barron, F. & D. M. Harrington (1981). Creativity, intelligence, and personality. *Annual Review of Psychology,* 32 (1), 439-476.

Bartl, M. (2006). Virtuelle Kundenintegration in die Neuproduktentwicklung. Wiesbaden: DUV.

Batinic, B. (ed.) (2000): *Internet für Psychologen*, 2nd ed. Göttingen et al.: Hogrefe.

Bengtsson, M., & S. Kock (2014). Coopetition-quo vadis? Past accomplishments and future challenges. *Industrial Marketing Management*, 43 (2), 180–188.

Bentele, G, Brosius, H.-B. & O. Jarren (eds.) (2003). *Öffentliche Kommunikation: Handbuch Kommunikations- und Medienwissenschaft.* Opladen: Westdt. Verlag.

Bertschek, I., Ohnemus, J., & S. Viete (2016). Befragung zum sozioökonomischen Hintergrund und zu den Motiven von Crowdworkern. Endbericht zur Kurzexpertise (*Bundesministerium für Arbeit und Soziales. Research paper*, vol. 462), Berlin, Mannheim.

Blohm, I., Zogaj, S., Bretschneider, U. & J. M. Leimeister (2018). How to manage crowdsourcing platforms effectively? *California Management Review* 60 (2), 122-149.

Boden, M. A. (ed.) (1996). *Dimensions of Creativity.* Massachusetts: MIT Press.

Boden, M. A. (1996). What is creativity? In ibid. (eds.), *Dimensions of Creativity* (pp. 75-117). Massachusetts: MIT Press.

Boons, M., Stam, D., Barkema, H. G. (2015). Feelings of pride and respect as drivers of ongoing member activity on crowdsourcing platforms. *Journal of Management Studies*, 52 (6), 717-741.

Boudreau, K. J., & K. R. Lakhani (2013). Using the crowd as an innovation partner. *Harvard Business Review*, 91 (4), 61–69.

Bortz, J. & N. Döring (2006). Forschungsmethoden und Evaluation für Human- und Sozialwissenschaftler. 4th ed. Heidelberg: Springer.

Brabham, D. C. (2008). Crowdsourcing as a model for problem solving. An introduction and cases. *Convergence*, 14 (1), 75-90.

Brabham, D. C. (2010). Moving the crowd at Threadless. *Information, Communication & Society*, 13 (8), 1122-1145.

Brabham, D. C. (2011). Moving the crowd at iStockphoto: the composition of the crowd and motivations for participation in crowdsourcing applications', Raw Data Report from the Study. Retrieved from http://dbrabham.files.wordpress.com/2011/01/istock-data-report.pdf [14.06.2012].

Brabham, D. C. (2012). The myth of amateur crowds: A critical discourse analysis of crowdsourcing coverage. *Information, Communication & Society*, 15 (3), 394-410.

Brabham, D. C. (2013). *Crowdsourcing.* Cambridge (Mass.), London: The MIT Press.

Bransford, J. D., Brown, A. L. & R. R. Cocking (2000). *How people learn: brain, mind, experience and school.* Washington D.C.: National Academy Press.

Brass, D. J. (1995). Creativity: It's all in your social network. In C. M. Ford & D. A. Giosa (eds.), *Creative action in organizations* (pp. 94-99). Thousand Oaks, CA: Sage.

Bretschneider, U. (2012). Die Ideen-Community zur Integration von Kunden in den Innovationsprozess: Empirische Analysen und Implikationen. Wiesbaden: Springer Gabler.

Bretschneider, U., Zogaj, S. & J. Leimeister (2012). Wettbewerb vs. Kollaboration: Wie verhalten sich Teilnehmer in Ideenwettbewerben und Ideen Communities? In *VHB Annual Meeting 2012*, Bolzano, Italy. Retrieved from https://www.alexandria.unisg.ch/219755/1/JML_371.pdf [17.08.2016].

Brockhoff, K. (1999). *Produktpolitik,* 4th ed. Stuttgart: Lucius & Lucius.

Brodbeck, K.-H. (1995). *Entscheidung zur Kreativität.* Darmstadt: Wissenschaftliche Buchgesellschaft.

Brown, T. & J. Wyatt (2010). Design thinking for social innovation. *Development Outreach. World Bank.* Retrieved from https://openknowledge.worldbank.org/handle/10986/6068 [27.01.2017].

Bruhn, M., & B. Stauss (2009). Kundenintegration im Dienstleistungsmanagement – Eine Einführung in die theoretischen und praktischen Problemstellungen. In Ibid. (eds.), *Kundenintegration.* Wiesbaden: Gabler.

Bullinger, A. C. & K. Moeslein (2010). Innovation contests – Where are we? *AMCIS 2010 Proceedings.* Paper 28. Retrieved from http://aisel.aisnet.org/amcis2010/28 [25.03.2014].

Bullinger, A. C., Neyer, A.-K., Rass, M., & K. Moeslein (2010). Community-based innovation contests: Where competition meets cooperation. *Creativity and Innovation Management,* 19 (3), 290–303.

Burkart, R. (1998). Kommunikationswissenschaft. Grundlagen und Problemfelder. Umrisse einer interdisziplinären Sozialwissenschaft, 3rd ed. Vienna et al.: Böhlau.

Burmeister, K., Neef, A. & P. Linnebach (2006). Innovation im Kontext: Ansätze zu einer offenen Innovationsstrategie. In O. Drossou, S. Krempl & A. Poltermann, A. (eds.), *Die wunderbare Wissensvermehrung. Wie Open Innovation unsere Welt revolutioniert* (pp. 24-33). Hannover: Heise.

Büttgen, M. (2006). Kundenintegration in den Dienstleistungsprozess. Eine verhaltenswissenschaftliche Untersuchung. Cologne: Deutscher Universitätsverlag.

Büttgen, M. (2009): Kundenintegration in Innovationsprozesse unter Einsatz von Web 2.0-Anwendungen. In K. Gelbrich & R. Souren (eds.), *Kundenintegration und Kundenbindung. Wie Unternehmen von ihren Kunden profitieren* (pp. 55-65). Wiesbaden: Gabler.

Byron, K. & S. Khazanchi (2012). Rewards and creative performance: A meta-analytic test of theoretically derived hypotheses. *Psychological Bulletin,* 138 (4), 809-830.

Chen, C, Shenle, P., Zhu, W. & R. Zhong (2017) Using taxis to collect citywide E-commerce reverse flows: a crowdsourcing solution. *International Journal of Production Research*, 55(7), 1833-1844.

Chen, C. X., Williamson, M. G., & F. H. Zhou (2012). Reward system design and group creativity: An experimental investigation. *The Accounting Review*, 87 (6), 1885–1911.

Chesbrough, H. W. (2003). Open Innovation. The New Imperative for Creating and Profiting from Technology. Boston: Harvard Business School Press.

Collins, M. A. & T. M. Amabile (1999). Motivation and creativity. In R. J. Sternberg (ed.), *Handbook of Creativity* (pp. 297-312). Cambridge et al.: Cambridge University Press.

Conti, R., & T. M. Amabile (2011). Motivation. In M. A. Runco (ed.), *Encyclopedia of Creativity* (pp. 147-152). 2nd ed. Amsterdam: Academic Press/Elsevier.

Conti, R. Collins, M. A. & M. L. Picariello (2001). The impact of competition on intrinsic motivation and creativity: considering gender, gender segregation and gender role orientation. *Personality and Individual Differences.* 31 (8), 1273–1289.

Cooper, R. G. (1979a). The dimensions of new product success and failure. *Journal of Marketing*, 43 (3), 93-103.

Cooper, R. G. (1979b). Identifying industrial new product success: Project NewProd. *Industrial Marketing Management*, 8 (2), 124-135.

Cottrell, N. B. (1972). Social Facilitation. In C. G. McClintock (ed.). *Experimental Social Psychology* (pp. 185-236). New York et al.: Holt, Rinehart and Winston.

Cottrell, N. B., Wack, D. L. & R. H. Rittle (1968). Social facilitation of dominant responses by the presence of an audience and the mere presence of others. *Journal of Personality and Social Psychology*, 9 (3), 245-250.

Cropley, A. (2006). In praise of convergent thinking. *Creativity Research Journal*, 18 (3), 391-404.

Crutchfield, R. S. (1955). Conformity and character. *American Psychologist*, 10 (5), 191–198.

Csikszentmihaly, M. (1988). Motivation and creativity: Toward a synthesis of structural and energistic approaches to cognition. *New Ideas in Psychology*, 6 (2), 159-176.

Csikszentmihalyi, M. (1997). Creativity: Flow and the psychology of discovery and invention. New York: Harper Perennial.

Daft, R. L., & R. H. Lengel (1986). Organizational Information Requirements, Media Richness and Structural Design. *Management Science*, 32 (5), 554–571.

Deci, E. L. (1971). Effects of externally mediated rewards on intrinsic motivation. *Journal of Personality and Social Psychology, 18* (1), 105-115.

Deci, E. L., Koestner, R., & R. M. Ryan (1999). A meta-analytic review of experiments examining the effects of extrinsic rewards on intrinsic motivation. *Psychological bulletin*, *125* (6), 627-668.

De Jesus, S. N., Rus, C. L., Lens, W., & S. Imaginário (2013). Intrinsic motivation and creativity related to product: A meta-analysis of the studies published between 1990–2010. *Creativity Research Journal*, 25 (1), 80–84.

Deutsch, M., & H. B. Gerard (1955). A study of normative and informational social influences upon individual judgment. *The Journal of Abnormal and Social Psychology,* 51 (3), 629–636.

Dewey, J. (1910). *How we think*. Bosten et al.: Heath and Co. Publishers. Retrieved from http://archive.org/stream/howwethink000838mbp#page/n7/mode/2up [08.03.2013].

Dickhäuser, O. (2006). Fähigkeitsselbstkonzepte. Entstehung, Auswirkung, Förderung. *Zeitschrift Für Pädagogische Psychologie*, 20 (1/2), 5–8.

Dickhäuser, O., Schöne, C., Spinath, B., & J. Stiensmeier-Pelster (2002). Die Skalen zum akademischen Selbstkonzept. *Zeitschrift Für Differentielle Und Diagnostische Psychologie*, 23 (4), 393–405.

Diehl, M., & W. Stroebe (1987). Productivity loss in brainstorming groups: Toward the solution of a riddle. *Journal of personality and social psychology*, 53 (3), 497-509.

Diekmann, A. (2012). Empirische Sozialforschung. Grundlagen, Methoden, Anwendungen. 6th ed. Reinbek: Rowohlt.

Dissanayake, I., Zhang, J. & B. Gu (2015): Task division for team success in crowdsourcing contests. *Journal of Management Information Systems*, 32 (2), 8-39.

Döring, N. (1999). Sozialpsychologie des Internet: die Bedeutung des Internet für Kommunikationsprozesse, Identitäten, soziale Beziehungen und Gruppen. Göttingen et al.: Verlag für Psychologie.

Döring, N. (2000): Kommunikation im Internet: Neun theoretische Ansätze. In B. Batinic (ed.), *Internet für Psychologen* (pp. 345-377). 2nd ed. Göttingen et al.: Hogrefe.

Döring, N. (2010). Sozialkontakte online: Identitäten, Beziehungen, Gemeinschaften. In W. Schweiger & K. Beck (eds.), *Handbuch Online-Kommunikation* (pp. 159–181). Wiesbaden: VS Verlag für Sozialwissenschaften/Springer Fachmedien.

Döring, N., & J. Bortz (2016). Forschungsmethoden und Evaluation in den Sozial- und Humanwissenschaften, 5th ed. Berlin, Heidelberg: Springer.

Drazin, R., Glynn, M. A. & R. K. Kazanjian (1999). Multilevel theorizing about creativity in organizations. A sensemaking perspective. *Academy of Management Review*, 24 (2), 286-307.

Dreyfus, S. E. (2004). The Five-Stage Model of Adult Skill Acquisition. *Bulletin of Science, Technology & Society*, 24 (3), 177-181.

Drossou, O, Krempl, S. & A. Poltermann, A. (eds.) (2006): Die wunderbare Wissensvermehrung. Wie Open Innovation unsere Welt revolutioniert. Hannover: Heise.

Drossou, Olga, Krempl, Stefan & A. Poltermann (2006). Der Kampf um die Innovationsfreiheit. Der Bit Bang des Wissens und seine Sprengkraft. In Ibid. (eds.), *Die wunderbare Wissensvermehrung. Wie Open Innovation unsere Welt revolutioniert* (pp. 1-10). Hannover: Heise

Drucker, P. F. (1974/2011). *Management: Tasks, Responsibilities, Practices.* New York: Routledge.

Dubrovsky, V. J., Kiesler, S., & B. N. Sethna (1991). The Equalization Phenomenon. Status Effects in Computer-Mediated and Face-to-Face Decision-Making Groups. *Human-Computer Interaction,* 6 (2), 119–146.

Duden (2005). *Die deutsche Rechtschreibung,* 24th ed. Mannheim et al.: Dudenverlag.

Duncker (1935). Zur Psychologie des produktiven Denkens. Berlin: Springer.

Dunning, D. & A. F. Hayes (1996). Evidence for egocentric comparison in social judgment. *Journal of Personality and Social Psychology*, 71 (2), 213-229.

Durward, D., Blohm, I. & J. M. Leimeister (2016). Crowd Work. *Business & Information Systems Engineering (BISE)*, 58 (4), 281-286.

Ebner, W. (2008). Community Building for Innovations – Der Ideenwettbewerb als Methode für die Entwicklung und Einführung einer virtuellen Innovations-Gemeinschaft. Retrieved from http://d-nb.info/993279864/34 [21.08.2013].

Eickhoff, C., Harris, C. G., de Vries, A. P., & P. Srinivasan (2012). Quality through flow and immersion: gamifying crowdsourced relevance assessments. In *Proceedings of the 35th international ACM SIGIR conference on Research and development in information retrieval* (pp. 871-880). ACM.

Eisenberger, R., & L. Rhoades (2001). Incremental effects of reward on creativity. *Journal of personality and social psychology*, 81 (4), 728-741.

Ellamil, M., Dobson, C., Beeman, M. & K. Christoff (2012). Evaluative and generative modes of thought during the creative process. *NeurImage,* 59 (2), 1783-1794.

Enkel, E., Kausch, C. & O. Gassmann (2005). Managing the Risk of Customer Integration. *European Management Journal*, 23 (2), 203–213.

Ericsson, K. A. & A. C. Lehmann (2011). Expertise. In M. A. Runco (ed.), *Encyclopedia of Creativity* (pp. 488-496). 2nd ed. Amsterdam: Academic Press/Elsevier.

Ernst, H. (2002). Success factors of new product development: a review of the empirical literature. *International Journal of Management Reviews*, 4 (1), 1–40.

Estellés-Arolas, E. & F. Gonzáles-Ladrón-de-Guevara (2012). Towards an integrated crowdsourcing definition. *Journal of Information Science,* 38 (2), 189-200.

Faullant, R. & G. Dolfus (2017). Everything community? Destructive processes in communities of crowdsourcing competitions. *Business Process Management Journal,* 23 (6), 1108-1128.

Feist, G. J. (2010). The function of personality in creativity: The nature and nurture of the creative personality. In J. C. Kaufman & R. J. Sternberg (eds.), *The Cambridge Handbook of Creativity* (pp. 113-130). Cambridge et al.: Cambridge University Press.

Feldhusen, J. F. (2006): The Role of the Knowledge Base in Creative Thinking. In J. C. Kaufman & J. Baer (eds.), *Creativity and Reason in Cognitive Development* (pp. 137-144). Cambridge et al.: Cambridge University Press.

Feng, Y., Ye, H. J., Yang, C. & Cui T. (2018) Gamification artifacts and crowdsourcing participation: Examining the mediating role of intrinsic motivations. *Computers in Human Behavior*, 81, 124-136.

Festinger, L. (1950). Informal social communication. *Psychological Review*, 57 (5), 271–82.

Festinger, L. (1954). A theory of social comparison processes. *Human Relations,* 7 (2), 117-140.

Fischer, L. & G. Wiswede (2002). *Grundlagen der Sozialpsychologie.* 2nd ed. Munich, Vienna: Oldenbourg.

Flick, U. (2017). *Qualitative Sozialforschung. Eine Einführung.* 8th ed. Reinbek b. Hamburg: Rowohlt.

Ford, C. M. & D. A. Giosa (eds.) (1995). *Creative action in organizations.* Thousand Oaks, CA: Sage.

Forgas, J. P. (1995). Soziale Interaktion und Kommunikation. Eine Einführung in die Sozialpsychologie. 3rd ed. Weinheim: Beltz.

Forgeard, M. J. C. & A. C. Mecklenburg (2013). The two dimensions of motivation and a reciprocal model of the creative process. *Review of General Psychology,* 17 (3), 255-266.

Fortwengel, J, Schüßler, E. & J. Sydow (2016). Studying organizational creativity as process. Fluidity or duality? *Creativity and Innovation Management*, 26 (1), 5-16.

Franke, N. & S. Shah (2003). How communities support innovative activities: an exploration of assistance and sharing among end-users. *Research Policy*, 32 (1), 157-178.

Franke, N. & M. Schreier (2002). Entrepreneurial Opportunities with Toolkits for User Innovation and Design. *The International Journal on Media Management*, 4 (4), 225-234.

Frensch, P. A. & R. J. Sternberg (1989). Expertise and intelligent thinking. When is it worse to know better? In R. J. Sternberg (ed.), *Advances in the psychology of human intelligence* (pp. 157-188). 5th ed. Hillsdale: Earlbaum.

Frey, D. & S. Greif (eds.) (1997). *Sozialpsychologie. Ein Handbuch in Schlüsselbegriffen*, 4th ed. Weinheim: Psychologie Verlags Union.

Frey, K., Haag, S. & Schneider, V. (2011). The role of interests, abilities, and motivation in online idea contests. In *Wirtschaftinformatik Proceedings 2011*, Paper 71. Retrieved from http://aisel.aisnet.org/wi2011/71 [14.09.2016].

Frey, D. (1997). Kognitive Theorien. In D. Frey & S. Greif (eds.), *Sozialpsychologie. Ein Handbuch in Schlüsselbegriffen* (pp. 50-67). 4th ed. Weinheim: Psychologie Verlags Union.

Fuger, S., Schimpf, R., Füller, J & K. Hutter (2017). User roles and team structures in a crowdsourcing community for international development - a social network perspective. *Information Technology for Development*, 23 (3), 438-462.

Füller, J. (2010). Refining Virtual Co-Creation from a Consumer Perspective. *California Management Review*, 52 (2), 98–122.

Füller, J., Bartl, M., Ernst, H., & H. Mühlbacher (2006). Community based innovation: How to integrate members of virtual communities into new product development. *Electronic Commerce Research*, 6 (1), 57–73.

Funke, J. (2000). Psychologie der Kreativität. In R. M. Holm-Hadulla & J. Assmann (eds.), *Kreativität* (pp. 283–300). Berlin, Heidelberg et al.: Springer.

Galinsky, A. D., Magee, J. C., Gruenfeld, D. H., Whitson, J. A., & K. A. Liljenquist (2008). Power reduces the press of the situation: implications for creativity, conformity, and dissonance. *Journal of Personality and Social Psychology*, 95 (6), 1450–1466.

Gallupe, R. B., Bastianutti, L. M., & W. H. Cooper (1991). Unblocking brainstorms. *The Journal of Applied Psychology*, 76 (1), 137–42.

Gassmann, O. (2010). Crowdsourcing. Innovationsmanagement mit Schwarmintelligenz. Munich: Carl Hanser.

Gassmann, O., Kausch, C. & E. Enkel (2005). Einbeziehung des Kunden in einer frühen Phase des Innovationsprozesses. *Thexis*, 22 (2). Retrieved from www.alexandria.unisg.ch/EXPORT/DL/20412.pdf [07.01.2008].

Geiger, D., Seedorf, S., Schulze, T., Nickerson, R. & M. Schader (2011). Managing the Crowd. Towards a Taxonomy of Crowdsourcing Processes. In *Proceedings of the Seventeenth Americas Conference on Information Systems.* (AMCIS 2011) Atlanta, Ga.

Ghezzi, A., Gabelloni, D, Martini, A. u. Natalicchio, A. (2018). Crowdsourcing: A review and suggestions for future research. *International Journal of Management Reviews*, 20 (2), 343-363.

Gillier, T., Chaffois, C., Belkhouja, M, Roth & B. Bayus (2018). The effects of tasks instructions in crowdsourcing innovative ideas. *Technological Forecasting and Social Change*, 134, 35-44.

Gläser, J. & G. Laudel (2010). *Experteninterviews und qualitative Inhaltsanalyse.* 4th ed. Wiesbaden: VS Verlag, Springer Fachmedien.

Goethals, G. R. & Darley, J. M. (1977). Social Comparison Theory. In J. M Suls & R. L. Miller (eds.), *Social comparison processes. Theoretical and empirical perspectives* (pp. 259-278). Washington, London: Hemisphere Publ.

Goffman, E. (2012). Wir alle spielen Theater. Die Selbstdarstellung im Alltag. 11th ed. Munich: Piper.

Goncalo, J. A., & M. M. Duguid (2012). Follow the crowd in a new direction: When conformity pressure facilitates group creativity (and when it does not). *Organizational Behavior and Human Decision Processes,* 118 (1), 14–23.

Goncalves, J., Hosio, S., Rogstadius, J, Karapanos, E., V. Kostakos (2015). Motivating participation and improving quality of contribution in ubiquitous crowdsourcing. *Computer Networks*, 90, 34-48.

Goodman, J. K., Paolacci, G (2017). Crowdsourcing Consumer Research. *Journal of Consumer Research.* 44 (1), 196-210

Graevenitz, G. & J. Mittelstraß (eds.) (2008). Kreativität ohne Fesseln. Über das Neue in Wissenschaft, Wirtschaft und Kultur. Konstanz: UVK.

Granovetter, M. S. (1973). The strength of weak ties. *American Journal of Sociology,* 78 (6), 1360–1380.

Gruner, K. E. (1997). Kundeneinbindung in den Produktinnovationsprozeß. Bestandsaufnahme, Determinanten und Erfolgsauswirkungen. Wiesbaden: Gabler.

Gunawardena, C. N. (1995). Social presence theory and implications for interaction and collaborative learning in computer conferences. *International Journal of Educational Telecommunications*, 1 (2/3), 147–166.

Guerin, B. (1986). Mere presence effects in humans: A review. *Journal of Experimental Social Psychology*, 22. 38-77.

Guetzkow, H. (ed.) (1963). *Groups, leadership, and men.* Pittsburgh: Carnegie Press.

Guilford, J. P. (1950). Creativity. *American Psychologist, 5* (9), 444-454.

Guilford, J. P. (1956). The structure of intellect. *Psychological Bulletin.* 53 (4), 267-293.

Guilford, J. P. (1979). Some incubated thoughts on incubation. *Journal of Creative Behavior*, 13 (1), 1–8.

Gurteen, D. (1998). Knowledge, creativity and innovation. *Journal of knowledge* Management, 2 (1), 5-13.

Guth, K., Brabham, D. C. (2017). Finding the diamond in the rough: Exploring communication and platform in crowdsourcing performance. *Communication Monographs*, 84 (4), 510-533.

Güttler, P. O. (1996). Sozialpsychologie. Soziale Einstellungen, Vorurteile, Einstellungsänderungen. 2nd ed. Munich, Vienna: Oldenbourg.

Haefele, John W. (1962). *Creativity and innovation.* New York: Reinhold Publishing Corp.

Hallerstede, S. H., Neyer, A., Bullinger, A. C., & K. M. Möslein (2010). Normalo? Tüftler? Profi? Eine Typologisierung von Innovationswettbewerben. In M. Schumann, L. M. Kolbe, M. H. Breitner & A. Frerichs (eds.), *Multikonferenz Wirtschaftsinformatik 2010 MKWI (pp. 1229-1240).* Göttingen: Univ.-Verlag Göttingen.

Halperin, R. & J. Blackhouse (2008). A roadmap for research on identity in the information society. *Identity in the Information Society Journal*, 1 (1), 71-87.

Harhoff, D., Henkel, J. u. E. von Hippel (2003). Profiting from voluntary information spillovers: How users benefit by freely revealing their innovations. *Research Policy*, 32, 1753-1769.

Harkins, S. (1987). Social loafing and social facilitation. *Journal of experimental social psychology*, 23, 1-18.

Hauschildt, J. & S. Salomo (2011). *Innovationsmanagement.* 5th ed. Munich: Vahlen.

Heckhausen, J. & H. Heckhausen (eds.) (2010). *Motivation und Handeln,* 4th ed., Heidelberg: Springer.

Heckhausen, J., & H. Heckhausen (2010). Motivation und Handeln: Einführung und Überblick. In J. Heckhausen & H. Heckhausen (eds.), *Motivation und Handeln* (pp. 1-9). 4th ed. Heidelberg: Springer.

Heider, F. (1958). *The Psychology of Interpersonal Relations.* Hillsdale: Laurence Earlbaum Associates.

Helmholtz, H. v. (1896). *Vorträge und Reden. Zweiter Band.* Braunschweig: Friedrich Vieweg und Sohn.

Hemetsberger, A. (2001). Fostering cooperation on the Internet, social exchange processes in innovative virtual consumer communities. *Paper presented at the annual ACR (Association for Consumer Research) conference 2001 in Austin,* Texas.

Hemlin, S., Allwood, C. M. & B. R. Martin (2004). *Creative knowledge environments: The influences on creativity in research and innovation.* Cheltenham, Northampton: Edward Elgar.

Henkel, J. & J. G. Sander (2007). Identifikation innovativer Nutzer in virtuellen Communities. In C. Herstatt & B. Verworn (eds.), *Management der frühen Innovationsphasen* (pp. 77-107). 2nd ed. Wiesbaden: Gabler.

Hennessey, B. A. (1994). The Consensual Assessment Technique: An examination of the relationship between ratings of product and process creativity. *Creativity Research Journal,* 7 (2), 193-208.

Hennessey, B. A. (2003). Is the social psychology of creativity really social? Moving beyond a focus on the individual. In P. B. Paulus & B. A. Nijstad (eds.), *Group creativity. Innovation through collaboration* (pp. 181-201). Oxford & New York: Oxford University Press.

Hennessey, B. A. (2010). The Creativity-Motivation Connection. In J. C. Kaufman & R. J. Sternberg (eds.), *The Cambridge Handbook of Creativity* (pp. 342-365). Cambridge et al.: Cambridge University Press.

Hennessey, B. A., & Amabile, T. M. (1988). The Conditions of creativity. In R. J. Sternberg (ed.), *The Nature of creativity: Contemporary psychological perspectives* (pp. 11-38). Cambridge: Cambridge University Press.

Hensel, I., Koch, J., Kocher, E. & A. Schwarz (2016). Crowdworing als Phänomen der Koordination digitaler Erwerbsarbeit - Eine interdisziplinäre Perspektive. *Industrielle Beziehungen*, 23 (2), 162-186.

Herfordt, J. E. (2008). Soziale Erleichterung: Die Erleichterung kognitiver Prozesse durch die bloße Anwesenheit einer weiteren Person. (Doctoral dissertation). Retrieved from https://www.freidok.uni-freiburg.de/fedora/objects/freidok:5711/datastreams/FILE1/content [17.04.2018].

Herrmann, A., Hertel, G, Virt, W. & F. Huber (eds.) (2000). *Kundenorientierte Produktgestaltung*, Munich: Vahlen.

Herrmann, A. & Huber, F. (2000). Kundenorientierte Produktgestaltung - Ziele und Aufgaben. In A. Herrmann, G. Hertel, W. Virt & F. Huber (eds.), *Kundenorientierte Produktgestaltung* (pp. 3-18). Munich: Vahlen.

Herstatt, C. (2007). Management der frühen Phasen von Breakthrough-Innovationen. In C. Herstatt & B. Verworn (eds.), *Management der frühen Innovationsphasen* (pp. 295-314). 2nd ed. Wiesbaden: Gabler.

Herstatt, C. & J. G. Sander (eds.) (2004). Produktentwicklung mit virtuellen Communities, Kundenwünsche erfahren und Innovationen realisieren. Wiesbaden: Gabler.

Herstatt, C. & B. Verworn (eds.) (2007). *Management der frühen Innovationsphasen.* 2nd ed. Wiesbaden: Gabler.

Hewstone, M. & R. Martin (2007). Sozialer Einfluss. In K. Jonas, W. Stroebe & M. Hewstone (eds.), *Sozialpsychologie* (pp. 269-313). 5th ed. Berlin, Heidelberg: Springer.

Holm-Hadulla, R. M. & J. Assmann (eds.) (2000). *Kreativität*, Berlin, Heidelberg et al.: Springer.

Howe, J. (2006). The rise of crowdsourcing. Retrieved from http://www.wired.com/wired/archive/14.06/crowds.html [9.11.2009].

Howe, J. (2008): Crowdsourcing. Why the power of the crowd is driving the future of business. New York: Three Rivers Press.

Hunt, P. J., & Hillery, J. M. (1973). Social facilitation in a coaction setting: An examination of the effects over learning trials. *Journal of Experimental Social Psychology*, 9 (6), 563-571.

Huston, L. & N. Sakkab (2006). Connect and develop. Inside Procter & Gamble's new model for innovation. *Harvard Business Review,* 84 (3), 58-66.

Hutter, K., Hautz, J., Füller, J., Mueller, J., & K. Matzler (2011). Communitition: The tension between competition and collaboration in community-based design contests. *Creativity and Innovation Management*, 20 (1), 3-21.

Jäckel, M. (1997). Interaktion. Soziologische Anmerkung zu einem Begriff. In M. Gottschllich & W. R. Langenbucher (eds.), *Publizistikwissenschaft und Kommunikationswissenschaft. Ein Textbuch zur Einführung* (pp. 91-103). Vienna: Braumüller.

Jeon, K.-N., Moon, S. M. & B. French (2011). Differential effects of divergent thinking, domain knowledge, and interest on creative performance in art and math. *Creativity Research Journal,* 23 (1), 60–71.

Jeppesen, L. B., K. R. Lakhani (2010). Marginality and problem-solving effectiveness in broadcast search, *Organization Science,* 21 (5), 1016-1033.

Jonas, K., Stroebe, W. & M. Hewstone (eds.) (2007). *Sozialpsychologie*, 5th ed. Berlin, Heidelberg: Springer.

Kavaliova, M, Virjee, F, Maehle, N., Kleppe, I. & T. Nisar (2016). Crowdsourcing innovation and product development: Gamification as a motivational driver. *Cogent Business & Management*, 3 (1), 1-o. A.

Kaplan, S., Brooks-Shesler, L., King, E. B., & S. Zaccaro (2009). Thinking inside the box: How conformity promotes creativity and innovation. In E. A. Mannix, M. A. Neale & J. A. Goncalo (eds.), *Research on managing groups and teams: Creativity in groups* (pp. 229–265). 12th ed. Bingley: Emerald Group Publishing.

Kaplan, A. M., & M. Haenlein (2010). Users of the world, unite! The challenges and opportunities of social media. *Business Horizons,* 53 (1), 59–68.

Karau, S., & K. D. Williams (1993). Social Loafing : A meta-analytic review and theoretical integration. *Journal of Personality and Social Psychology*, 65 (4), 681–706.

Kasperson, C. J. (1978). Psychology of the scientist: XXXVII. Scientific creativity: A relationship with information channels. *Psychological Reports*, 42 (3), 691–694.

Kaufman, J. C. & J. Baer (eds.) (2006). *Creativity and reason in cognitive development.* Cambridge et al.: Cambridge University Press.

Kaufman, J. C., & R. A. Beghetto (2009). Beyond big and little: The four c model of creativity. *Review of General Psychology,* 13 (1), 1–12.

Kaufman, J. C. & R. J. Sternberg (eds.) (2010). *The Cambridge Handbook of Creativity.* Cambridge et al.: Cambridge University Press.

Kaufman, A. B., Kornilov, S. A., Bristol, A. S., Tan, M. & E. L. Grigorenko (2010). The neurobiological foundation of creative cognition. In J. C. Kaufman & R. J. Sternberg (eds.): *The Cambridge Handbook of Creativity* (pp. 216-232). Cambridge et al.: Cambridge University Press.

Kaulio, M. A. (1998). Customer, consumer and user involvement in product development: A framework and a review of selected methods. *Total Quality Management & Business Excellence*, 9 (1), 141–149.

Kelle, U. & S. Kluge (2010). Vom Einzelfall zum Typus. Fallvergleich und Fallkontrastierung in der qualitativen Sozialforschung. 2nd ed. Wiesbaden. VS Verlag, Springer Fachmedien.

Khurana, A. & S. R. Rosenhal (1997). Integrating the fuzzy front end of new product development. *Sloan Management Review*, 38, 269-279.

Kilgour, M. & S. Koslow (2009). Why and how do creative thinking techniques work? Trading off originality and appropriateness to make more creative advertising, *Journal of the Academy of Marketing Science,* 27 (3), 298-309.

Kim, K. H., Cramond, B. & J. VanTassel-Baska (2010). The relationship between creativity and intelligence. In J. C. Kaufman & R. J. Sternberg (eds.) *The Cambridge handbook of creativity* (pp. 395-412). New York: Cambridge University Press.

Kim, J. u. Wilemon, D. (1994). Focusing the fuzzy front-end in new product development. *R&D Management,* 32 (4), 269-279.

Kim, S. K., Shin, S. J., Shin, J. & D. R. Miller (2016). Social networks and individual creativity. The role of individual differences. *The Journal of Creative Behavior.* 52 (4), 285–296.

Kirchmann, E. M. (1994). Innovationskooperation zwischen Herstellern und Anwendern. Wiesbaden: Dt. Univ.-Verl.

Kittur, A. (2010). Crowdsourcing, collaboration and creativity. *XRDS,* 17 (2), 22-26.

Kleinschmidt, E. J., Geschka, H. & R. G. Cooper (1996). *Erfolgsfaktor Markt. Kundenorientierte Produktinnovation.* Berlin, Heidelberg et al.: Springer.

Klieme, E., & J. Hartig (2007). Kompetenzdiagnostik in den Sozialwissenschaften und im erziehungswissenschaftlichen Diskurs. *Zeitschrift für Erziehungswissenschaft,* 10 (8), 11–29.

Koestler, Arthur (1964). *The Act of Creation.* London et al.: Hutchinson & Co.

Koestner, R., Ryan, R. M., Bernieri, F., & K. Holt (1984). Setting limits on children's behavior: The differential effects of controlling vs. informational styles on intrinsic motivation and creativity. *Journal of Personality,* 52 (3), 233–248.

Kohler, T. (2015). Crowdsourcing-based business models: How to create and capture value. *California Management Review,* 57 (4), 63-84.

Köhler, R. (ed.) (1977). Empirische und handlungstheoretische Forschungskonzeptionen in der Betriebswirtschaftslehre. Stuttgart: Poeschel.

Kosonen, M., Gan, C., Vanhala, M., Blomqvist, K. (2014). User motivation and knowledge sharing in idea crowdsourcing. *International Journal of Innovation Management,* 18 (5), 1-23.

Kozbelt, A., Beghetto, R.A. & M. A. Runco (2010). Theories of Creativity. In J. C. Kaufman, & R. J. Sternberg (eds.), *The Cambridge Handbook of Creativity* (pp. 20-47). Cambridge et al.: Cambridge University Press.

Kristensson, P., Gustafsson, A. & T. Archer (2004). Harnessing the Creative Potential among Users. *The Journal of Product Innovation Management,* 21 (1), 4-14.

Krueger, J. (2000). The Projective Perception of the Social World. A Building Block of Social Comparison Processes. In J. M. Suls & L. Wheeler (eds.), *Handbook of Social Com*parison. Theory and Research (pp. 323-353). New York et al.: Kluwer Acad./Plenum Publ.

Kubicek, H. (1977): Heuristischer Bezugsrahmen und heuristisch angelegte Forschungsdesigns als Elemente einer Konstruktionsstrategie empirischer Forschung, In R. Köhler (ed.), *Empirische und handlungstheoretische Forschungskonzeptionen in der Betriebswirtschaftslehre* (pp. 3-36). Stuttgart: Poeschel.

Kuckartz, U. (2016). Qualitative Inhaltsanalyse. Methoden, Praxis, Computerunterstützung, 3rd ed. Weinheim, Basel: Beltz Juventa.

Kuckartz, U. (2010). Einführung in die computergestützte Analyse qualitativer Daten, 3rd ed. Wiesbaden: VS Verlag für Sozialwissenschaften.

Kuhlen, R. (2006). Open Innovation: Teil einer nachhaltigen Wissensökonomie. In O. Drossou, S. Krempl & A. Poltermann (eds.), *Die wunderbare Wissensvermehrung. Wie Open Innovation unsere Welt revolutioniert (pp. 12-23).* Hannover: Heise.

Lamm, H. & G. Trommsdorff (1973). Group versus individual performance on tasks requiring ideational proficiency (brainstorming): A review. *European Journal of Social Psychology,* 3 (4), 361-388.

Latané, B. (1981). The Psychology of Social Impact. *American Psychologist,* 36 (4), 343–356.

Latané, B., Williams, K., & S. Harkins (1979). Many hands make light the work : The causes and consequences of social loafing. *Journal of Personality and Social Psychology*, 37 (6), 822–832.

Leadbeater, C. & P. Miller (2004). The Pro-Am Revolution. How enthusiasts are changing our economy and society. London: Demos.

Leimeister, M., & S. Zogaj (2013). Neue Arbeitsorganisation durch Crowdsourcing: Eine Literaturstudie. *Working paper, Arbeit und Soziales, vol. 287,* Düsseldorf. Retrieved from http://www.boeckler.de/6299.htm?produkt=HBS-005591 [22.09.2014].

Lepper, M. R., & D. Greene (1978). The hidden costs of reward: New perspectives on the psychology of human motivation. Oxford, England: Lawrence Erlbaum.

Lepper, M. R., Greene, D., & R. E. Nisbett (1973). Undermining children's intrinsic interest with extrinsic reward: A test of the "overjustification" hypothesis. *Journal of Personality and Social Psychology*, 28 (1), 129–137.

Levitt, T. (1963/2002). Creativity is not enough. *Harvard Business Review*, 80 (8), 137–146.

Lilien, G. L., Morrison, P. D., Searls, K., Sonnack, M. & E. von Hippel (2002). Performance assessment of the lead user idea-generation process for new product development, *Management Science,* 48 (8), 1042-1059.

Lubart, T. I. (2000/2001). Models of the creative process: past, present and future. *Creativity Research Journal*, 13 (3/4), 295–308.

Lubart, T. (2005). How can computers be partners in the creative process: Classification and commentary on the special issue, *International Journal of Human-Computer Studies*, 63 (4-5), 365–369.

Lüthje, C. (2000). *Kundenorientierung im Innovationsprozess.* Wiesbaden: Dt. Univ.-Verlag.

Lüthje, C. (2004). Characteristics of innovating users in a consumer goods field. An empirical study of sport-related product consumers. *Technovation*, 24 (9), 683-695.

Lüthje, C. (2007). Methoden zur Sicherstellung von Kundenorientierung in den frühen Phasen des Innovationsprozesses. In C. Herstatt & B. Verworn (eds.), *Management der frühen Innovationsphasen. Grundlagen – Methoden – Neue Ansätze* (pp. 39-60). 2nd ed. Wiesbaden: Gabler.

Maginn, B. K. & R. J. Harris (1980). Effects of anticipated evaluation on individual brainstorming performance. *Journal of Applied Psychology,* 65 (2), 219-225.

Maher, M. L (2010): Evaluating creativity in humans, computers, and collectively intelligent systems. *Proceedings of the 1st DESIRE Network Conference on Creativity and Innovation in Design* (pp. 22-28). Lancaster, UK: Desire Network.

Mannix, E. A., Neale, M. A. & J. A. Goncalo (eds.) (2009). *Research on managing groups and teams: Creativity in groups*, 12th ed. Bingley: Emerald Group Publishing.

Marsh, H. W. (2005). Big-Fish-Little-Pond Effect on Academic Self-Concept. *Zeitschrift Für Pädagogische Psychologie,* 19 (3), 119–129.

Martindale, C. (1999): Biological Bases of Creativity. In R. J. Sternberg (ed.), *Handbook of Creativity* (pp. 137-152). Cambridge et al: Cambridge University Press.

Mayer, R. E. (1999): Fifty Years of Creativity Research. In R. J. Sternberg (ed.), *Handbook of Creativity* (pp. 449-460). Cambridge: Cambridge University Press.

McClintock, C. G. (ed.) (1972). *Experimental Social Psychology.* New York et al.: Holt, Rinehart and Winston.

McKenna, K. Y. A. & J. A. Bargh (2000). Plan 9 from cyberspace: The implications of the internet for personality and social psychology. *Personality and Social Psychology Review,* 4 (1), 57-75.

Mednick, S. A. (1962). The associative basis of the creative process. *Psychological Review,* 69 (3), 220-232.

Missling, E. (2011). Was motiviert die Crowd? Retrieved from http://www.crowdsourcingblog.de/blog/2011/07/02/was-motiviert-die-crowd/ [12.06.2013].

Missling, E. (2012). Creative Crowdsourcing etabliert sich in Deutschland und schlägt neue Wege ein. In C. Pelzer, K. Wenzlaff & J. Eisfeld-Reschke (eds.), *Crowdsourcing Report 2012. Neue Digitale Arbeitswelten* (pp. 26-27). Berlin: epubli.

Mittelstraß, J. (2008). Zur Einführung in den Kreativitätsbegriff. In G. Graevenitz & J. Mittelstraß (eds.), *Kreativität ohne Fesseln. Über das Neue in Wissenschaft, Wirtschaft und Kultur* (pp. 13-18). Konstanz: UVK.

Monteil, J. & P. Huguet (1993). The influence of social comparison situations on individual task performance: Experimental illustrations. *International Journal of Psychology*, 28 (5), 627-643.

Moran, S. (2010). The roles of creativity in society. In J. C. Kaufman & R. J. Sternberg (eds.), *The Cambridge Handbook of Creativity* (pp. 74-90). Cambridge et al.: Cambridge University Press.

Morghen, S. (2012). Open innovation & ideas. In C. Pelzer, K. Wenzlaff & J. Eisfeld-Reschke (eds): *Crowdsourcing Report 2012. Neue Digitale Arbeitswelten* (pp. 28-32). Berlin: epubli.

Moritz M., Redlich T. & J. Wulfsberg (eds.) (2018). *Interdisziplinäre Perspektiven zur Zukunft der Wertschöpfung.* Wiesbaden: Springer Gabler.

Moritz M., Redlich T. & J. Wulfsberg (2018). Kollaboration und Wettbewerb bei Ideenwettbewerben – eine Userperspektive. In Ibid. (eds.), *Interdisziplinäre Perspektiven zur Zukunft der Wertschöpfung* (pp. 315-330). Wiesbaden: Springer Gabler.

Muller, D., Atzeni, T., & F. Butera (2004). Coaction and upward social comparison reduce the illusory conjunction effect. Support for distraction-conflict theory. *Journal of Experimental Social Psychology, 40* (5), 659-665.

Mumford, M. D. (1998). Creative thought: Structure, components, and educational implications. *Roeper Review*, 21 (1), 14–19.

Mumford, M. D., Mobley, M. I., Uhlman, C. E., Reiter-Palmon, R. & L. M. Doares (1991). Process analytic models of creative capabilities. *Creativity Research Journal*, 4 (2), 91-122.

Mumford, M. D., Hester, K. S. & I. C. Robledo (2011). Knowledge. In M. A. Runco (ed.), *Encyclopedia of Creativity* (pp. 27-33). 2nd ed. Amsterdam: Academic Press/Elsevier.

Mumford, M. D., Reiter-Palmon, R. R. u. Redford, M. R. (1994): Problem construction and cognition: Applying problem representations in ill-defined domains. In M. A. Runco (ed.), *Problem Finding, Problem Solving, and Creativity* (pp. 3-39). Norwood, New Jersey: Ablex Publishing.

Mumford, M. D. & S. B. Gustafson (1988). Creativity syndrome: integration, application, and innovation. *Psychological Bulletin*, 103 (1), 27-43.

Mummendey, H.-D. (1997). Selbstkonzept. In D. Frey & S. Greif (eds.), *Sozialpsychologie. Ein Handbuch in Schlüsselbegriffen* (pp. 281-285). 4th ed. Weinheim: Psychologie Verlags Union.

Nambisan, S. (2002). Designing Virtual Customer Environments for New Product Development: Toward a Theory. *Academy of Management Review,* 27 (3), 392-413.

Nemeth, C. J. & B. Nemeth-Brown (2003). Better than individuals? The potential benefits of dissent and diversity for group creativity In P. B. Paulus & B. A. Nijstad (eds.), *Group creativity: Innovation through collaboration* (pp. 63-84). Oxford & New York: Oxford University Press.

Nickerson, J. V. & Y. Sakamoto (2010). Crowdsourcing Creativity: Combining Ideas in Networks. *Workshop on Information in Networks, retrieved from* http://ssrn.com/abstract=2161449 [09.04.2013].

Nijstad, B. A. & D. van Knippenberg (2014). Gruppendynamik. In K. Jonas, W. Stroebe & M. Hewstone (eds.) *Sozialpsychologie* (pp. 439-467). Berlin, Heidelberg: Springer.

Noppe, L. D. (2011). Unconscious. In M. A. Runco (ed.), *Encyclopedia of Creativity* (pp. 497-502). 2nd ed. Amsterdam: Academic Press/Elsevier.

Oldham, G. R. & A. Cummings (1996). Employee creativity. Personal and contextual factors at work. *The Academy of Management Journal*, 39, 607–634.

Osborn, A. F. (1953): Applied imagination: principles and procedures of creative thinking. New York: Scribner.

Oztok, M. u. C. Brett (2011). Social presence and online learning: A review of research*. International Journal of E-Learning & Distance Education*, 25 (3). Online: http://www.ijede.ca/index.php/jde/article/view/758/1299 [27.05.2017].

Paechter, M. (2003): Internet. In A. E. Auhagen & H. Bierhoff (eds.), *Angewandte Sozialpsychologie: Das Praxishandbuch* (pp. 480-494). Weinheim et al.: Beltz.

Pacauskas, D, Rajala, R., Westerlund, M, Mäntymäki, M. (2018). Harnessing user innovation for social media marketing: Case study of a crowdsourced hamburger. International Journal of Information Management, 43, 319-327.

Paulus, P. B., Dzindolet, M. T., Poletes, G., & L. M. Camacho (1993). Perception of performance in group brainstorming: the illusion of group productivity. *Personality and Social Psychology Bulletin*, 19 (1), 78–89.

Paulus, P. B., Larey, T. S. & M. T. Dzindolet (2001). Creativity in groups and teams. In M. E. Turner (ed.), *Groups at work* (pp. 319-338). Mahwah, NJ: Erlbaum.

Paulus, P. B., & Yang, H.-C. (2000). Idea generation in groups: a basis for creativity in organizations. *Organizational Behavior and Human Decision Processes*, 82 (1), 76–87.

Paulus, P. B. & B. A. Nijstad (eds.) (2003). *Group creativity. Innovation through collaboration.* Oxford & New York: Oxford University Press.

Pekárek, M. & S. Pötzsch (2009). A comparison of privacy issues in collaborative workspaces and social networks. *Identity in the Information Society,* 2 (1), 91-93

Pelzer, C., Wenzlaff, K. & J. Eisfeld-Reschke (eds.) (2012): *Crowdsourcing Report 2012. Neue Digitale Arbeitswelten.* Berlin: epubli.

Pelzer, C., Wenzlaff, K. & J. Eisfeld-Reschke, J. (2012). The rise of crowdsourcing. In ibid. (eds.), *Crowdsourcing Report 2012: Neue Digitale Arbeitswelten* (pp. 13-18). Berlin: epubli.

Pelzer, C., Wenzlaff, K. & J. Eisfeld-Reschke (2012). Crowdsourcing als Business Tool. In ibid. (eds.), *Crowdsourcing Report 2012: Neue Digitale Arbeitswelten* (pp. 45ff.). Berlin: epubli.

Perry-Smith, J. E. (2006). Social yet creative: The role of social relationships in facilitating individual creativity. *Academy of Management Journal*, 49 (1), 85–101.

Perry-Smith, J. E., & C. E. Shalley (2003). The social side of creativity: A static and dynamic social network perspective. *The Academy of Management Review*, 28 (1), 89-106.

Picot, A., Reichwald, R. & R. T. Wigand (2001). *Die grenzenlose Unternehmung. Information, Organisation und Management*, 4th ed. Wiesbaden: Gabler.

Piller, F. (2006). User Innovation: Der Kunde kann's besser, in: O. Drossou, S. Krempl & A. Poltermann (eds.), *Die wunderbare Wissensvermehrung. Wie Open Innovation unsere Welt revolutioniert* (pp. 85-97). Hannover: Heise.

Pleschak, F. & H. Sabisch (1996). *Innovationsmanagement.* Stuttgart: Schäffer-Poeschel.

Plucker, J. A. & M. C. Makel (2010). Assessment of creativity. In J. C. Kaufman & R. J. Sternberg (eds.), *The Cambridge Handbook of Creativity* (pp. 48-73). Cambridge et al.: Cambridge University Press.

Plucker, J. A., Beghetto, R. A. & G. T. Dow (2004). Why isn't creativity more important to educational psychologists? Potentials, pitfalls, and future directions in creativity research. *Educational Psychologist*, 39 (2). 83-96.

Poincaré, H. (1910). Mathematical Creation. *The Monist.* Vol. XX. Jul (3), 321-335.

Poincaré, H. (1913). *The Foundations of Science.* New York, Garrison: The Science Press.

Prahalad, C. K. & V. Ramaswamy (2000). Co-opting customer competence. *Harvard Business Review*, 78 (1), 79-87.

Preiser, S. (1976). *Kreativitätsforschung.* Darmstadt: Wissenschaftliche Buchgesellschaft.

Puccio, G. J. & J. F. Cabra (2010). Organizational creativity. A systems approach. In J. C. Kaufman & R. J. Sternberg (eds.), *The Cambridge Handbook of Creativity* (pp. 145-173). Cambridge et al.: Cambridge University Press.

Purvanova, R. K. (2014). Face-to-face versus virtual teams: What have we really learned? *The Psychologist-Manager Journal*, 17(1), 2–29.

Raina, M. K. (1968). A Study into the Effects of Competition on Creativity. *Gifted Child Quarterly,* 12(4), 217–220.

Raymond, E. S. (1996). *The new hacker's dictionary.* 3rd ed. Cambridge, Mass. et al.: MIT Press.

Reichart, S. (2002). Kundenorientierung im Innovationsprozess. Die erfolgreiche Integration von Kunden in den frühen Phasen der Produktentwicklung. Wiesbaden: Gabler.

Reichwald, R. & F. Piller (2006). Interaktive Wertschöpfung. Open Innovation, Individualisierung und neue Formen der Arbeitsteilung. Wiesbaden: Gabler.

Reichwald, R. & F. Piller (2009). Interaktive Wertschöpfung. Open Innovation, Individualisierung und neue Formen der Arbeitsteilung. 2nd ed. Wiesbaden: Gabler.

Reiter-Palmon, R. (2011). Problem finding. In M. A. Runco (ed.), *Encyclopedia of Creativity* (pp. 250-253). 2nd ed. Amsterdam: Academic Press/Elsevier.

Rheingold, R. (1994). Virtuelle Gemeinschaft. Soziale Beziehungen im Zeitalter des Computers. Bonn: Addison-Wesley.

Rhodes, M. (1961). An analysis of creativity. *The Phi Delta Kappan*, 42 (7), 305–310.

Richards, R. (2010). Everyday creativity. Process and way of life – four key issues. In J. C. Kaufman & R. J. Sternberg (eds.), *The Cambridge Handbook of Creativity* (pp.189-215). Cambridge et al.: Cambridge University Press.

Richter, A. & M. Koch (2007). Social Software – Status quo und Zukunft. *Technischer Bericht, vol. 2007-01, Fakultät für Informatik*, Universität der Bundeswehr München. Retrieved from http://www.unibw.de/wow5_3/forschung/social_software/ [29.04.2015].

Richter S., Perkmann Berger S., Koch G., Füller J. (2013). Online idea contests: Identifying factors for user retention. In A. A. Ozok. & P. Zaphiris (eds.), *Online Communities and Social Computing. OCSC 2013. Lecture Notes in Computer Science, vol. 8029.* Berlin, Heidelberg: Springer.

Riggs, W. & E. von Hippel (1994). Incentives to innovate and the sources of innovation: The case of scientific instruments. *Research Policy*, 23 (4), 459-469.

Rössler, P. (2003). Online-Kommunikation. In G. Bentele, H.-B. Brosius & O. Jarren (eds.), *Öffentliche Kommunikation: Handbuch Kommunikations- und Medienwissenschaft* (pp. 504-522). Opladen: Westdt. Verlag.

Rossmann, J. (1931). *The Psychology of the Inventor. A Study of the Patentee.* Washington: Inventors Publishing Company.

Runco, M. A. (ed.) (1994). *Problem Finding, Problem Solving, and Creativity.* Norwood, New Jersey: Ablex Publishing.

Runco, M. A. (2010). Divergent thinking, creativity & ideation. In J. C. Kaufman & R. J. Sternberg (eds.), *The Cambridge Handbook of Creativity* (pp. 413-446). Cambridge et al.: Cambridge University Press.

Runco, M. A. (ed.) (2011). *Encyclopedia of Creativity.* 2nd ed. Amsterdam: Academic Press/Elsevier.

Runco, M. A. (2011). Divergent Thinking. In: M. A. Runco (ed.), Encyclopedia of Creativity (pp. 400-403). 2nd ed. Amsterdam: Academic Press/Elsevier.

Runco, M. A. (2014). Creativity: theory and themes: research, development, and practice, 2nd ed. Burlington: Elsevier Science.

Runco, M. A. & I. Chand (1995). Cognition and creativity. *Educational Psychology Review*, 7 (3), 246-267.

Runco, M. A. & R. E. Charles (1993). Judgments of originality and appropriateness as predictors of creativity. *Personality and Individual Differences*, 15 (5), 537-546.

Ryan, R. M. & E. L. Deci (2000). Intrinsic and extrinsic motivations: classic definitions and new directions. *Contemporary Educational Psychology*, 25 (1), 54–67.

Sanders, G. S. & R. S. Baron (1975). The motivating effects of distraction on task performance. *Journal of Personality and Social Psychology*, 32 (6), 956-963.

Sanders, G. S., Baron, R. S., & D. L. Moore (1978). Distraction and social comparison as mediators of social facilitation effects. *Journal of Experimental Social Psychology*, 14 (3), 291–303.

Sandmeier, P. (2007). Extreme Innovation: Lektionen für die industrielle Kundenintegration aus der Software-Industrie. In. C. Herstatt & B. Verworn (eds.), *Management der frühen Innovationsphasen. Grundlagen – Methoden – Neue Ansätze* (pp. 183-198). 2nd ed. Wiesbaden: Gabler.

Sansone, C & J. & M. Harackiewicz (eds.) (2000). Intrinsic and extrinsic motivation. The search for optimal motivation and performance. San Diego, Cal.: Academic Press.

Sansone, C & J. M. Harackiewicz (2000). Looking beyond rewards: the problem and promise of intrinsic motivation. In ibid. (eds.), *Intrinsic and extrinsic motivation. The search for optimal motivation and performance* (pp. 1-9). San Diego, Cal.: Academic Press.

Sawyer, R. K. (2010): Individual and group creativity. In J. C. Kaufman & R. J. Sternberg (eds.), *The Cambridge Handbook of Creativity* (pp. 366-380). Cambridge et al.: Cambridge University Press.

Scheiner, C. W. (2015). The motivational fabric of gamified idea competitions: The evaluation of game mechanics from a longitudinal perspective. *Creativity and Innovation Management,* 24 (2), 341–352.

Schenk, E., & C. Guittard (2011). Towards a characterization of crowdsourcing practices. *Journal of Innovation Economics,* 1 (7), 93–107.

Schlicksupp, H. (2004). *Innovation, Kreativität und Ideenfindung.* 6th ed. Würzburg: Vogel.

Schmidt, J. (2006). Social Software: Onlinegestütztes Informations-, Identitäts- und Beziehungsmanagement. *Forschungsjournal Soziale Bewegungen*, 2, 37–47.

Schreier, M. (2014) Varianten qualitativer Inhaltsanalyse: Ein Wegweiser im Dickicht der Begrifflichkeiten. *Forum: Qualitative Sozialforschung*, 15 (1), Art. 18.

Schreier, M. (2004). Toolkits for User Innovation and Design. In C. Herstatt & J. G. Sander (eds.), *Produktentwicklung mit virtuellen Communities, Kundenwünsche erfahren und Innovationen realisieren* (pp. 199-220). Wiesbaden: Gabler.

Schultheiss, D., Blieske, A. & Solf, A. & S. Stäudtner (2013). How to encourage the crowd? A Study about User Typologies and Motivations on Crowdsourcing Platforms. In *Proceedings of First International Workshop on Crowdsourcing and Gamification in the Cloud - 6th IEEE/ACM International Conference on Utility and Cloud Computing*, Dresden.

Schumpeter, J. (1911/1993). Theorie der wirtschaftlichen Entwicklung. Eine Untersuchung über Unternehmergewinn, Kapital, Kredit, Zins und den Konjunkturzyklus. 8th ed. Berlin: Duncker und Humblot.

Schweiger, W. & K. Beck (eds.) (2010). *Handbuch Online-Kommunikation.* Wiesbaden: VS Verlag für Sozialwissenschaften, Springer.

Schweitzer, F. M., Buchinger, W., Gassmann, O., & M. Obrist (2012). Crowdsourcing: Leveraging Innovation through Online Idea Competitions. *Research-Technology Management*, 55 (3), 32–38.

Shah, S. (2000). Sources and patterns of innovation in a consumer products field: Innovations in sporting equipment. *Working paper, vol. 4105, Sloan School of Management, Massachusetts Institute of Technology*, Cambridge.

Shalley, C. E. (1995). Effects of coaction, expected evaluation, and goal setting on creativity and productivity. *Academy of Management Journal,* 38 (2), 483-503.

Shalley, C. E., & J. E. Perry-Smith (2001). Effects of social-psychological factors on creative performance: The role of informational and controlling expected evaluation and modeling experience. *Organizational behavior and human decision processes*, 84 (1), 1-22.

Shen, X.-L., Lee, M. K. O., Cheung, C. M. K. (2014). Exploring online social behavior in crowdsourcing communities: A relationship management perspective. *Computers in Human Behavior*, 40, 144-151.

Shneiderman, B., Fischer, G., Myers, B., Edmonds, E., Eisenberg, M., & P. Jennings (2006). Creativity support tools: Report from a U.S. national science foundation sponsored workshop. *International Journal of Human-Computer Interaction*, 20 (2), 61–77.

Short, J., Williams E. u. Bruce Christie (1976). *The social psychology of telecommunications.* London et al.: John Wiley & Sons.

Siegel, J., Dubrovsky, V., Kiesler, S., & T. W. McGuire (1986). Group processes in computer-mediated communication. *Organizational Behavior and Human Decision Processes*, 37 (2), 157–187.

Silvia, P. J. & J. C. Kaufman (2010). Creativity and Mental Illness. In J. C. Kaufman & R. J. Sternberg (eds.), *The Cambridge Handbook of Creativity* (pp. 381-394). Cambridge et al.: Cambridge University Press.

Simonton, D. K. (1984). Artistic creativity and interpersonal relationships across and within generations. *Journal of Personality and Social Psychology*, 46 (6), 1273–1286.

Simonton, D. K. (2000). Creativity: cognitive, personal, developmental, and social aspects. *American Psychologist,* 55 (1), 151-158.

Smith, S. M. (2011). Incubation. In M. A. Runco (ed.), *Encyclopedia of Creativity* (pp. 653-657). 2nd ed. Amsterdam, Academic Press/Elsevier.

Soll, J. H. (2006). *Ideengenerierung mit Konsumenten im Internet.* Wiesbaden: Deutscher Univ.-Verlag.

Spindeldreher, K & D. Schlagwein (2016). What drives the crowd? A meta-analysis of the motivation of participants in crowdsourcing. In *PACIS 2016 proceedings, 119.* Retrieved from: https://aisel.aisnet.org/pacis2016/119/?utm_source=aisel.aisnet.org%2Fpacis2016%2F119&utm_medium=PDF&utm_campaign=PDFCoverPages [16.05.2019].

Sproull, L. & S. Kiesler (1986). Reducing social context cues: Electronic mail in organizational communiation. *Management Science*, 32 (11), 1492-1512.

Steiner, G. (2011). Das Planetenmodell der kollaborativen Kreativität. Systemisch-kreatives Problemlösen für komplexe Herausforderungen. Wiesbaden: Gabler.

Steinhoff, F. (2006). Kundenorientierung bei hochgradigen Innovationen. Konzep-tualisierung, empirische Bestandsaufnahme und Erfolgsbetrachtung. Wiesbaden: DUV.

Stemmler, G., Hagemann, D., Amelang, M. & D. Bartussek (2011). *Differentielle Psychologie und Persönlichkeitsforschung,* 7th ed., Stuttgart: Kohlhammer.

Stern, B. (2012). Inventors at work: the minds and motivation behind modern inventions. New York: Apress.

Sternberg, R. J. (ed.) (1988). *The Nature of creativity: Contemporary psychological perspectives.* Cambridge: Cambridge University Press.

Sternberg, R. J. (ed.) (1989). *Advances in the psychology of human intelligence*, 5th ed. Hillsdale: Earlbaum.

Sternberg, R. J. (ed.) (1999). *Handbook of Creativity.* Cambridge et al.: Cambridge University Press.

Sternberg, R. J. (1997): *Thinking styles.* Cambridge et al.: Cambridge University Press.

Sternberg, R, J. & T. I. Lubart (1995). *Defying the crowd. Cultivating creativity in a culture of conformity.* New York et al.: The Free Press.

Sternberg, R. J. & T. I. Lubart (1999). The Concept of Creativity: Prospects and Paradigms. In R. J. Sternberg (ed.): *Handbook of Creativity* (pp. 3-15). Cambridge: Cambridge University Press.

Stroebe, W. & B. Frey (1982). Self-interest and collective action: The economics and psychology of public goods. *British Journal of Social Psychology,* 21 (2), 121–137.

Stroebe, W., & B. A. Nijstad (2004). Warum Brainstorming in Gruppen Kreativität vermindert. *Psychologische Rundschau,* 55(1), 2–10.

Strube, J. (2008): Unternehmerische Kreativität. In G. Graevenitz & J. Mittelstraß (eds.): *Kreativität ohne Fesseln. Über das Neue in Wissenschaft, Wirtschaft und Kultur* (pp. 75-89). Konstanz: UVK.

Suls, J. M. & R. L. Miller (eds.) (1977). *Social Comparison Processes. Theoretical and Empirical Perspectives.* Washington & London: Hemisphere Publ.

Suls, J. M. & L. Wheeler (eds.) (2000), *Handbook of Social Comparison. Theory and Research.* New York et al.: Kluwer Acad./Plenum Publ.

Sundic, M & K.-H. Leitner (2012). Crowdsourcing als Innovationsstrategie. *Zeitschrift Führung + Organisation*, 5, 336-341,

Surowiecki, J. (2005). The Wisdom of Crowds. Why the Many Are Smarter Than the Few. London et al.: Abacus.

Tajfel, H. (1974). Social identity and intergroup behaviour. *Information (International Social Science Council)*, 13 (2), 65–93.

Tardif, T. Z. & R. J. Sternberg (1988). What do we know about creativity? In R. J. Sternberg (ed.), *The nature of creativity: Contemporary psychological perspectives* (pp. 429-440). Cambridge et al.: Cambridge University Press.

Taylor, C. W. (1988). Various approaches to and definitions of creativity. In R. J. Sternberg (ed.), *The nature of creativity: Contemporary psychological perspectives* (pp. 99-121). Cambridge et al.: Cambridge University Press.

Thomke, S. H. & v. Hippel, E. (2002). Customers as Innovators. A New Way to Create Value. *Harvard Business Review*, 80 (4), 74-81.

Toffler, A. (1980). *The third wave.* New York: Morrow.

Tomczak, T. (1992). Forschungsmethoden in der Marketingwissenschaft. Ein Plädoyer für den qualitativen Forschungsansatz. *Marketing ZfP*, 2, 77-87.

Torrance, E. P. (1965): *Rewarding creative behavior: Experiments in classroom creativity.* Englewood Cliffs/NJ et al.: Prentice-Hall.

Torrance, E. P. (1988). The nature of creativity as manifest in its testing. In R. J. Sternberg (ed.), *The nature of creativity. Contemporary psychological perspectives* (pp. 43-75). Cambridge et al.: Cambridge University Press.

Trepte S. & L. Reinecke (2010). Unterhaltung online – Motive, Erleben, Effekte. In W. Schweiger & K. Beck (eds.), *Handbuch Online-Kommunikation* (pp. 211-233). Wiesbaden: VS Verlag für Sozialwissenschaften, Springer.

Triplett, N. (1998). The dynamogenic factors in pacemaking and competition. *American Journal of Psychology* , 9, 507-533. Retrieved from https://archive.org/stream/jstor-1412188/1412188#page/n1/mode/2up [20.01.2014].

Tu, C.-H., & M. McIsaac (2002): The relationship of social presence and interaction in online classes. *The American Journal of Distance Education*, 16 (3), 131-150.

Tuomi, I. (2002). Networks of innovation. Change and meaning in the age of the internet. Oxford: Oxford University Press.

Turner, M. E. (ed.) (2001). *Groups at Work*. Mahwah, NJ: Erlbaum.

Ulmann, G. (1968). Kreativität. Neue amerikanische Ansätze zur Erweiterung des Intelligenzkonzeptes. Weinheim et al.: Beltz.

Vahs, D. & R. Burmester (2002). Innovationsmanagement. Von der Produktidee zur erfolgreichen Vermarktung, 2nd ed., Stuttgart: Schäffer-Poeschel.

Van Avermaet E. (2002). Sozialer Einfluss in Kleingruppen. In W. Stroebe, Jonas K., Hewstone M. (eds.), *Sozialpsychologie* (pp. 451-495). Berlin, Heidelberg: Springer.

Van der Velde, M., Jansen, P. & N. Anderson (2004). *Guide to management research methods*. Malden et al.: Blackwell Publishing.

Verworn, B. & C. Herstatt (2007). Bedeutung und Charakteristika der frühen Phasen des Innovationsprozesses. In ibid. (eds.) *Management der frühen Innovationsphasen. Grundlagen – Methoden – Neue Ansätze* (pp. 4-15), 2nd ed. Wiesbaden: Gabler.

Villalba, E. (2011). Critical Thinking. In M. A. Runco (ed.), *Encyclopedia of Creativity* (pp. 323-325). 2nd ed. Amsterdam: Academic Press/Elsevier.

Von Hippel, E. (1977). A customer-active paradigm for industrial product idea generation. Retrieved from http://dspace. Mit.edu/bitstream/1721.1/1928/1/SWP-0935-03119476.pdf [31.03.2008].

Von Hippel, E. (1978). Successful industrial products from customer ideas. Presentation of a new customer-active paradigm with evidence and implications. *Journal of Marketing*, 42 (1), 39–49.

Von Hippel, E. (1986). Lead Users: A source of novel product concepts. *Management Science*, 32 (7), 791-805.

Von Hippel, E. (2005). *Democratizing Innovation*, Cambridge: MIT Press.

Von Hippel, E. & R. Katz (2002). Shifting innovation to users via toolkits. *Management Science*, 48 (7), 821–833.

Voß, G. & K. Rieder (2006). Der arbeitende Kunde. Wenn Konsumenten zu unbezahlten Mitarbeitern werden. Frankfurt/Main: Campus.

Vrgović, P. & I. Jošanov-Vrgović (2017). Crowdsourcing user solutions: which questions should companies ask to elicit the most ideas from its users? *Innovation: Organization & Management*, 19 (4), 452-462.

Walcher, D. (2007). Der Ideenwettbewerb als Methode der aktiven Kundenintegration. Theorie, empirische Analyse und Implikationen für den Innovationsprozess. Wiesbaden: Deutscher Univ.-Verlag/GWV Fachverlage.

Wallas, G. (1926). *The art of thought.* Frome/London: Butler & Tanner LTD.

Walley, K. (2007). Coopetition: An introduction to the subject and an agenda for research. *International Studies of Management & Organization*, 37 (2), 11-31.

Walter, T. & A. Back (2011). Towards Measuring Crowdsourcing Success: An empirical study on effects of external factors in online idea contest. In *Proceedings of the 6th Mediterranean Conference on Information Systems, 4. Sept. 2011.* Retrieved from https://www.alexandria.unisg.ch/214388/ [14.09.2016].

Walther, J. (1992). Interpersonal effects in computer-mediated interaction. A relational perspective. *Communication Research*, 19 (1), 52–90.

Walther, J. B. (1995). Relational aspects of computer-mediated communication - experimental-observations over time. *Organization Science*, 6 (2), 186–203.

Walther, J. B., & L. C. Tidwell (1995). Nonverbal cues in computer-mediated communication, and the effect of chronemics on relational communication. *Journal of Organizational Computing*, 5 (4), 355–378.

Wang, K., Nickerson, J. & Y. Sakamoto (2018). Crowdsourced idea generation: the effect of exposure to an original idea. *Creativity and Innovation Management*, 27 (2), 196-208.

Ward, W. C. (1969). Creativity and environmental cues in nursery school children. *Developmental Psychology*, 1 (5), 543-547.

Ward, T. B. (2011). Problem Solving. In M. A. Runco (ed.), *Encyclopaedia of Creativity* (pp. 254-260), 2nd ed. Amsterdam: Academic Press/Elsevier.

Ward, T. B. & Y. Kolomyts (2010). Cognition and creativity. In J. C. Kaufman & R. J. Sternberg (eds.), *The Cambridge Handbook of Creativity* (pp. 93-112). Cambridge et al.: Cambridge University Press.

Ward, T. B., Smith, S. M. & R. A. Finke (1999). Creative Cognition. In R. J. Sternberg (ed.), *Handbook of Creativity* (pp. 189-212). Cambridge: Cambridge University Press.

Weisberg, R. W. (1988). Problem solving and creativity. In R. J. Sternberg (ed.), The nature of Creativity (pp. 148-176). Cambridge et al.: Cambridge University Press. 1

Weisberg, R. W. (2006). Expertise and reason in creative thinking. Evidence from case studies and the laboratory. In J. C. Kaufman & J. Baer (eds.), *Creativity and reason in cognitive development* (pp. 7-42). Cambridge et al.: Cambridge University Press.

Wenger, J. E. (2012). Gewinngestaltung bei Innovationswettbewerben. Theoretische und praktische Betrachtung. Wiesbaden: Springer Gabler.

Werth, L. & J. Mayer (2008). *Sozialpsychologie.* Berlin, Heidelberg: Springer.

West, M. A. & A. W. Richter (2009). Climates and cultures for innovation and creativity at work. In J. Zhou & C. E. Shalley (eds.), *Handbook of Organizational Creativity* (pp. 211-236). New York, London: Psychology Press.

Wheeler, L., Koestner, R., & R. E. Driver (1982). Related attributes in the choice of comparison others: It's there, but it isn't all there is. *Journal of Experimental Social Psychology,* 18 (6), 489–500.

Wheeler, L., Shaver, K. G., Jones, R. A., Goethals, G. R., Cooper, J., Robinson, J. E., Gruder, C. L. & K. W. Butzine (1969). Factors Determining Choice of a Comparison Other. *Journal of Experimental Social Psychology*, 5 (2), 219–232.

Wheeler, L. & M. Zuckerman (1977). Commentary. In J. M. Suls & R. Miller (eds.), *Social comparison processes. Theoretical and empirical perspectives* (pp. 335-357). Washington, London: Hemisphere Publ.

Wiswede, G. (1976). *Soziologie konformen Verhaltens.* Stuttgart et al.: Kohlhammer.

Witte, E. H. (1979). Das Verhalten in Gruppensituationen. Ein theoretisches Konzept. Göttingen et al.: Hogrefe.

Witte, E. H. (1997). Konformität. In: Frey, D. & Greif, S. (eds.), *Sozialpsychologie. Ein Handbuch in Schlüsselbegriffen* (pp. 209-213), 4th ed. Weinheim: Psychologie Verlags Union.

Witte, E. H., C. H. Kahl (eds.) (2009): *Sozialpsychologie der Kreativität und Innovation.* Lengerich: Pabst Science Publishers.

Witte, E. H. (2009) Konformität und Kreativität: Theoretische Grundlagen und praktische Hinweise. In E. H. Witte C. H. Kahl (eds.), *Sozialpsychologie der Kreativität und Innovation* (pp. 151-164). Lengerich: Pabst Science Publishers.

Woodman, R. W. & L. F. Schoenfeldt (1990). An Interactionist Model of Creative Behavior. *The Journal of Creative Behavior,* 24 (4), 279-290.

Woodman, R.W., Sawyer, J.E. & R. W. Griffin (1993). Toward a Theory of Organizational Creativity. *The Academy of Management Review*, 18 (2), 293-321.

Ye, H.; Kanhanhalli, A.; Huber, M. J.; Bretschneider, U.; Blohm, I.; Goswami, S.; Leimeister, J. M. & H. Krcmar (2012). Collaboration and the quality of user generated ideas in online innovation communities. In *Proceedings of the Academy of Management 2012 Annual Meeting; August 3-7, 2012.* Boston/Mass., USA.

Zajonc, R. B. (1965). Social facilitation. *Science*, 149 (3681), 269-274.

Zajonc, R. & M. W. Matlin (1968). Social facilitation of word associations. *Journal of Personality and Social Psychology,* 10 (4), 455-460.

Zhao, Z., Renard, D., Elmoukhliss & C. Balague (2016). What affects creative performance in idea co-creation: competitive, cooperative or coopetitive climate? *International Journal of Innovation Management,* 20 (4), 1-24.

Zheng, H., Li, D. & W. Hou (2011). Task design, motivation, and participation in crowdsourcing contests. *International Journal of Electronic Commerce*, 15 (4), 57-88.

Zhou, J. & C. E. Shalley (eds.) (2008). *Handbook of Organizational Creativity*. New York: Psychology Press.

Zhou, J., Shin, S. J., Brass, D. J., Choi, J., & Z.-X. Zhang (2009). Social networks, personal values, and creativity: Evidence for curvilinear and interaction effects. *Journal of Applied Psychology*, 94 (6), 1544–1552.

Zhu, J. J., Li, S. Y. & M. Andrews (2017). Ideator expertise and cocreator inputs in crowdsourcing-based new product development. *Journal of Product Innovation Management,* 34 (5), 598-616.

Anhang

Der Anhang stellt einen Auszug aus der Dissertationsschrift dar. Anfragen zu ergänzenden Inhalten wie z.B. ein anonymisierter Auszug aus den Ergebnistabellen der Strukturations- sowie Kausalkettenanalyse, weitere Materialien zur Vorstudie sowie Beschreibungen der einzelnen Plattformen können gerne an die Autorin gestellt werden.

Anhang 1: Interviewleitfaden (DE | EN)

Allgemeine Erläuterungen

- Forschungsinteresse: Soziale Einflüsse auf kreative Prozesse in der Online-Ideengenerierung.
- Forschungsprojekt in dessen Rahmen Interviewstudie vorgenommen wird mit insg. ca. 35 Teilnehmern, die Plattformen für Online-Ideenentwicklung nutzen.
- Interview leistet Beitrag dazu, zu verstehen, wodurch sich das soziale Umfeld auf Online-Plattformen für Ideenentwicklung auszeichnet und in welcher Weise die Kreativität der Nutzer, insbesondere des einzelnen Nutzers, dadurch bestimmt wird.
- Bitte um Interviewaufnahme welche im Anschluss verschriftlicht wird um die Inhalte zu analysieren. Die Daten verbleiben bei der Universität Ilmenau, sowohl Transkript als auch Audio-Datei werden nicht veröffentlicht.
- Auf Wunsch kann Anonymisierung erfolgen. Ggf. kann dieser Punkt auch nach Beendigung des Interviews geklärt werden.

Einleitende Fragen

- Sie sind jetzt schon seit geraumer Zeit Nutzer auf [Plattformname]. Können Sie kurz erzählen wie Sie dazu gekommen, dort mitzumachen?
  - Wie sind Sie eigentlich auf die [Plattformname] aufmerksam geworden?
  - Was hat Sie letztendlich dazu veranlasst, sich auf [Plattformname] zu registrieren?

- Was würden Sie sagen, sind typische Aufgaben, die Sie auf [Plattformname] angehen?
  - Welche Kriterien muss eine Aufgabe erfüllen, damit Sie sich überhaupt damit auseinandersetzen?
  - Womit haben Sie sich zuletzt auf [Plattformname] beschäftigt?

- Erzählen Sie doch bitte mal, was Sie dazu bewegt, Zeit auf [Plattformname] zu verbringen?
  - Was veranlasst Sie dazu, sich Ideen bzw. Lösungen auf [Plattformname] zu überlegen?
  - Wie kam es dazu, dass Sie [Beispielhandlung ergänzen – z.B. an der Idee „XXX" mitgewirkt haben?/Kommentar gepostet?/Like vergeben?/etc.]

Fragen zum sozialen Kontext

- Auf [Plattformname] gibt es viele aktive Nutzer, die Ideen entwickeln, Kommentare abgeben oder Likes vergeben [ggf. plattformspezifisch ergänzen!] Wie sehr fühlen Sie sich eigentlich als Teil dieser Community?
  - Was würden Sie sagen, haben Sie mit anderen Nutzern gemeinsam und was unterscheidet Sie?
  - Was denken Sie, inwieweit Sie mit anderen Nutzern konkurrieren?
  - Können Sie sich daran erinnern, mit Nutzern schon mal zusammengearbeitet zu haben? Erzählen Sie doch bitte mal, wie es dazu kam.

- Was glauben Sie, wie sehr interessieren sich andere Nutzer für das was sie auf [Plattformname] machen (Ideen, Kommentare, etc.)?
  - Ich habe gesehen, dass Sie auf der Plattform auch Angaben zu Ihrem Profil gemacht haben [ggf. anpassen] Was glauben Sie, inwieweit könnten Ihre Angaben darin für andere interessant sein? [ggf. nachfragen bzgl. Besonderheiten im Profil, wie z.B. professioneller Hintergrund]
  - Ihrem Profil entnehme ich, dass Sie einen Spitznamen verwenden. Wie kam es dazu, dass Sie auf der Plattform anonym [unter einem Pseudonym] auftreten? [ggf. an konkreten Fall anpassen; ggf. auch kein Spitzname]
  - Was denken Sie eigentlich, wer ihre Beiträge oder Profildaten liest? [ggf. plattformspezifisch anpassen - welche anderen Interaktionsformen könnten hier interessant sein]

Fragen zum sozialen Vergleich

- Inwiefern interessieren **Sie** sich eigentlich dafür, was andere Nutzer auf der Plattform machen?
  - Wie gut, würden Sie sagen, kennen Sie die Profile von anderen Nutzern?
  - Was interessiert Sie an den anderen Nutzern am meisten?
  - Was bewegt Sie denn dazu, Beiträge anderer zu lesen? [ggf. anpassen „Was würde Sie dazu bewegen…“]

- Wie wichtig ist es Ihnen eigentlich, eine gute Idee abzuliefern?
  - Was bedeutet gut in diesem Fall für Sie?
  - Wie schätzen Sie eigentlich selbst ein, wann eine Idee es wert ist, sie online zu stellen?

- Wenn Sie dann selbst eine Idee entwickelt haben, inwiefern überprüfen Sie diese bevor Sie diese online stellen?
    - Woran orientieren Sie sich dabei?
        - Inwieweit orientieren Sie sich an den Zielvorgaben der Ideensucher?
        - Inwiefern orientieren Sie sich an den Ideen anderer?
    - Gibt es Nutzer auf [Plattformname] an denen Sie sich besonders orientieren? Warum?
        - Was sind das für Leute? Wie würden Sie diese beschreiben?
        - Wie würden Sie sich mit ihnen vergleichen?

Fragen zur externen Bewertung

- Wenn Sie einen Beitrag, online stellen wollen, inwieweit überlegen Sie vorher, was andere davon halten könnten?
    - Ist es schon mal vorgekommen, dass Sie einen Gedanken wieder verworfen haben? Wie ist es dazu gekommen?
    - Können Sie sich an einen Fall erinnern, als sie gezögert haben, einen Beitrag online zu stellen? [ggf. anpassen, z.B. dort wo individuelle Posts nicht möglich, sondern nur im Team] Wie kam es dazu?
    - Inwieweit denken Sie über die Formulierung ihrer Beiträge nach? Was ist ihnen dabei wichtig?

- Inwieweit legen Sie Wert darauf, Feedback zu bekommen?
    - Wie hilfreich schätzen Sie Feedback anderer ein?
    - Welche Art von Feedback schätzen Sie?

- Wessen Meinung interessiert Sie denn am ehesten? [bzw. würde Sie am ehesten interessieren] Warum gerade diese Person?
- Was meinen Sie, machen Sie sich prinzipiell etwas aus der Meinung der anderen Nutzer? Warum (nicht)?

- Was passiert, wenn Sie einen Kommentar auf einen Ihrer Beiträge bekommen? [Beitrag ggf. interviewspezifisch unterscheiden in Idee oder Kommentar]
  - Wie gehen Sie mit positivem Feedback um?
  - Wie gehen Sie mit negativem Feedback um?

- Inwieweit sahen Sie sich schon mal veranlasst, eine Idee abzuändern? Wie kam es dazu?
  - Was genau haben Sie in diesem Fall verändert?
  - Wie überzeugt waren Sie selbst davon, ihre Idee anzupassen?

Ergänzende Fragen zu sozialen Effekten

- Stellen Sie sich vor, Sie bekommen keinerlei Reaktion auf eine Idee, die sie online stellen? Was würden Sie denken?
  - Was würde das für Ihre Motivation bedeuten?
  - Inwieweit würden Sie sich veranlasst sehen etwas zu tun?

- Wie gern arbeiten Sie mit anderen Nutzern zusammen, wenn sich die Gelegenheit ergibt [ggf. an Plattform anpassen, v.a. dort wo keine Kollaboration möglich oder Teamwork vorgeschrieben]
  - [abhängig von Frage zuvor] Wie sieht diese Zusammenarbeit aus?
  - Was glauben Sie, bewirkt diese Art der Zusammenarbeit auf [Plattformname]

- Wie gern kommentieren Sie selbst eigentlich Beiträge anderer Nutzer?

- Abschließend möchte ich noch fragen, wie Sie selbst Ihre Fähigkeiten einschätzen, sich Ideen auszudenken?
  - Würden Sie ihre Ideen eher als originell oder eher als nützlich bezeichnen?
  - Wie schätzen Sie Ihre Fähigkeiten im Vergleich zu anderen Nutzern auf [Plattform] ein?

Abschluss

- Gibt es aus Ihrer Sicht noch wichtige Dinge, die wir nicht besprochen haben, die Sie ergänzen möchten?
- Danksagung
- Ggf. Anonymität klären

Interviewleitfaden (EN)

General issues for introduction

- Aim of research: social influence on creativity in online idea generation
- Interview study: appr. 30-35 interviews with users of online platforms for idea generation
- Each interview allows for a better understanding of what the social environment within these communities means for the creative behavior of the platform users.
- [Permission for recording – ask for acceptance!] Interview will be recorded and transcribed for analysis. Both, audio and transcript file will remain with the Ilmenau University and will not be published.
- Interview can be anonymized [ask for demand!].

General questions

- I have seen that you are registered on [platform name] for a while now. Can you please tell me how you came to participate there?
    - How did you come across the platform?
    - What encouraged you to register?

- Could you tell me on what issues you usually work on that platform?
    - How does a task have to be like to make you start working on it?
    - What was the last issue you have worked on the [platform name]?

- Could you explain the reasons for which you spend time on [platform name]?
    - What leads you to generate ideas or solutions on [platform name]?

- I have seen that you [adapt: posted an idea about... OR wrote a comment OR etc.]. How did this come about?

Questions about the social context

- On [platform name] there are many users working on several ideas, writing comments, rating ideas, and so on. What would you say, to what extent do you feel as a part of that community?
  - What do you think do you have in common with the other users? What makes you differ from them?
  - To what extent do you compete with other users?
  - Can you remember having collaborated with another user? Could you please tell me how it came about?

- In your view, how interested are other users in what you are doing on [platform name]?
  - I have seen that you have a profile on the platform including data about yourself [adapt, i.e. check first]. What aspects of that profile do you think could be of interest for others? [if applicable refer to certain data e.g. profession]
  - I have seen that you use a nick name. How did this come about? What does it mean for you to be anonymous in the community? [check and adapt if applicable]
  - What do you think who reads your posts and profile data? [if needed adapt e.g. to platform characteristics]

Questions about social comparison

- How much do you care for what others do on [platform name]

- What would you say how well do you know the profiles of other users?
- What interests you most in other users?
- What makes you read ideas or comments of others (maybe adapt to: What would make you]

- How important is it for you to deliver a good idea?
  - What is a good idea in your opinion?
  - How do you get to know whether your idea is worth to being posted?

- Could you tell me what you actually do in order to check your idea before you post it?
  - What provides orientation for you?
    - To what extent do you orient yourself by the idea seeker's criteria?
    - How much do you compare your idea with the ideas of others?
  - When doing so, do you gear to specific users? Why?
    - How would you describe these people?
    - To what extent do you compare with them?

Questions about external evaluation

- Could you tell me, if you reflect on what others might think of your idea or comment before you put it online?
  - Can you remember a case when you dismissed an idea? How did this come about?

- What would make you hesitate to put an idea online? [adapt in case individual posts are not possible]
- Do you care about the presentation of your idea or comment? What is important for you and why?

- How concerned are you with feedback?
  - How helpful is the feedback of others?
  - What kind of feedback do you appreciate?
  - Whose opinion interests you most? Why?
  - Would you say you care about what others think of you? Why (not)?

- Could you tell me what happens when you get a comment on your ideas? [maybe adapt to posts or similar]
  - How do you deal with positive feedback?
  - How do you deal with negative feedback?

- Have you ever felt compelled to change or adapt an idea? How did it come about?
  - What exactly did you change?
  - How convinced have you actually been when doing so?

[alternative: What would make you change or adapt…]

Additional Questions about social effects

- How would you feel, if you got no feedback on an idea that you have posted?
  - What would it mean for your motivation?
  - Can you tell what you might do in this case?

- How much do you like working together with other users?
  - Can you tell what collaboration would look like in this case? [adapt if applicable, e.g. on platforms where there are no collab. functions or teamwork is part of the strategy]
  - What do you think collaboration might cause on [platform name]
  - How much do you like commenting the ideas or comments of others?

- Finally, I would like to know, how you would evaluate your own abilities to create novel and useful ideas.
  - Would you describe your ideas as rather original or rather useful?
  - How would you compare your creative abilities to that of other users on [platform name]?

End

- Is there anything left, we did not talk about but you would like to add?
- Thanks a lot for your time. You have helped us a lot.
- [anonymity?]
- etc.

Anhang 2: Kategoriensystem (Hauptstudie)

Kategorienübersicht

Kürzel	Thematische Hauptkategorie
P	Person Vorerfahrung (z.B. durch Studium, Beruf), Motivation, Selbstkonzept, individuelle, Merkmale/Besonderheiten **Subkategorien: Motivation, Selbstkonzept, Vorerfahrung**
TKK	Technischer/konzeptioneller Kontext Funktionen, Mechanismen auf Basis computervermittelter Kommunikation; konzeptionelle Besonderheiten wie Aufgabenspektrum bzw. Aufgaben (-anforderungen), Mechanismen zur Interaktion, etc. **Subkategorien: Aufgabe, Interaktionsmechanismen, Anreizmechanismen, Regulierungen, sonstige**
WG	Wahrnehmung der Plattformgemeinschaft Wahrnehmung anderer innerhalb der Gemeinschaft; Ideensucher, Moderatoren, beobachtende Plattformbetreiber, sonstige Besucher der Plattform, Ideengeber (anderer Contests innerhalb Plattform), Wahrnehmung von Profildaten anderer **Subkategorien: Klassifizierung, Fokus, Wahrnehmung durch andere, sonstige**
PG	Positionierung innerhalb der Plattformgemeinschaft Zugehörigkeitsgefühl sowohl intern (plattformgebunden) als auch extern (über Plattformgrenzen hinweg), Abgrenzung bzw. Nicht-Identifikation **Subkategorien: Selbstdarstellung, Zugehörigkeit**
Int	Interaktion Wahrnehmung anderer Ideengeber in Co-Aktion (d.h. v.a. im selben Contest aktiv, d.h. projekt- bzw. aufgabenbezogene Kontrahenten) sowie in Interaktion (Bezugnahme auf Leistung anderer bzw. von anderen auf eigene Leistung mittels Kommentar, Voting, Gefällt-mir-Angaben, o. ä.) **Subkategorien: Interaktionszweck, Kollaboration, Co-Aktion, Kanäle außerhalb, sonstige**
SV	Sozialer Vergleich Vergleich hinsichtlich Fähigkeiten mit Personen mit ähnlichen leistungsbezogenen Merkmalen, Vergleich nach oben/unten **Subkategorien: Vergleichsmotivation, Vergleichsobjekt, Vergleichsrichtung, kein Vergleich**

BH	**Bewertungshaltung** Haltung zu Bewertung der eigenen Ideen durch andere (negativ, positiv, konstruktiv, unkonstruktiv, ausbleibend), Bewertung von oben/unten, Haltung zur Bewertung von Ideen im Allgemeinen, d.h. auch Bewertung von Ideen anderer (Bewertungskriterien, Erfolgskriterien) **Subkategorien: Bewertungsrelevanz, Bewertungsquelle, Bewertungskriterien, Umgang mit Bewertung, Bewertungsverhalten, wahrgenommene Bewertungspraxis**
KH	**Kreatives Handeln** Handeln ausgerichtet auf das Schaffen von Ideen, unterschieden nach Identifikation, Vorbereitung, Selbstbewertung, Anpassung, Ausarbeitung/Präsentation. **Subkategorien: Problemidentifikation, Vorbereitung, Selbstbewertung/Testen, Anpassung, Verwerfen, Ausarbeitung, Bewerben, Inkubation/Illumination**

Kategorien im Einzelnen

Kategorie	P_Motivation
Inhaltliche Beschreibung	Umfasst Aussagen zum Handlungsantrieb d.h. Aussagen welche erklären, warum die Person auf der Plattform aktiv ist, entsprechend handelt (z.B. Einstellen, Anpassen von Ideen) sowie warum die Person sich im Allgemeinen kreativ betätigt und Ideen generiert.
Anwendung	wird codiert, wenn folgende Aspekte genannt werden: Gründe für Teilnahme auf der Plattform, Einstellen von Ideen sowie Weg dahin (einschl. Identifikation, Vorbereitung, Anpassung, Selbstbewertung)
Beispiele	„Generell ist es aber überhaupt schon Anreiz, sagen zu können „ich habe den Nagellack mit kreiert, ich habe daran mitgearbeitet.“ „I would say most of the time when I'm, I'm thinking about what I may try to come up with is...what is simpler than what's out there.“ „Usually it's something that I really want that doesn't exsist, then I'll make it exist.“

Kategorie	P_Selbstkonzept
Inhaltliche Beschreibung	Umfasst Aussagen zur Wahrnehmung und Einschätzung zur eigenen Person, insbesondere in Bezug auf Eigenschaften, welche das Verhalten auf der Plattform erklären können, d. h. v. a. in Bezug auf eigene Kompetenzen (Fähigkeiten, Wissen) und typische Verhaltensmuster (z. B. experimentell), Vorlieben bzw. Einstellungen (z. B. kundenorientiert) und individuelle Merkmale
Anwendung	wird codiert, wenn folgende Aspekte genannt werden: Bewertung der eigenen Fähigkeiten in Bezug auf das Erstellen neuartiger, origineller, nützlicher Ideen; schließt ebenso durch Vorerfahrung, wie z.B. professionelle Erfahrung, erlangte Fertigkeiten oder typische Verhaltensmuster ein.
Beispiele	„I would like to think about myself as a master builder in terms of my general buildings. I mean, you've seen my projects before, [...]." „Also ich bin sehr gut, was Technik angeht. Photoshop bedienen ist wie Spiegeleier braten, weil, das ist für mich nichts Besonderes." „Ich bin ja selber auch, sage ich mal, eher würde ich mich da eher als schwierigen Charakter manchmal beschreiben oder so. Das kann sicherlich kompliziert werden"

Kategorie	P_Vorerfahrung
Inhaltliche Beschreibung	Umfasst prägende Konditionen im Vorfeld der Situation, welche insbesondere auf die Person eingewirkt haben und für das kreative Handeln relevant sind, d.h. insbesondere die Kompetenz (Wissen und Fähigkeiten) der Person beeinflusst haben
Anwendung	wird codiert, wenn folgende Aspekte genannt werden: Erfahrung durch Lernen im Beruf, Studium; Erfahrung durch Hobby, Erfahrung auf anderen Ideenplattformen
Beispiele	„And in college I started buying the Lord of the rings LEGO sets and just kind of building it for fun and then doing some of my own stuff at college." "I work at a company called Sym.ph, and I do mostly programming now but I still do the graphics on the side if they need layouts and you know [...]."
Abgrenzung	wird nicht codiert wenn evaluative Einschätzung der Fähigkeiten – in diesem Fall wird Selbstkonzept codiert

Kategorie	TKK_Aufgabe
Inhaltliche Beschreibung	Umfasst sämtliche Aussagen, welche Auskunft zur Komplexität, Themenvielfalt, sonstigen spezifischen Besonderheiten der jeweiligen Aufgabenstellung, geben
Anwendung	wird codiert, wenn Aussagen
Beispiele	„[...] wir haben jetzt sehr viel, drei Mal, glaube ich, Nagellack gemacht." „Dafür sind die Themenstellungen, also das wonach sie fragen, für mich zu minder komplex." "Chemistry and interdisciplinary areas I would say."

Kategorie	TKK_Regulierungen
Inhaltliche Beschreibung	Umfasst Aussagen zu konzeptionellen Vorgaben, welche bestimmtes Verhalten ermöglichen oder einschränken
Anwendung	wird codiert, wenn Aussagen zu plattformspezifischen Regulierungen sowie Nicht-Regulierungen getroffen werden, welche den Plattformnutzer befähigen oder einschränken, u.a. Vertraulichkeitsbasierte Einschränkungen, Vorgaben der Plattform oder des Ideensuchers (sachl. Regulierung), zeitliche Regulierung, verhaltensregulierende Mechanismen der Plattform (z. B. in Bezug auf nachträgliche Änderungen)
Beispiele	„because the website allows you to do updates." "Anonymous, yes. You don't know whom you're solving for. And they will not tell you. Even when the challenge is over and you win you'll still don't know the seeker company." "You're given some period of time: the start of the project and the deadline."

Kategorie	TKK_Anreizmechanismen
Inhaltliche Beschreibung	Umfasst Aussagen zu konzeptionellen Regulierungen der Motivation der Plattformnutzer
Anwendung	wird codiert, wenn Aussagen zu plattformspezifischen Gegebenheiten getroffen werden, welche auf die Motivation der Plattformnutzer abzielen, um diese aufrecht zu erhalten, darunter z. B. Belohnung, Gamification
Beispiele	„Also man kriegt/ man kann Punkte sammeln." „[...] links ist doch da so ein Fenster mit den, ich weiß nicht, zwanzig, fünfundzwanzig aktivsten Nutzern, oder irgendwie sowas." „They have badges and points. So every time you reach a milestone of some kind you earn a badge."

Kategorie	TKK_sonstige (Technischer u. konzeptioneller Kontext)
Inhaltliche Beschreibung	Umfasst Aussagen zu konzeptionellen (d.h. von der Plattformgestaltung vorgegebenen) sowie technisch bedingten (v.a. Besonderheiten computervermittelter Kommunikation geschuldeten) Bedingungen
Anwendung	wird codiert, wenn folgende Aussagen zum TKK nicht den zuvor definierten Kategorien zugeordnet werden können
Beispiele	„Also man sieht kein Bild, keinen Namen, es sei denn, man hat jetzt als Kommentar etwas daneben geschrieben, seinen Namen oder so." „that you can't change maybe just the main photo or something."

Kategorie	WG – Wahrnehmung der Plattformgemeinschaft
Inhaltliche Beschreibung	Umfasst allgemein Aussagen zur Wahrnehmung der Personen, welche mittelbar oder unmittelbar in Prozessen der Plattform beteiligt sind, d. h. Ideensucher, Moderatoren, beobachtende Plattformbetreiber, sonstige Besucher der Plattform, Ideengeber (anderer Contests innerhalb Plattform)
Anwendung	wird codiert, wenn folgende Aspekte genannt werden: Identifizierung und Klassifizierung von Ideengebern, Aussagen zur Rolle von Ideensuchern, Moderatoren, Wahrnehmung der eigenen Ideen, des eigenen Profils durch andere (Publikum), Wahrnehmung von Nutzerprofilen
Beispiele	„Die von „unserAller" lesen das, oder ich denke, dass sie vielleicht auch Algorithmen haben, die da drüber gehen. Ob wirklich jedes von denen gelesen wird, weiß ich nicht." „Von daher würde ich sagen, es ist eigentlich egal was XY macht oder wo XY wohnt, weil es geht ja nur um das Projekt." „I mean I just kind of go to their page and see what there is."
Abgrenzung	wird nicht codiert wenn Vergleiche mit anderen Nutzern angestellt werden - sondern es wird Sozialer Vergleich codiert
Subkategorie	WG_Klassifizierung von Akteuren
	Umfasst Aussagen zur Einschätzung von anderen Akteuren auf der Plattform, bzgl. ihrer Merkmalsklassen aber auch Rollen, die sie von den Interviewten zugeschrieben bekommen; wird codiert wenn bestimmte Merkmale genannt werden, entlang derer eine Klassifikation festgemacht wird oder hergeleitet werden kann (z. B. unfähig vs. fähig, Amateur vs. Profi) „[...] dann musst du noch ganz klar unterscheiden zwischen professionellen Designer, so wie ich, und dann gibt es noch Leute die Gut sind, aber es eher so nebenher machen und dann gibt es noch ganz, ganz viele Leute die wirklich schlecht sind [...]"

Subkategorie	WG_Fokus
	Umfasst Aussagen zum Fokus des Interesses, d. h. worauf wird der Blick des Interviewten bei Betrachtung anderer Akteure gelenkt, was ist konkret von Interesse; wird codiert wenn aus den Aussagen hervorgeht, worauf das Interesse des Betrachters am ehesten gelenkt ist „I do not really go into the user profiles. But that is pretty rare unless I just want to be curious to see what else they have submitted.“
Subkategorie	**WG_Wahrnehmung durch andere**
	Umfasst Aussagen, die erkennen lassen, dass der Interviewte in seinem Handeln auf der Plattform von anderen Akteuren wahrgenommen wird; wird codiert wenn „[...] only InnoCentive company and the seeker will look at the idea.“
Subkategorie	WG_sonstige
	Umfasst sonstie Aussagen zur Wahrnehmung der Plattformgemeinschaft; welche nicht in obige Kategorien einzuordnen sind. „Ich weiß halt immer nicht wer es dann letztendlich kauft. Da das auch, sage ich mal, bei Threadless relativ anonym ist da.“
Kategorie	**PG – Positionierung in der Plattformgemeinschaft**
Inhaltliche Beschreibung	Umfasst Aussagen zur eigenen Positionierung innerhalb, außerhalb der Plattformgemeinschaft sowie Einschätzungen zum Zugehörigkeitsgefühl zur Plattformgemeinschaft
Anwendung	wird codiert, wenn Aussagen zur Darstellung der eigenen Identität genannt werden sowie zur Zugehörigkeit zur Plattformgemeinschaft mittels z. B. Identifikation von Gemeinsamkeiten, welche auf Zugehörigkeit oder Abgrenzung schließen lassen
Beispiele	„Ja, es war eigentlich die Exklusivität ein Teil von einem Ganzen zu werden.“ „I think you feel like um, at least I feel like I'm just a little part of it, because I've influenced about one hundred and fifty or sixty products.“
Abgrenzung	wird nicht codiert wenn Communityteilnehmer als solche beschrieben sondern es wird Wahrnehmung Plattformgemeinschaft codiert
Subkategorie	PG_Selbstdarstellung
	Umfasst Aussagen zur Darstellung der Identität der Interviewer; wird codiert wenn Aussagen zur Preisgabe von Informationen zur Person (z. B. mittels Profilangaben) getroffen werden, einschließlich Anonymität, Pseudonymität „In meinem Fall habe ich ja wirklich ein Foto drin, andere haben sich da rar gehalten.“

Subkategorie	PG_Zugehörigkeit
	Umfasst Aussagen, welche darauf schließen lassen, ob sich eine Person zugehörig zur Plattformgemeinschaft fühlt oder nicht; wird auch codiert wenn die Zugehörigkeit zu einer Teilgemeinschaft oder einer Gemeinschaft außerhalb der Plattform genannt wird (z.B. themengebunden, wie LEGO oder Film oder Künstler), wird auch codiert bei Aussagen zur Identifikation von Gemeinsamkeiten oder Unterschieden mit anderen Nutzern, welche auf Zugehörigkeit oder Abgrenzung schließen lassen „Als Community empfinde ich es eigentlich gar nicht. Weil es wird halt immer neu zusammengewürfelt [...]."

Subkategorie	Interaktion
Inhaltliche Beschreibung	Umfasst Aussagen zur Interaktion (Bezugnahme auf Person, aber insb. Leistung anderer bzw. von anderen auf eigene Leistung) mittels Kommentar, Fragen, Voting, Gefällt-mir-Angaben, o. ä.
Anwendung	wird codiert, wenn folgende Aspekte genannt werden: Handeln in Form von Kommentieren von anderen Beiträgen, aktive Unterstützung anderer Beiträge, Fragen in Foren (wenn plattformbezogen); Fragen an Ideensucher, Plattformbetreiber, Moderatoren, Umgang mit Kommentaren (z.B. Antworten); Einstellung zur Interaktion mit anderen; Interkation mit anderen Nutzern auch über andere Plattformen
Beispiele	„[...] da kann ich auf Facebook bleiben, dann kann ich mit den Leuten privat reden, und mich privat austauschen, wie auch immer. Bei unserAller habe ich nicht das Bedürfnis danach." „Oder wenn ich gar nicht durchblicke, dann schreibe ich auch an unserAller 'hey, ich schnall es nicht'" „I actually am facebook friends with "Ragaru" who did the Zelda project right before me. Basically just friended him on facebook [...]."
Abgrenzung	wird nicht codiert wenn die Haltung zu Bewertungen vordergründig, z.B. wenn Bedürfnis geäußert, dass man auf sämtliche Kommentare antworten will, sondern es wird codiert Bewertungshaltung
Subkategorie	Int_Interaktionszweck
	Umfasst Aussagen, die auf Beweggründe für Interaktion mit anderen Akteuren auf der Plattform schließen lassen „For example now I'm corresponding with one solver. He proposes me to make up a team."

Subkategorie	Int_Kollaboration
	Umfasst Aussagen, welche sich konkret auf kollaboratives Verhalten sowie Kollaboration beziehen; wird codiert wenn Teamarbeit beschrieben wird sowie punktuelle Kommunikation, welche auf eine Erweiterung oder Verbesserung von Ideen, Entwürfen oder Konzepten abzielt; wird außerdem codiert, wenn der Wunsch nach Kollaboration oder kollaborativem Verhalten geäußert wird sowie wenn gemeinschaftliches Handeln nicht möglich ist, oder abgelehnt wird. „So collaborating with him is very easy. I have collaborated with another person who was much difficult to communicate with."
Subkategorie	**Int_Co-Aktion**
	Umfasst Aussage, welche das Nebeneinander von Plattformnutzer*innen beschreiben, einschließlich wettbewerbsorientierte Einstellung; wird kodiert, wenn andere Ideengeber als Co-Akteure betrachtet werden, auch in ihrer Rolle als Konkurrenten; wird ebenfalls codiert, wenn Co-Akteure in ihrer Rolle als Konkurrenten beschrieben werden und trotzdem kollaboratives Verhalten beschrieben wird. „Es gibt natürlich so manche Leute, die dann auch nicht ganz so fair sind und dann sich natürlich auch ihre Idee dann hochpushen wollen." „[...] also ich möchte auch schon gerne unter den Top-Mitentwicklern sein [...] aber ich möchte natürlich auch mit den anderen etwas machen [...]"
Subkategorie	**Int_Kanäle außerhalb**
	Umfasst Aussagen zu Kommunikation zwischen Interviewten und anderen Akteuren auf der Plattform außerhalb der plattformeigenen Kommunikationswege (z. B. über externe Foren, E-Mail, andere Webseiten) „Basically just friended him on facebook cause I wanted [...]"

Kategorie	SV – sozialer Vergleich
Inhaltliche Beschreibung	Umfasst Aussagen, welche auf einen Vergleich mit anderen Personen in ihrer Rolle als Ideengeber auf der Plattform, aber auch in ihrer Rolle als Co-Akteure außerhalb der Plattform schließen lassen,
Anwendung	wird codiert, wenn folgende Aspekte genannt werden: Vergleich der eigenen Aktivitäten, Fähigkeiten, aber auch Leistungen (in Bezug auf Ideen, Entwürfe, Konzepte) mit denen anderer Nutzer; Vergleichskriterien, Aussagen welche auf Vergleichsrichtung schließen lassen (oben, unten, auf einer Ebene)
Beispiele	„[...] you know, a lot of the people in the community have been there a lot longer than I have and they're more active than I am." „[...] und da hab' ich dann auch schon geguckt 'was machen die anderen?' dann hab ich gesehen, Mensch, die machen das so."

Subkategorie	**SV_Vergleichsmotivation**
	Aussagen, welche auf Beweggründe für Vergleichsverhalten hinweisen; wird codiert, wenn folgende Aspekte genannt werden: Angabe von Gründen für Vergleich mit anderen Nutzern in Bezug auf personen- und ideenbezogene Merkmale, Aussagen zu Schlüssen, welche von Interviewten aus Vergleichshandlungen geschlossen werden (z. B. in Bezug auf eigene Fähigkeiten im Vergleich zu anderen Nutzern) „Und dann geh ich noch in Keine Wettbewerbe rein, wo ich sehe, dass andere Designer schon unheimlich gute Entwürfe abgeliefert haben."
SubKategorie	**SV_Vergleichsobjekt**
	Aussagen, welche darauf schließen lassen, was verglichen wird, d. h. ob beispielsweise eher personenbezogene Merkmale oder produkt- bzw. Leistungsbezogene Merkmale (des Outputs) verglichen werden bzw. auch anderer interaktionsbezogener Input (z. B. Meinungen) „I watch the other musicians' ideas, if their ideas are appropriate for the challenge or respecting the criterias."
Subkategorie	**SV_Vergleichsrichtung**
	Aussagen, welche darauf schließen lassen, anhand welcher Merkmale das Vergleichsobjekt ausgewählt wird; wird codiert wenn Aussagen getroffen werden zu Merkmalen von Vergleichsobjekten z. B. bzgl. „ähnlicher Ansätze" und eine Richtung des Vergleichs vermuten lassen, wird auch codiert bei Aussagen zu Gegebenheiten, welche die Auswahl des Vergleichsobjekts bedingen (z. B. Dashboards) „und man sich mit den Leuten dann auch verknüpft, wo man merkt „aha die haben ähnliche Ideen wie ich""
Subkategorie	**SV_Kein Vergleich**
	Umfasst Aussagen, dass kein Vergleich mit anderen Plattformnutzern stattfindet oder stattfinden kann (z. B. aufgrund konzeptioneller Bedingungen) I have no idea what they are proposing. I can't do anything about it, so I don't really think about it. #

Subkategorie	**BH – Bewertungshaltung**
Inhaltliche Beschreibung	Aussagen, welche auf die Einstellung zu Bewertung der eigenen Idee durch andere schließen lassen, umfasst ebenso Aussagen zum eigenen Bewertungsverhalten, wie z.B. Bewertungskriterien, Kommentieraktivität, welche indirekt Aufschluss zur Bewertungshaltung geben. Als Bewertung werden alle Formen der Einschätzung von Ideen/Entwürfen/Konzepten betrachtet, einschließlich Kommentare, Ratings, Punktevergabe bzw. Like-Angaben.
Anwendung	wird codiert, wenn folgende Aspekte genannt werden: Bewertungen (Votes), Feedback, Kommentare von anderen, Meinungen, Kritik; Art und Weise: konstruktiv, unkonstruktiv, ausbleibend; Richtung der Bewertung: von oben, unten, auf Ebene; Wertschätzung von Bewertung durch andere; eigenes Bewertungsverhalten, relevante Kritierien zur Bewertung, Kommentieren von Ideen anderer
Beispiele	„Ich finde es besser, dass der Name da nicht steht, weil man dann wirklich ganz frei die Meinungen von den anderen liest.“ „No, I don't. I just put it out there, and whatever they say, they say.“ “If that got no votes, I would say ‘That didn't work.’.
Abgrenzung	wird codiert, wenn Verhalten primär Einstellung wiederspiegelt (z.B. Ignorieren, „Locker-Nehmen“), wird nicht codiert wenn Umgang mit Feedback als konkrete Handlung beschrieben (z.B. Anpassung aufgrund von konstruktivem Feedback), sondern es wird Kreatives Handeln codiert
Subkategorie	**BH_Bewertungskriterien**
	umfasst Aussagen zu Kriterien bzw. Maßstäben, welche bei Selbstbewertung (d. h. der eigenen Einschätzung der Idee/des Entwurfs), aber auch bei der Bewertung anderer Ideen herangezogen werden. „Gute Idee ist etwas was bisher noch kein Designer in diesen Wettbewerb eingereicht hat.“
Subkategorie	**BH_Bewertungsquelle**
	umfasst Aussagen zur Relevanz der Quelle, aus welcher Bewertung bevorzugt angenommen wird oder abgelehnt wird. Hierbei kann es sich um Akteure auf der Plattform handeln, Akteure außerhalb der Plattform sowie weitere nicht-soziale Einheiten (z. B. Anzahl von Followern, Gewinn) „Especially if users have anything to say about a track of yours, is even better, because they really know what they are talking about in this case.”

Subkategorie	BH_Bewertungsrelevanz
	umfasst Aussagen, welche auf den Stellenwert von Bewertung für den Interviewten schließen lassen; wird codiert wenn Feedback als wichtig beschrieben wird bzw. die Einstellung zu Feedback wiedergegeben wird (z. B. durch Aussagen wie „finde ich gut", „ich mag", „Feedback ist") bzw. wenn fehlendes Feedback als Mangel betrachtet wird "I have learnt that if you don't win you don't get any kind of feedback or very little feedback. So, it's a frustrating part."
Subkategorie	**BH_Umgang mit Bewertung**
	umfasst Aussagen über Gefühle, Einstellungen in Folge von Bewertung sowie einhergehende konkrete Handlungsabsichten oder Handlungen (z. B. Danksagung, Rechtfertigung, Anpassung); wird codiert wenn konkrete Handlungsabsichten oder Handlungen genannt werden sowie wenn Gefühle zum Ausdruck gebracht werden (z. B. „ich fühle mich") „[...] es gibt auch Kunden, die überhaupt nicht die Entwürfe bewerten etc. und dann auch noch keine Preis Garantie, dann bin auch relativ schnell draußen."
Subkategorie	**BH_Bewertungsverhalten**
	umfasst Aussagen, welche auf das Bewertungsverhalten der Interviewten schließen lassen, einschließlich der Einstellung bzgl. des Bewertens von Ideen/Entwürfen/Konzepten anderer Plattformnutzer „I rarely post comments. Just in case I really like something I write to the user."
Subkategorie	**BH_wahrgenommene Bewertungspraxis**
	umfasst Aussagen zur Wahrnehmung der Bewertungshandlungen anderer Akteure auf der Plattform, kann Aussagen zu eigens erfahrener Bewertung einschließen, v.a. wenn auf die allg. Bewertungspraxis geschlossen wird bzw. sich Erfahrungen gehäuft haben und als „typisch" erweisen; wird codiert z. B. bei Aussagen die Formulierungen enthalten wie "das ist üblich" "das ist normal auf der Plattform" "das ist oft so" "das sieht man häufig" „Das ist eben die Sache, die ich meine damit. Jemand schmeißt irgendeine tolle Idee rein. Die sieht klasse aus und ja kommt super gut an, krieg was weiß ich wie viele Sternchen dafür und keine Ahnung und er gibt so diesen Trend vor."

Kategorie	Kreatives Verhalten
Inhaltliche Beschreibung	Umfasst im Allgemeinen Aussagen, welche konkrete Handlungen im kreativen Schaffen entlang des kreativen Prozesses beschreiben, einschließlich bestimmter Haltungen, bzw. Einstellungen in den entsprechenden Phasen,

	d. h. auch Äußerungen, warum beispielsweise eine konkrete Handlung nicht vollzogen wird oder werden kann
Anwendung	wird codiert, wenn Handlungen zur Erschaffung kreativer Leistung, begonnen bei der Problemidentifikation bis hin zur Weiterverarbeitung kreativen Outputs, beschrieben werden sowie Haltungen und Einstellungen der Personen in den jeweiligen Phasen. Eine Ausdifferenzierung anhand nachfolgender Subkategorien (Prozessphasen) ist vorgesehen:
Subkategorie	**KH_Problemidentifikation**
	Umfasst Aussagen zum kreativen Verhalten in Bezug auf die Identifikation von Problemen, Ansätzen durch z.B. Inspiration, Einfall, erste Auseinandersetzung mit der Problemstellung bzw. einer Aufgabenstellung „[...] da habe ich kurz reingeguckt worum es geht, habe gesehen ‚das ist nichts für mich', bin ich halt wieder rausgegangen [...].“
Subkategorie	**KH_Vorbereitung**
	Umfasst Aussagen zum kreativen Verhalten in Bezug auf die Vorbereitung zur Problembearbeitung, d.h. die ersten Schritte in denen Wissen mobilisiert wird; wird codiert, wenn folgende Aspekte genannt werden: Recherche, Überlegung, erste Entwürfe, Gedankenspiele „I started to search for some additional literature, books, and scientific articles in order to understand if my thoughts are more or less right or just my rave”
Subkategorie	**KH_Testen/Selbstbewertung**
	Umfasst Aussagen zum kreativen Verhalten in Bezug auf Selbstbewertung im kreativen Prozess noch bevor die Idee veröffentlicht wird; schließt dabei Aspekt des Testens mit ein „Also ich versuche immer wenigstens nochmal ganz, ganz kurz den Suchbegriff bei Google einzugeben, dass ich da keine Offensichtlichkeit reinschreibe [...]“
Subkategorie	**KH_ Anpassung**
	Umfasst Aussagen zum kreativen Verhalten in Bezug auf die Anpassung einer Anpassen von Eigenschaften einer Idee, eines Entwurfs sowie Ideen- bzw. Entwurfspräsentation auf Basis eigener Einschätzung sowie Einschätzung anderer im kreativen Prozess noch vor Veröffentlichung sowie nach Veröffentlichung „After submitting the solution I have found so to say a missing point and found how to improve the solution and make it much better, but they didn't accept it [...].“
Subkategorie	**KH_Ausarbeitung/Präsentation**

	Umfasst Aussagen zum kreativen Verhalten in Bezug auf die Ausarbeitung bzw. Präsentation einer Idee im Zuge der Veröffentlichung; wird codiert, wenn folgende Aspekte genannt werden: zusätzliche Erklärungen, Präsentationsmodi wie Grafik per Software, Fotos, Prototyp, Präsentationsstil Abgrenzung: wird nicht codiert wenn z.B. die Einstellung zur Relevanz einer professionellen Darstellung beschrieben wird, sondern es wird Bewertungshaltung codiert „that's why I included and I embedded it in the description of my project, that video“
Subkategorie	**KH_Bewerben**
	Umfasst Aussagen in Bezug auf das Bewerben des kreativ Erschaffenen, um Akzeptanz dafür herzustellen; wird codiert, wenn folgende Aspekte genannt werden: Bekanntmachung über externe Kanäle, Teilen auf externen Kanälen “Das hat sich auch bei Facebook, sage ich mal, wie von selbst halt, wunderbar verteilt. Da hat man schnell mal innerhalb von, was weiß ich, anderthalb Stunden zehntausend Likes gehabt [...].”
Subkategorie	**KH_Inkubation/Illumination**
	Umfasst Aussagen welche auf die unbewusste Auseinandersetzung mit einer Problemstellung einschließlich sich anschließender Phase der plötzlichen Ideeneingebung (Aha-Moment) schließen lassen „But usually I go to sleep and in the morning I already have some idea.”

Beispiele für Konflikte zwischen Kategorien und praktische Lösungen

1. *Reduktion auf eine Kategorie*

> "I go on other profiles to see what other work they have done. If I like their project and then I guess otherwise I am generally kind of interested in how others present their projects. So I like reading through their project descriptions and seeing if they have links to more photos or Links to videos of their project and stuff like that. " (Lego_A)

Einstieg des Zitats beschreibt Handeln; Sequenz danach erklärt Handeln, deshalb als Konsequenz für Handeln zu sehen, aber nicht für kreatives Handeln im Sinne von ‚etwas Neues schaffen' >> Kodierung beruht demnach auf Sequenz danach, welches Interesse beschreibt sich mit anderen zu vergleichen >> Sozialer Vergleich

2. *Segment mit zwei Kategorien*

> "There is actually, but in a sense there isn't. Because I'm new, they don't find me a threat. (laughs) I'm [like] the baby of the organization so I don't think the pros are worried of somebody like a newbie to outshine them yet." (99designs_B)

Zwei Kategorien kommen zum Tragen, zum einen Selbstkonzept als auch der soziale Vergleich nach oben in der Plattformcommunity